U0868482

动力设备操作与拆装实训指导

主　编　夏　霖　杨双齐
副主编　郭　敏　郭卫勇　张　瑜　马　威
主　审　张选军

哈尔滨工程大学出版社
Harbin Engineering University Press

内容简介

本书内容包括船舶动力设备拆装和船舶动力设备操作两大模块，系统介绍了船舶柴油机和船舶辅助设备的拆装、维修和保养程序，船舶主柴油机、发电柴油机和船舶辅助设备的操作与管理。本书以轮机工程技术专业工作任务与职业能力分析表中的值班机工及海船轮机员为主线，以海船船员适任标准要求为导向，注重轮机工程基础及专业能力培养。通过对本书的学习，学生可具备船舶柴油机一般故障的分析及排除能力和船舶辅机的操作与管理能力，为后续从事船舶轮机管理以及相关企事业单位轮机操作、管理等领域相关工作奠定基础。

本书可作为值班机工、海船轮机员、船舶企业机械维修技师或工程师等岗位人员的培训和学习用书，也可作为轮机工程技术专业学生的实践教材。

图书在版编目（CIP）数据

动力设备操作与拆装实训指导/夏霖，杨双齐主编. —哈尔滨：哈尔滨工程大学出版社，2022.12
ISBN 978-7-5661-3784-5

Ⅰ.①动… Ⅱ.①夏… ②杨… Ⅲ.①船舶机械-动力装置-操作②船舶机械-动力装置-装配（机械） Ⅳ.①U664.1

中国版本图书馆 CIP 数据核字（2022）第 241484 号

动力设备操作与拆装实训指导
DONGLI SHEBEI CAOZUO YU CHAIZHUANG SHIXUN ZHIDAO

选题策划 史大伟
责任编辑 张 昕
封面设计 李海波

出版发行 哈尔滨工程大学出版社
社　　址 哈尔滨市南岗区南通大街 145 号
邮政编码 150001
发行电话 0451-82519328
传　　真 0451-82519699
经　　销 新华书店
印　　刷 哈尔滨午阳印刷有限公司
开　　本 787 mm×1 092 mm 1/16
印　　张 15.5
字　　数 383 千字
版　　次 2022 年 12 月第 1 版
印　　次 2022 年 12 月第 1 次印刷
定　　价 48.00 元
http://www.hrbeupress.com
E-mail:heupress@hrbeu.edu.cn

前　言

《动力设备操作与拆装实训指导》是根据中华人民共和国海事局2021年10月1日起施行的《海船船员培训大纲(2021版)》中轮机工程专业三管轮实操项目而编写的专业实践型指导书。本书主要供轮机工程技术专业学生考证评估训练时使用及海员轮机员工作时参考。

本书积极响应二十大报告中“加快建设教育强国、科技强国、人才强国,坚持为党育人、为国育才,全面提高人才自主培养质量,着力造就拔尖创新人才,聚天下英才而用之。”的号召,通过查阅和借鉴大量行业规范和技术文献,对接行业发展新技术、新工艺、新规范和国际公约,从内容、形式到教学手段等方面进行了深入思考和周密设计。本书内容与船舶建造规范和船员考试大纲的内容相融通,紧密对接国家发展重大战略需求,助力高水平科技自立自强、拔尖创新人才培养。

为了使学生能够掌握培训大纲要求的内容,本书采用活页形式,使用了大量的工作表格,在学习和操作过程中,按照具体任务开展实训,强调学生为主体、教师为主导,实现教学做一体化教学。同时各项任务相关知识点中列举出了常见的问题及处理方法,使学生在实际操作过程中提升动手和解决问题的能力。

本书内容共分两个模块,即船舶动力设备拆装和船舶动力设备操作。本书立足于帮助轮机工程技术专业学生熟悉船舶动力设备的拆装和操作训练方法,掌握船舶动力设备故障判断与检修、参数监测与分析等方法。同时,希望学生通过对本书的学习和训练能够达到通过三管轮适任评估考试的水平,为后续从事船舶轮机修造、维护、管理相关工作奠定基础。

本书由武汉船舶职业技术学院夏霖、杨双齐担任主编,由武汉船舶职业技术学院郭敏、郭卫勇、张瑜、马威担任副主编。全书由武汉船舶职业技术学院张选军副教授/轮机长担任主审。编写人员具体分工如下:夏霖编写模块二绪论、项目三、项目四、项目五、项目六、项目七和项目十一;杨双齐编写项目二和项目十六;郭敏编写项目八和项目十;郭卫勇编写模块一绪论和项目一;张瑜编写项目十二、项目十三和项目十四;马威编写项目九和项目十五。

本书在编写过程中,得到张选军副教授/轮机长的大力支持,为本书提供了很多现行的技术标准和规范,并提出了许多宝贵建议,在此表示衷心感谢!

限于编者经验和水平,书中难免有疏漏和不足之处,恳请读者批评指正,以便修订时完善。

编　者

2022年9月

目　　录

模块一　船舶动力设备拆装

模块二　船舶动力设备操作

模块一 船舶动力设备拆装

绪论

动力设备拆装规范

1. 实训目的

【知识目标】

(1)强化和巩固船舶主辅设备及系统的工作原理;

(2)熟悉船舶典型设备的结构与组成。

【技能目标】

(1)熟练拆装、检测、维护、修理船舶设备;

(2)能够初步判断船舶设备及系统的简单故障。

【能力目标】

(1)培养团结协作的精神及吃苦耐劳的工作作风;

(2)培养勤于思考的习惯和解决问题的能力。

2. 实训评估内容

(1)柴油机主要部件拆装、检查。

①气缸盖拆装与检查;

②气阀机构的拆装与检查、气阀的研磨与密封面检查、气阀间隙的测量与调整;

③气缸套的拆装与测量、圆度和圆柱度的计算、内径增大量的计算;

④活塞连杆组件的拆装与解体、活塞的测量、圆度和圆柱度的计算、活塞销及连杆小端轴承间隙的测量;

⑤活塞环的拆装、测量和检查,活塞环天地间隙、搭口间隙、活塞环厚度及活塞环槽的测量;

⑥连杆、连杆大端轴瓦和连杆螺栓的拆装与检查,连杆螺栓的上紧方法,曲轴销的测量;

⑦主轴承拆装、检查和测量以及轴承间隙的测量;

⑧喷油泵拆装与检查、喷油定时的检查与调整、密封性的检查与处理;

⑨喷油器拆装与检查、启阀压力的检查与调节;

⑩曲轴臂距差的测量与计算、曲轴轴线的状态分析;

⑪空气分配器、气缸起动阀、安全阀的拆装与检修。

(2)分油机的拆装。

(3)泵浦的拆装。

①离心泵的拆装;

②往复泵的拆装;

③齿轮泵的拆装。

(4)活塞式空气压缩机的拆装。

(5)锅炉附件的拆装。

3. 评估办法

(1)评估考核形式及内容

①评估考核形式:现场实操。

②评估内容(本评估项目的组题办法):柴油机吊缸拆装、零部件检验与测量中随机选取两项、其他章节中任选一项组成一套评估试卷。

(2)成绩评定

一套评估试卷的总分为 100 分,获得 60 分及以上者为及格,60 分以下者为不及格。

(3)评估时间

每人次不超过 60 分钟。

项目一

船舶动力设备拆装概论

实训任务1.1　拆装常识认知

1.1.1　拆装安全守则

为了保证人身安全，拆装人员在拆装过程中应遵守下列规则：

(1)进入工作场地须穿戴规定的防护服装；

(2)对于易燃易爆物品(如燃油、可燃气体等)、高压容器等，须严格按操作规程进行操作，禁止无操作许可证人员操作；

(3)拆卸前应切断电源，以防触电；

(4)同组人员要互相配合、互相照顾，特别是起吊和盘车时，应通知周围的人；

(5)起吊前应检查索具的连接是否正确可靠，零部件的重心位置是否正确，零部件吊出后，应放置在合适的地方，不可将其长时间地悬挂在空中；

(6)拆下的零部件应放置妥当，以防坠落伤人或绊倒人；

(7)工作场地不准吸烟，以防发生火灾；

(8)工作场地不准打闹，以防绊倒或碰伤。

1.1.2　船机拆卸

1. 拆卸的一般原则和要求

拆卸是为了检查、测量和维修。检修人员通过拆卸和拆卸过程中的检验、测量，了解故障的范围、程度，找出故障的原因后，才能采用正确的钳工修配手段进行修理。由于船舶设备的构造和组成各有其特点，零部件在质量、结构、精度等各方面存在差异，若拆卸不当，会使零部件受到损坏，甚至无法修复，造成不必要的浪费。为了保证拆卸质量，拆卸时应遵循下列基本原则和要求。

(1)拆卸原则

①确定拆卸范围

拆卸前要根据机器存在的故障确定一定的拆卸范围，需要拆的一定要拆，可不拆的尽量不拆,不要随意扩大拆卸范围。因为不必要的拆卸将会增加检修人员的工作强度,影响船舶正常营运,还可能会破坏机件良好的配合精度,出现安装误差,增加零件损伤。

②正确的拆卸顺序

不同的机器结构,其安装与拆卸的顺序也不相同。因此,拆卸前应仔细阅读说明书,充分掌握机器的结构特点,了解拆装要求、随机拆装专用工具及其使用方法等,以便顺利拆卸,严格按拆卸要求和步骤进行拆卸,以保证人身和设备安全。

一般来说,机器的拆卸顺序应先拆上部零件,后拆下部零件;先拆外部零件,后拆内部零件;先拆轻巧零件,后拆笨重零件;先拆附属件,后拆主要机件;先拆部件,后将部件拆成零件。

③正确选用工具

拆卸时,有专用工具的,应优先选用专用工具;若无专用工具,可选用通用工具,或自制专用工具。使用通用工具时,应首先选用梅花扳手和套筒扳手,其次选用开口扳手,在上述扳手不能满足使用要求时,才允许使用活络扳手。

④保证零部件原有的精度

拆卸过程中应尽量不要损伤零件,保证零件的尺寸精度、形状与位置精度,尤其是要保护配合件的工作表面。特殊情况时允许在保护大件、重要件精度的前提下牺牲小件、不重要件,以完成拆卸工作。重要的或精密的部件一般不要在现场进行拆解,应送船上专门工作室或船厂车间解体修复。

⑤保证能正确装复机器

拆卸前应考虑拆卸后的装配复原,不加思考地动手拆就可能导致无法复原。所以,应对所拆卸的机器结构有充分的了解,拆卸过程中通过细心的观察、做记号、系标签、画图、照相和必要的文字记录等方式,了解正确的装配顺序和安装位置,确保后期顺利进行装配。

⑥拆卸应为装配创造条件

a. 如果技术资料不全,必须对拆卸过程做必要的记录,以便在安装时遵照“先拆的后装,后拆的先装”的原则进行装配;

b. 拆下的零部件应按拆卸步骤有序摆放,以防丢失或损坏;

c. 同一总成或同一部件的零件应存放在一起;

d. 对于结构复杂的部件,应画出装配草图或拆卸时做标记,以免误装;

e. 对于难拆的零部件,不可用手锤直接敲击,必须敲击时,应垫紫铜棒;

f. 对于精密件,要注意保护,防止敲击、划伤导致损坏,拆卸后要单独存放;

g. 对于细长零件,要悬挂放置,防止发生弯曲变形;

h. 对于细小零件,要用器皿盛装,避免丢失;

i. 对于偶件,要成组存放,或做标记、系标签;

j. 对于带螺母的螺栓,应装上螺母存放;

k. 对于密封件,应注意保护,防止损坏,对于损坏的密封件应注意保存,以便安装时参照购买或制作。

(2)拆卸要求

为了保证船机检修工作的顺利完成,首先必须正确、顺利地拆卸机器,为此应充分做好以下几项工作。

①拆卸过程中的安全保护

拆卸过程中的安全操作对于保证人身和机器的安全至关重要。拆卸人员要严格遵守技术安全操作规程,按照正确的拆卸程序进行工作;要正确地使用拆卸工具。所以,拆卸人员在拆卸过程中应注意以下问题:

a. 选用工具要恰当,其种类与规格应适于工作场合的需要。上紧螺栓时不可任意加长扳手,以免扭断螺栓。应遵守技术安全操作规程,防止人身事故和损坏零件。

b. 注意吊运安全。严格遵守吊运安全规则,严禁超重吊运,吊运时捆绑要牢靠且不损伤机器零件和仪表,防止吊运时发生人身事故。

c. 防止事故和损伤。拆不下的机件不可硬拆,以免损伤机器;检修过程较长时,应采取措施防止拆下的零件变形和生锈;吊运器材(如钢缆、绳索等)规格必须可靠,防止吊运中途发生事故。

②做好记号和系好标签

拆卸过程中,拆下的零件应系标签,注明其所属部件、次序等,以免混淆或丢失;做好各零部件之间相对位置的记号。系标签和做记号是简单而易被忽视的工作,如果不能认真去做,轻者给机器装复带来麻烦,甚至返工和损坏零件,重者会造成机器不能装复。给零件做记号时应注意以下几点。

a. 做记号前,先检查零部件的相对位置处有无记号。一般对于旧机器来说,多数以前已经做过记号,如果重复做记号有时会造成混淆,如记号不清晰则应重新做。

b. 采用油漆、点冲或号码冲在零件连接处分别做记号,但不要标记在零件的精加工面上,例如,活塞环的外表面和下表面上是不可随意划线的。

c. 对不熟悉的机器可采用画图、拍照片等方法记录零部件的装配关系。

d. 检修过程较长时,应妥善保管拆下的零件和保护好记号。

③拆下的零件和机器拆开部位的保护

拆卸时要避免做不必要的拆卸工作,该拆的部件必须拆,不该拆的部件就不拆。从机器上拆下的仪表、管子、附件和零部件等应系标签,分门别类地妥善放置与保管,柴油机的零部件要按缸的排列号数有序地摆放,不可乱丢乱放。仪表、精密零件和零件配合表面尤其应慎重放置与保护。

拆卸后,为了防止异物落入造成损伤和后患,裸露的固定件上的孔口、管系的管口,应用木板、纸板、布或塑料膜等将其堵塞或包扎。例如,柴油机的油底壳油孔、曲轴上的润滑油孔等应做此防护。

④过盈配合件的拆卸

机器上具有过盈配合的配合件,例如齿轮与轴、柴油机上的气阀导管与导管孔、离心泵的泵轴与轴承等,拆卸时应使用专用工具、随机专用工具或采用适当加热配合件等方法才能顺利拆卸,切勿硬打硬砸,以免损伤零件。

⑤螺栓的拆卸

拆卸时会拆卸大量的螺母、螺栓等。一般来说,螺母、螺栓的拆卸并不困难,但应注意以下问题。

a. 柴油机气缸盖螺栓、主轴承螺栓等一般采用双头螺栓,螺栓的一端旋入机件。拆卸时,不需将双头螺栓从机件上拆下。

b. 主要部件上拆下的螺母、螺栓等应装回原位,达到说明书规定使用周期的连杆大端螺栓等应及时更换。

c. 生锈螺母拆不下时,可尝试采用以下方法进行拆卸:

(a)先将螺母用工具上紧1/4圈左右,然后再反向旋出;

(b)用铁锤轻轻敲击振动生锈螺母周边后再旋出;

(c)在螺母和螺栓之间灌入煤油或喷松动剂,浸泡20~30 min后旋出;

(d)用喷灯均匀加热螺母,使之受热膨胀后旋出。

以上方法均不能奏效时,可用扁铲将螺母破坏取下。锈蚀的螺母拆卸后应及时更换新的螺母备件。

d. 螺栓断于螺纹孔中可考虑采用以下方法将断头螺栓取出:

(a)在露出的断头螺栓顶面锯出一个小槽,用螺丝刀旋出断头螺栓;

(b)用锉刀把露出的断头螺栓两个侧面锉平,再用扳手拧出断头螺栓;

(c)在断头螺栓上焊一个折角钢杆或螺母,将断头螺栓旋出;

(d)在断头螺栓顶面钻孔攻丝(反向螺丝)和拧入螺钉,拧出螺钉时将断头螺栓带出;

(e)选用直径小于断头螺栓根圆直径0.5~1.0 mm的钻头,将螺栓钻掉,再用与原螺栓螺距相同的丝锥将螺纹孔中残存的断头螺栓除去,但应不破坏原螺纹孔的精度。

2. 常用的拆卸方法

(1)击卸法

对于精度不高、强度较大的零部件,可用手锤或其他重物敲击零部件,将其卸下。

(2)拉拔法

对于精度较高、不允许敲击或用击卸法不能拆卸的零部件应使用拉拔法,采用专用拉器进行拆卸。

(3)破坏法

若必须拆卸焊接、铆接等固定连接件,或轴与轴套互相咬死,或为保留主件而必须破坏副件时,可采用车、锯、錾、钻、割等方法(即破坏法),进行破坏性拆卸。

实训任务1.2　拆装工具及使用

为了能顺利地拆卸机器,应尽量做好拆卸前的各项准备工作,准备各种检修工具。拆卸检修时需要准备的拆卸工具包括:通用工具、专用工具、通用量具、专用量具、各种随机辅助设备等。所准备的工具和量具的品种、规格应能保证全部拆检工作的顺利进行。

1.2.1　通用工具

1. 扳手

扳手是用来拆装各种螺纹连接件的常用工具,按结构形式和作用,可分为通用扳手、专用扳手和特种扳手三大类。

在使用扳手时,应把扳手的开口全部套在欲扳动部件上,并注意扳手的开口平面与被扳动件轴线相垂直,否则不仅容易滑脱,也容易损坏螺纹连接件的棱角。

(1)通用扳手

通用扳手又称活络扳手,如图1-2-1所示。其特点是开口尺寸能在一定范围内调节,所以可用一把活络扳手扳动开口尺寸允许范围内的多种规格的螺栓和螺母,使用方便。

使用活络扳手时应注意以下几点:

①使用时不允许在活络扳手手柄上套上一根长管子作为加长手柄;

②应使扳手开口的固定部分承受主要作用力,即扳手开口的活动部分位于受压方向;

③扳手上紧力不能超出螺栓或螺母所能承受的限度;

④扳手的开口尺寸应调整到与被扳紧部位尺寸一致,将其紧紧卡牢后再用力扳动螺帽。

(2)专用扳手

专用扳手只能用以扳动固定规格的螺栓和螺母,按结构特点可分为以下六种。

①开口扳手。开口扳手又称呆扳手,分为单头和双头两种,如图1-2-2所示。它的尺寸规格以开口宽度(mm)分类。开口扳手一般用在螺帽空间比较宽阔的地方,使用时应注意扳手开口的受力部位。

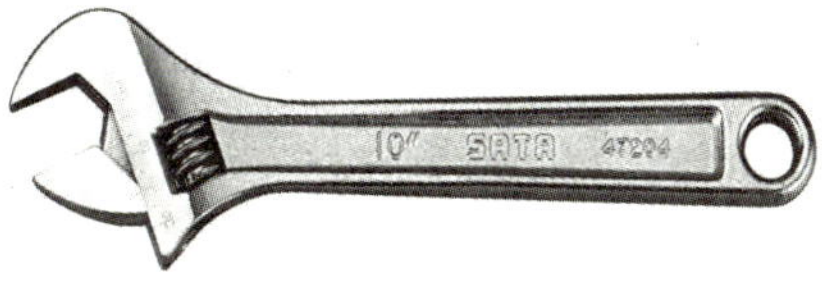

图1-2-1　活络扳手

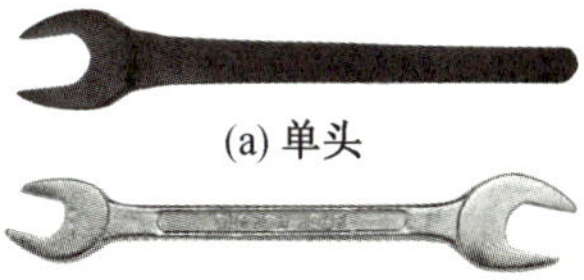

(a) 单头

(b) 双头

图1-2-2　开口扳手

②整体扳手。整体扳手有正方形、六角形、十二角形等几种形式,其中十二角形扳手就

是梅花扳手,如图 1 -2 -3 所示。梅花扳手只要转动 30°就可改变扳手方向,所以扳动狭窄部位的螺栓和螺母时,使用这种扳手较为方便。其规格以六角螺母的对边距离为扳手的公称尺寸。

③套筒扳手。套筒扳手是由一套尺寸不等的活络套筒头子和弓形手柄等组成的,如图 1 -2 -4 所示。套筒扳手一般都配套成盒,分 9 件、13 件、17 件、28 件、32 件等多种组合,其规格尺寸同梅花扳手基本相同,适用于多种特殊位置和维修空间狭小的地方,且效率较高。

图 1 -2 -3　梅花扳手

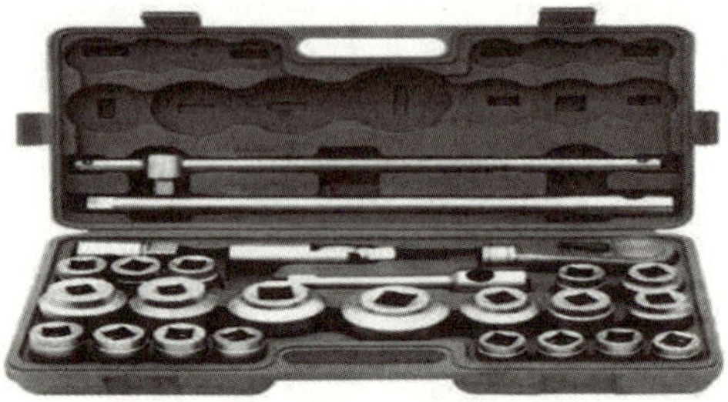

图 1 -2 -4　套筒扳手

④钩形扳手。钩形扳手是一种主要用来拆装各种圆螺母的专用扳手,如图 1 -2 -5 所示。

⑤内六角扳手。内六角扳手是专门用来扳动内六角形的螺栓和螺母的,如图 1 -2 -6 所示。使用时注意一定要把扳手的头塞到内六角凹底,扳动时应将右手拇指按在扳手的转弯处,其余四指用力要适当。

图 1 -2 -5　钩形扳手

图 1 -2 -6　内六角扳手

⑥管扳手。管扳手既可用于拆装各种管子和管路附件的连接,又可用于扳动圆柱形工件、零件,如图 1 -2 -7 所示。

图 1 -2 -7　管扳手

(3)特种扳手

特种扳手一般是为拆装某一类专用螺帽而设计的,在结构和功用上有别于前述两类扳手,常用的特种扳手有以下两种。

①扭力扳手。扭力扳手又称公斤扳手,如图 1－2－8 所示。手柄上带有刻度和指针,使用时可根据扳动时的指针刻度来测定螺栓、螺母的上紧扭矩值。凡是对螺栓、螺母的上紧扭矩有明确规定的装配工件(如某些中小型柴油机的连杆、缸盖螺母,空压机的缸盖螺栓等)上紧时都要使用这种扳手。

②风动冲击扳手。风动冲击扳手以压缩空气为动力,用来拆卸和上紧一些较大的螺帽,如大型柴油机的气缸盖螺帽等。风动冲击扳手外形如图 1－2－9 所示。

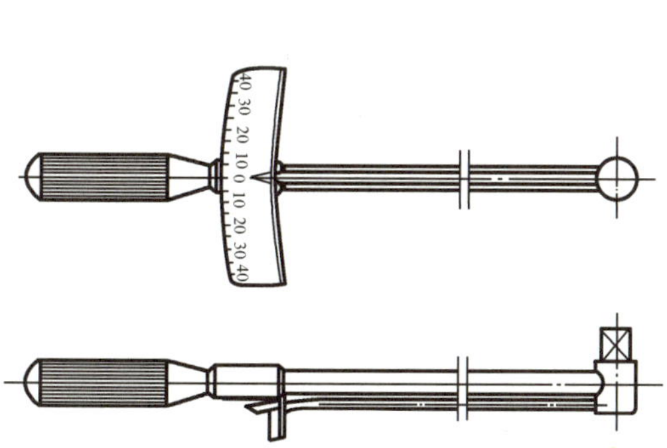

图 1－2－8　扭力扳手

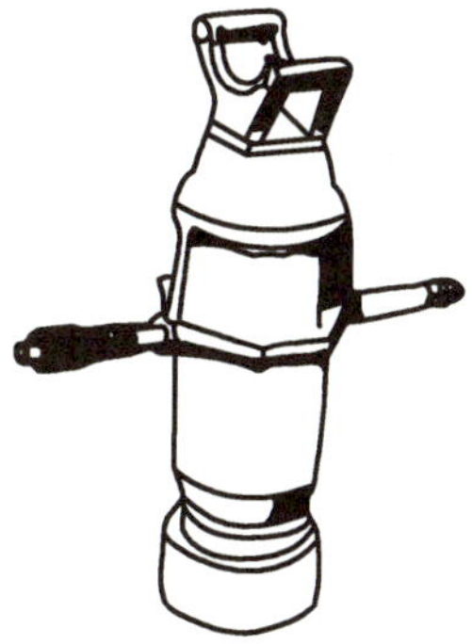

图 1－2－9　风动冲击扳手

2. 手锤

轮机拆装用的手锤一般分为刚性手锤和弹性手锤两类。

由碳钢淬硬制造的手锤属刚性手锤,根据锤头的质量划分规格,常用的有 0.25 kg、0.5 kg、1 kg 等,常与錾子、冲头、垫块等配合使用,但不宜直接用于敲击零件表面。

由铜、硬橡胶、木头等做成的手锤属弹性手锤,常用于拆装传动轴及其轴端装置,如齿轮、键、轴承等,可直接用于敲击零件表面。

3. 钳子

(1)钢丝钳

钢丝钳分为铁柄钳和绝缘柄钳两种,如图 1－2－10 所示。铁柄钳用来夹持和剪断金属薄板及金属丝;绝缘柄钳既可用于夹持和剪断各种电线,又可用于有电场所,工作电压为 500 V。其规格按柄身长度分为 150 mm、175 mm、200 mm 三种。

(a) 铁柄钳　　(b) 绝缘柄钳

图 1－2－10　钢丝钳

(2)鲤鱼钳

鲤鱼钳形状似鲤鱼,如图 1－2－11 所示。鲤鱼钳既可用于夹持及拉拔各种扁平和圆柱形工件,又可代替扳手拆装一些规格较小的螺栓和螺母。其开口可调整,规格按钳身长度有 165 mm 和 200 mm 两种。

(3)尖嘴钳

尖嘴钳能在狭小的地方操作，在检修中常用来装拔销钉、弹簧等零件，带刃口的还能剪断细小的工件或线材，如图 1－2－12 所示。它有 130 mm、160 mm、180 mm、200 mm 四种规格。

图 1－2－11　鲤鱼钳

图 1－2－12　尖嘴钳

(4)挡圈钳

挡圈钳又称卡簧钳，专用于拆装弹性挡圈。按挡圈的安装部位不同，挡圈钳可分为直嘴式孔用挡圈钳、弯嘴式孔用挡圈钳，以及直嘴式轴用挡圈钳、弯嘴式轴用挡圈钳，如图 1－2－13 所示。

(a1) 弯嘴式　(a2) 直嘴式　(b1) 弯嘴式　(b2) 直嘴式

(a) 孔用挡圈钳　(b) 轴用挡圈钳

图 1－2－13　挡圈钳

(5)扁嘴钳

扁嘴钳的形状类似于尖嘴钳，但扁嘴钳的嘴是扁的，用以弯曲金属薄板片及金属细丝，在机修中一般用来装拔销子、弹簧等零部件，如图 1－2－14 所示。

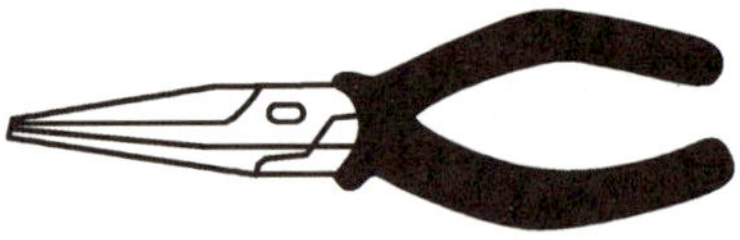

图 1－2－14　扁嘴钳

4. 其他钳工工具

其他钳工工具，如钢锯、锉刀、刮刀、螺丝刀、丝锥、板牙、冲子和拉马等，也是在轮机的拆检作业中经常使用的。

1.2.2　专用工具

专用工具一般都是为方便拆装某一特定主机、辅机而专门设计制造的，通常由生产厂家随机配备。机型不同，专用工具也有所不同，常见的拆装专用工具有以下五种。

1. 液压拉伸工具

该工具是大型柴油机拆装中常用的装置，如图 1－2－15 所示，主要用于拆装大型柴油机的气缸盖等螺母。其主要工作原理是利用螺栓材料本身的弹性变形，借助液压的力量把螺栓拉伸至一定长度，使螺母与其压紧的平面处于松弛的状态，以便用扳手旋紧或旋松螺母，达到螺栓上紧或旋松的目的。使用时要根据说明书中所规定的缸头螺母旋紧力的大小，用手动高压液压泵给出相应的标准压力来进行螺母的拆装工作。为了保证液压拉伸工具的良好状态，应定期对其进行保养，在使用时要根据说明书的规定正确地安装和操作。

该工具也可拆装主机的其他紧固螺母，如活塞杆下部的海底螺母、十字头轴承螺母、连杆大端轴承螺母和主轴承螺母等。

2. 气缸套拆装专用工具

该工具用于拆装柴油机气缸套，如图 1－2－16 所示。它由气缸套悬吊梁 6、托底梁 4、带螺母和提吊钩块的提吊螺栓 3 以及垫块等组成。使用时应按说明书要求正确安装，吊装气缸套时应使天车吊钩与吊装工具吊点在同一垂直线上。要注意缸体与气缸套的定位记号，避免安装时错位。

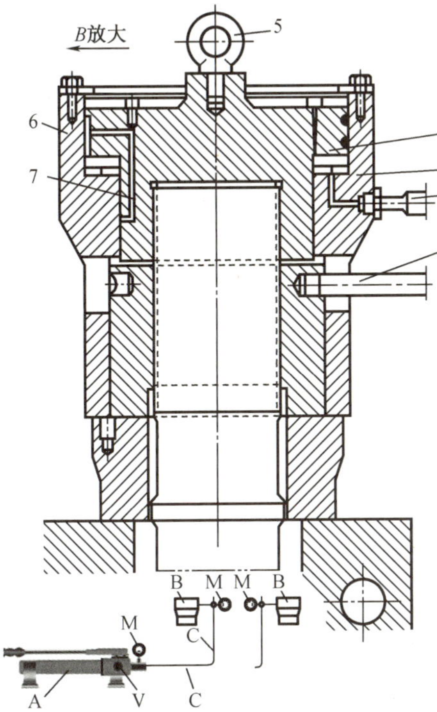

1—扳手；2—高压软管接头；3，B—液压油缸；4—液压活塞；
5—吊环；6—上部密封环；7—下部密封环；
A—液压油泵；M—压力表；V—泄压阀；C—液压油管。

图 1－2－15　液压拉伸工具

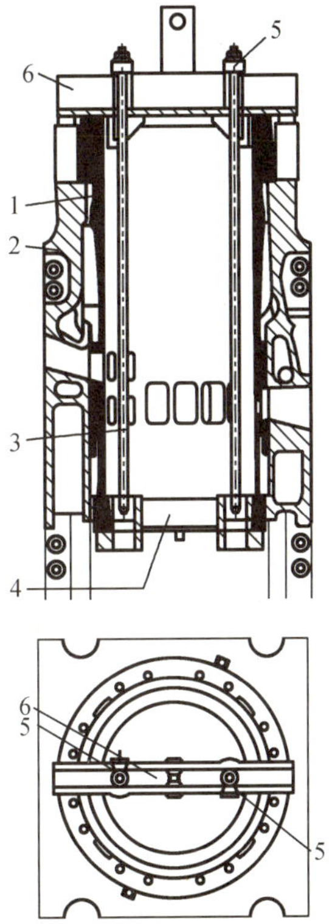

1—气缸套；2—气缸体；3—提吊螺栓；
4—托底梁；5—螺母；6—悬吊梁。

图 1－2－16　气缸套拆装专用工具

3. 活塞环拆装专用工具

该工具专用于拆装活塞环，如图 1－2－17 所示，适用于拆装缸径较大的柴油机的活塞环。使用时要注意不能用力过猛，以免折断活塞环。

4. 活塞装入气缸套的专用工具

该工具在安装活塞时使用。使用时要平稳地放置在气缸体上平面，注意定位销的位置。将带环的活塞涂上滑油并保证环的搭口互相错位后，放入气缸套内，利用专用工具的锥形喇叭口将活塞环逐渐收拢，压入气缸套，如图 1－2－18 所示。

图 1－2－17　活塞环拆装专用工具

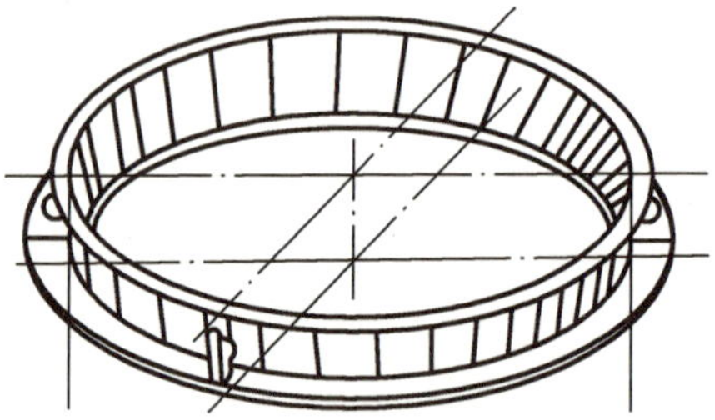

图 1－2－18　活塞装入气缸套的专用工具

5. 主轴瓦拆装专用工具

这种工具适用于拆装主轴瓦上瓦，如图 1－2－19 所示。使用时吊板用螺栓上紧，拆卸时要注意主轴承盖、上瓦的定位销，以保证主轴承安装位置的精度。拆去主轴承盖、上瓦和垫片后，在不抬起曲轴的情况下，用专用销子插在油孔中或用固定在曲柄臂上的专用工具将下瓦自主轴承座中盘出或装入；有的柴油机用液压千斤顶抬起曲轴，用钩形工具转出轴瓦。

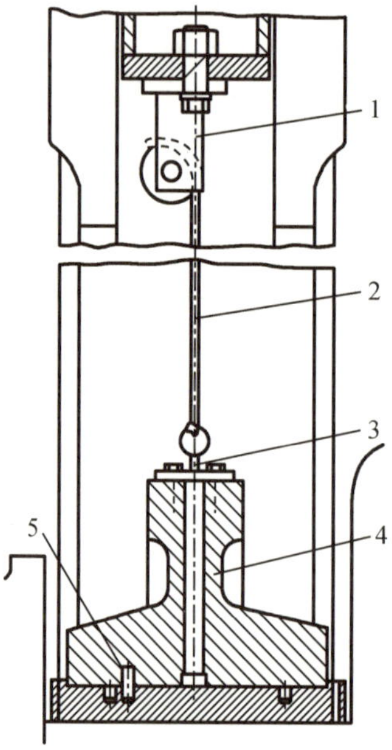

1—吊架；2—绳索；3—吊板；4—主轴承盖；5—定位销。

图 1－2－19　主轴瓦拆装专用工具

实训任务1.3　测量工具及使用

1.3.1　通用量具

1. 钢尺

钢尺(钢板尺、钢卷尺)用于测量工件长度尺寸。

2. 塞尺

塞尺(又称厚薄规)如图1-3-1所示,用于测量两机件之间的微小间隙,如气阀间隙、活塞环搭口及天地间隙等。其使用方法如下:

(1)使用前应将塞尺擦干净,否则会影响测量精度;

(2)使用时根据机件之间配合间隙大小选出一片或数片,重叠在一起塞进间隙内,使钢片在间隙内既能推动,又能拉动,且有明显摩擦力的感觉;

(3)如果钢片在间隙内很松动或无法推动,则应更换一片较厚或较薄的钢片重新测量。

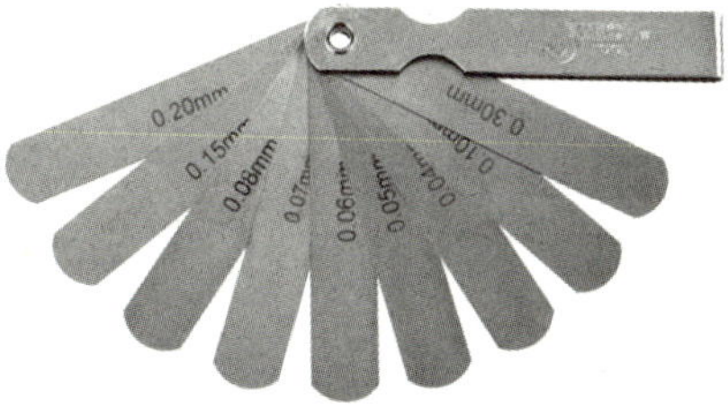

图1-3-1　塞尺

3. 卡尺

(1)游标卡尺

游标卡尺如图1-3-2所示,用于测量工件的内、外径尺寸,如内径、外径、高度、厚度和深度等。

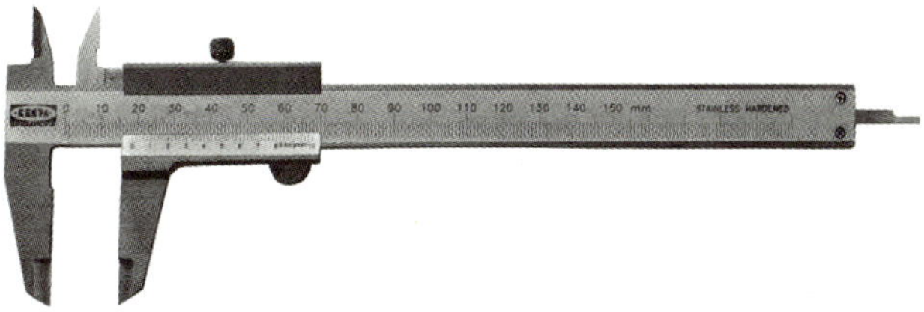

图1-3-2　游标卡尺

(2)深度游标卡尺

深度游标卡尺用于测量工件深度尺寸、台阶高度等。

(3)高度游标卡尺

高度游标卡尺用于测量工件的高度和用于精密划线。

4. 千分尺

千分尺(又称百分尺或分厘卡)有外径千分尺和内径千分尺之分。

(1)外径千分尺

外径千分尺如图 1－3－3 所示,用于测量精密工件的外形尺寸。

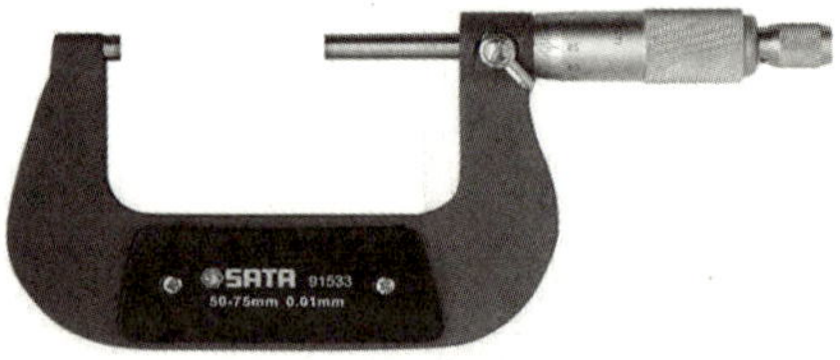

图 1－3－3　外径千分尺

(2)内径千分尺

内径千分尺如图 1－3－4 所示,用于测量精密零部件的内径尺寸。

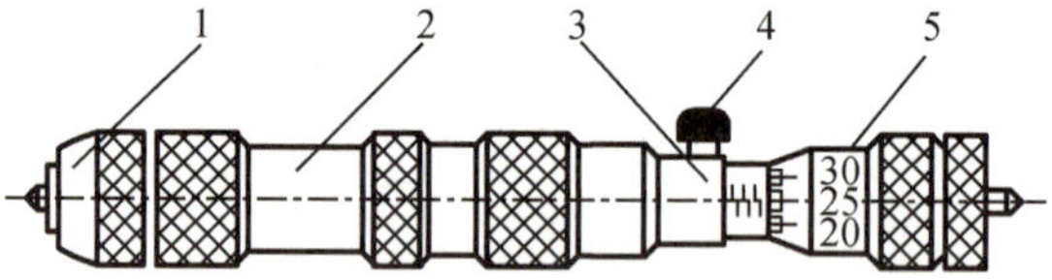

1—测量头;2—节杆;3—尺身;4—紧固螺钉;5—游标。

图 1－3－4　内径千分尺

5. 螺纹规

螺纹规(又称螺纹样板)如图 1－3－5 所示,用于检查普通螺纹的螺距或每英寸牙数。

图 1－3－5　螺纹规

1.3.2　专用量具

在设备检修中，有些设备用普通量具测量较困难，为此常配有随机供应或购置的专用量具，如测量气缸套内径的内径行分表、测量气缸内径的量缸表、测量曲柄的臂距差的臂距表、测量主轴承磨损量的桥规等。

1. 内径千分表

内径千分表在船上主要用于测量气缸套的内径。其组成结构为千分表、连接杆、固定测量杆和活动测量杆，如图 1－3－6 所示。连接杆的一端与千分表相连，另一端与由固定测量杆和活动测量杆组成的可调测量棒相连。

内径千分表在使用时需要用一个外径千分尺按零件尺寸先对内径千分表进行校正，使千分表的指针指向零位，并把可调测量棒上的紧固螺母拧紧后再进行实际测量。为适应不同尺寸缸径的需要，固定测量杆有一组不同尺寸的杆可供选择，调整垫片也有一组可供选配。

在测量气缸内径时，根据气缸内径的大小配上适当的测量棒，把一个外径千分尺调到与标准缸径相同，再将内径千分表的测量棒放到外径千分尺里进行调校，一般测量棒调校后的长度比缸径稍大（视气缸套磨损情况而定），再将内径千分表放到气缸内进行测量。

2. 量缸表

量缸表是用于测量气缸内径的一种专用内径千分表或百分表。为方便测量气缸套，大型船舶柴油机一般都随机配有专用量缸表，其结构组成为千分表、连接杆、活动测量杆、固定测量杆、锁紧螺母等，如图 1－3－7 所示。其原理与普通内径千分表基本相同，活动测量杆 1 感受的位置变化通过表身内部的连接杆 7 传递到千分表 3，指示出测量的变化值，从而达到测量内径的目的。

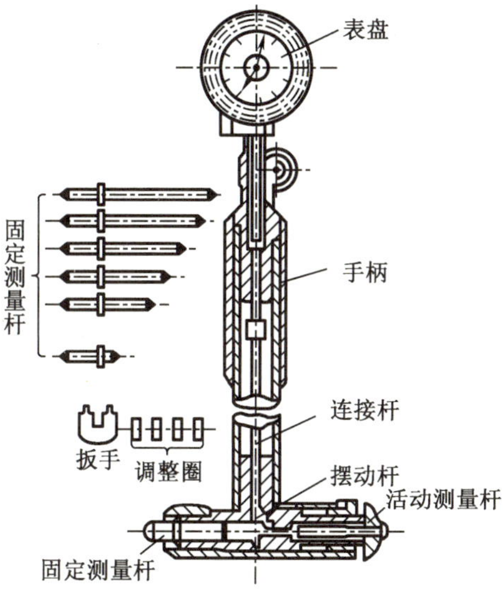

图 1－3－6　内径千分表

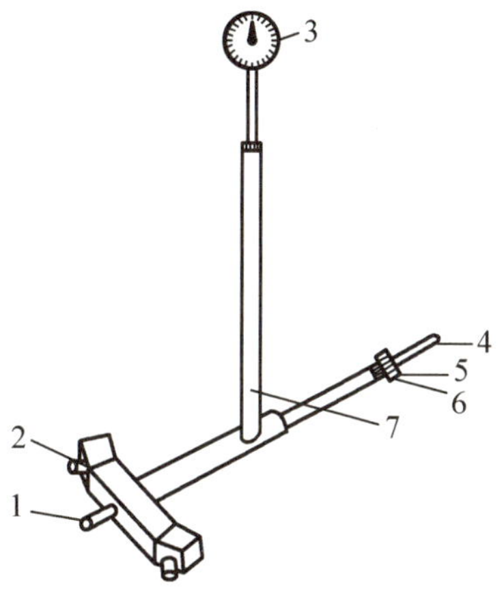

1—活动测量杆；2—支承头；3—千分表；4—固定测量杆；
5—锁紧螺母；6—调整垫片；7—连接杆。

图 1－3－7　量缸表

使用量缸表时,在各杆件连接组装后,须先用游标卡尺或外径千分尺校验活动测量杆1顶端与固定测量杆4顶端的最大长度。测量时先将量缸表的固定测量杆端插入气缸套测量样板的孔中定位,用手摇动连接杆7,使活动测量杆端上下摆动。千分表指针指示刻度的最小位置即是欲测的直径位置。缸径应为测量杆长度减去表的读数。支承头2的作用是在测量时和缸壁接触,以确定测量杆的位置。

量缸表使用后,拆下各部分零件进行清洁,涂油脂并放入表盒中保存。

3. 臂距表

臂距表也称拐挡表,用于测量曲柄的臂距差,是一种特殊的百分表,它的测量精度为0.01 mm。一般船用柴油机都随机配备专用臂距表,其结构组成为臂距表、重锤、测量杆等,如图1-3-8所示。这种表测量臂距差时,曲柄臂张开时,臂距值增大,表的指针指向正(+)值或读数增大方向;曲柄臂收拢,臂距值减小,则表的指针指向负(-)值或读数减小方向。这样,表上指针的正负或读数的增减与臂距的增减相一致。

臂距表也可用普通百分表改制而成。但用普通百分表改制时,表上指针读数正负的增减与臂距表指针正负的增减相反。

使用臂距表时,应注意以下几点。

(1)应根据曲柄臂距值的设计尺寸组装表的测量杆长度。

(2)装表前要确认曲柄臂内侧的冲眼位置,然后将表的两端牢固地顶在曲柄臂上的冲眼内,以防测量过程中表脱落摔坏。装表时预压缩量不应过大或过小:过大,在曲柄臂收拢时会压坏表;过小,在曲柄臂张开时会使表掉下摔坏。

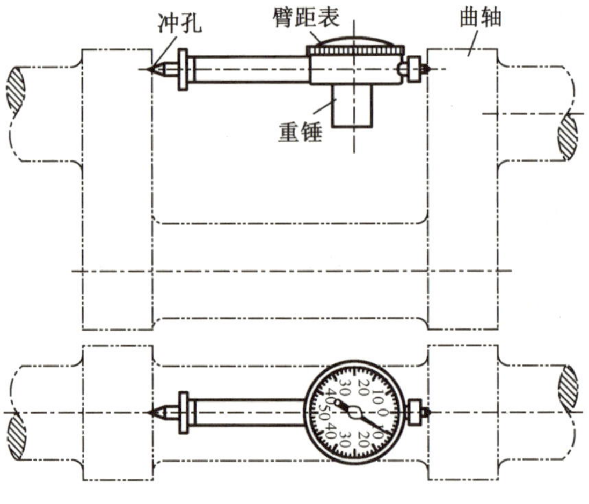

图1-3-8 臂距表及其安装

(3)表装好后,在第一个测量位置上要对表进行调零,以方便测量时读数。

(4)有些不带重锤的臂距表在测量过程中,应使用反光镜查看表上数值。不要用手转动表盘查看读数,以免影响测量的准确性。

4. 桥规

桥规用来测量曲轴的桥规值和主轴颈下沉量。

柴油机主轴颈的下沉主要由主轴承下瓦磨损和主轴颈磨损所致。但在实际工作中,主轴颈的正常磨损量一般很小，相对于主轴承下瓦的磨损几乎可以忽略。所以测量出的桥规值主要反映主轴承下瓦的磨损量。

桥规是随机专用量具，其结构随机型不同而异。桥规如图1-3-9所示。柴油机的桥规铭牌上一般标记柴油机台架试验时测量的各道主轴承的桥规值，作为在以后使用中测量比较的依据。前后两次测量桥规值之差即是主轴承下瓦相应时间段的磨损量。

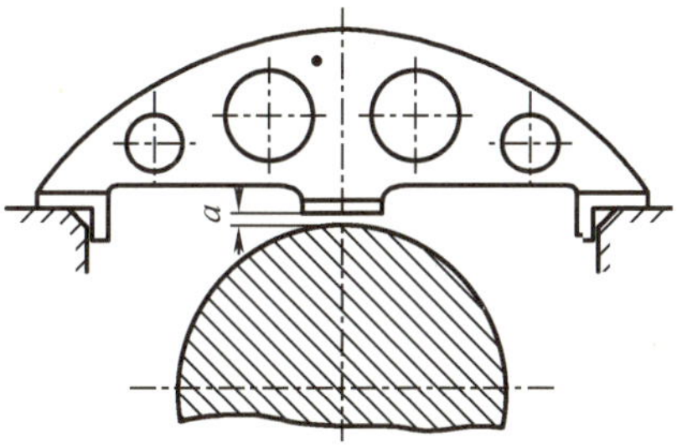

图1-3-9　桥规

目前大型柴油机普遍采用一种带有测深尺的桥规，这种桥规在主轴承两端测量而无须拆卸主轴承。如图1-3-10所示为Sulzer RTA型柴油机桥规。

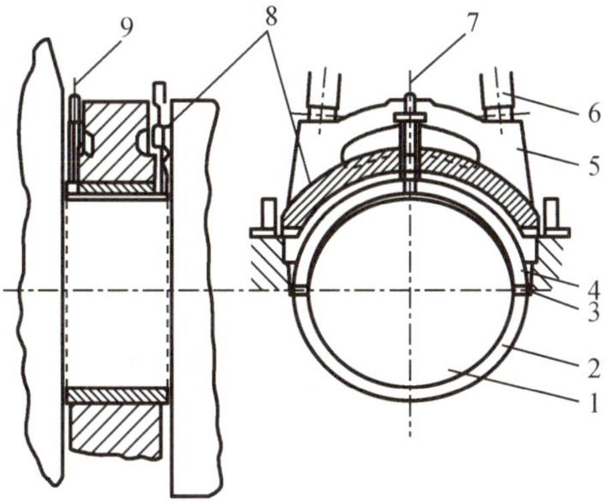

1—曲轴；2—主轴承下瓦；3—垫片；4—主轴承上瓦；5—轴承盖；6—撑杆螺栓；7，9—测深尺；8—桥规。

图1-3-10　Sulzer RTA型柴油机桥规

5. 起吊设备

拆卸机器上质量较大的部件，常常采用各种起重工具和设备。

(1)环链式手拉葫芦

这是一种悬挂式手动提升重物的工具，一般在没有固定起重设备的场合使用，这种设备能较灵活地起落重物，但使用时必须注意被吊部件的质量应与环链式手拉葫芦的起重吨位相匹配。

(2)起重行车

起重行车又称天车，是用于吊装大型零部件的专用起重设备，如主机吊缸时，吊装气缸头、活塞。根据动力源的不同，起重行车又分为手动式和电动式两种。

此外,吊装工作中还常使用一些其他的工具、索具等,如液压千斤顶、卸扣、吊环、钢丝绳及钢丝绳轧头、滑车等。

采用机舱起吊设备进行吊运时,起吊前应根据部件的质量选用相应规格的吊索和吊钩等,确定受吊处的位置;检查起吊控制开关操纵的灵活性。

实训任务1.4　零件清洗的方法

船机零件从机器上拆卸下来时一般都附有油垢、积炭、污垢、水垢等，在检修时要进行必要的清洗，清洁零件表面便于发现和检查零件的缺陷，确认损伤性质、损伤程度，使测量更加准确，也便于修理和装配。因此，清洗零部件是轮机维护保养工作中的一项重要内容。

1.4.1　常规清洗

常规清洗又称为油洗，是指利用有机溶剂如汽油、煤油或柴油溶解零件表面油污的一种手工清洗方法。清洗时，先将拆卸下的零件浸泡在油中，然后用抹布或刷子除去零件上的油污。此种清洗方法操作简便、使用灵活、适用性广，对于油污积垢不严重的零件清洗效果好，但是对于积炭、铁锈和水垢无效，使用不够安全，尤其应注意防火，一般在机器处所严禁使用易挥发的汽油作为清洗剂。

1.4.2　机械清洗

机械清洗是指利用钢丝刷、毛刷、砂布、油石和敲锈锤等进行人工刷、刮、磨和敲击等机械作用来清除零件表面沉积较严重的积炭、铁锈和水垢等，再用汽油或柴油清洗干净的清洗方法，常用于清洗柴油机燃烧室的零件。

这种清洗方法操作简便、使用灵活，对清除零件表面较厚的积垢十分有效。但是，此法容易损伤零件表面，产生擦伤与划痕，另外对于清洗工具触及不到的地方，无法进行清洗。

1.4.3　化学清洗

化学清洗是指利用化学药品的溶解和化学作用，清除零件表面的油、油脂污垢、积炭、水垢和铁锈等附着物的清洗方法。用于化学清洗的清洗剂主要有以下三种。

1. 碱性清洗剂

碱性清洗剂适用于清除零件表面的油、油脂污垢、油脂的高温氧化物、漆皮等附着物。根据零件材料的不同有不同配方的清洗剂。碱性清洗剂一般是由氢氧化钠、碳酸钠、磷酸钠、硅酸钠及少量乳化剂组成的水溶液。它们通过碱性清洗液对零件表面油污的皂化作用和乳化作用将油污除去。采用化学清洗剂进行清洗时，为了增强清除效果，一般需要把被清洗的零件放入清洗剂中进行加温浸泡、搅动或用高压水冲洗等。

2. 酸性清洗剂

酸性清洗剂能够与水垢、金属氧化物发生强烈的化学反应，使其溶解或者脱落。酸性清洗剂常用无机酸或有机酸配制而成，适用于清除零件表面的水垢和铁锈。无机酸的主要成分是盐酸、磷酸或硫酸，添加缓蚀剂、表面活性剂和其他的添加剂。

3. 合成洗涤剂

合成洗涤剂是近年来发展起来的一种现代的新型清洗剂，其种类很多。对于机舱中不同的机器及其不同的脏污有不同的清洗剂。国外的合成洗涤剂主要有以下两种。

(1)"奥妙能"(AMEROYAl)全能清洁剂，是一种中性多功能水溶性清洗剂，在室温下可以迅速清除零件表面上的油污、铁锈、积炭和氧化物，在60～80 ℃下清洗效果更好。这种全能清洁剂完全溶于水，无异味、无腐蚀性，但有刺激性，使用时应避免与眼睛、皮肤和衣物等接触，并戴保护镜和手套。

这种全能清洁剂可有效地清洗涡轮增压器、热交换器、泵和管系等。

(2)SNC2000 除炭剂，这种清洁剂具有很强的溶解能力，可以溶解油、油脂，能渗透和软化积炭(碳、烟灰和泥垢等)，但不能溶解积炭，积炭在软化松动后可以用水冲掉。较小的零件一般经过4～8 h 浸泡，就可以使积炭完全溶解或松动；零件上积炭严重时，可在加热至55～60 ℃的除炭剂中浸泡24 h(最长)后，用水冲掉或用刷子刷洗，再用压缩空气进行吹干。对于大型固定件，可以刷洗清除积炭。

使用化学清洗剂时需注意：应保证工作场所通风良好，佩戴必要的保护器具，防止清洗剂溅入眼中和减少与皮肤、呼吸道的接触。

项目二

柴油机主要部件拆装、检查

实训任务2.1　气缸盖拆装与检查

2.1.1　实训目的

(1)熟悉气缸盖的拆卸和安装方法;

(2)了解气缸盖底面烧蚀检查方法;

(3)熟悉液压试验法检查气缸盖裂纹。

2.1.2　实训内容

任选一个气缸盖进行拆装检查。

2.1.3　实训工具、仪表和备件

(1)常用开口扳手、梅花扳手、套筒扳手一套;

(2)扭力扳手一把或液压拉伸器一套;

(3)起吊工具一套;

(4)液压试验工具一套;

(5)气缸垫、O 形密封圈等。

2.1.4　实训指导

1. 拆装要点

拆装工具的选取、使用正确得当;气缸盖的连接管路、阀件拆卸完全;拆装程序正确;注意拆装过程中的安全保护;安全起吊、平稳放置;工艺方法符合技术规范。

2. 拆装步骤

(1)气缸盖的拆卸

①气缸盖拆装工具的准备,气缸盖上的附件和固定螺栓很多,拆卸时需要用一些不同的工具,尤其是专用工具必须备妥。

②放掉气缸盖、气缸套冷却水腔的冷却水。

③待机器冷却水基本放尽后，才可以进行气缸盖冷却水管路和附件的拆卸。

④拆卸与气缸盖和气缸盖附件相连接的管路附件。

⑤气缸盖和气缸盖附件相连接的管路附件包括进、排气管与气缸盖的连接螺丝，气缸起动阀的压缩空气进口管路，喷油器的高压油管及回油管，气缸盖冷却水进出口管路等。把所有开口向上的管口、油孔用布包扎好，以免在拆装过程中有杂物落入堵塞管路。拆下的所有螺栓、零件和垫床都要放置整齐，妥善保管。

⑥拆卸进、排气阀的摇臂机构，抽出气阀顶杆，拆卸气缸盖上的仪表（如排烟温度表、冷却水出口温度表等）。

⑦拆卸气缸盖螺母。

⑧拆卸气缸盖时，每个气缸盖螺母与其螺栓的相对位置要编号，并做好相应记号。拆卸气缸盖通常都采用专用扳手，按对角线交叉顺序逐一拧松气缸盖螺母。拆下的气缸盖螺母存放于专用的容器内，放置整齐，以免丢失。

（2）起吊气缸盖

①气缸盖需用专用起吊工具进行起吊。起吊气缸盖时确认与缸盖相连接的其他部件都已全部松开。用撬杠将气缸盖撬松动，防止气缸盖吊起时带动气缸套一起向上。柴油机气缸盖上一般都设有供起吊用的螺孔，将吊环螺栓拧入起吊螺孔中，穿好钢丝索后即可用葫芦将气缸盖吊起来。

②起吊气缸盖向上提升时切勿用力过猛，特别是用电动葫芦时。因为气缸盖与气缸套接触平面之间经过长期工作之后接触很紧，所以在起吊瞬间，当钢丝绳被拉紧后可用手锤垫上木块轻轻打气缸盖侧面，并用手摇动钢丝绳使气缸盖松动，一旦气缸盖有所松动，即可缓慢地将其吊起。

③拆下的气缸盖应用木板垫好放稳或放置在专用的垫架上，以免碰伤与气缸套相接触的密封面。从气缸套密封面上取出气缸盖垫床。当不吊起或暂时不吊起活塞时，应用木盖将气缸套上口盖好，避免杂物掉入缸内。气缸体平面上的冷却水孔道应用布或木塞塞堵。

④拆卸气缸盖上的气缸起动阀，进、排气阀，喷油器，安全阀和示功考克等部件，然后进行气缸盖清洁，以备检查。

（3）气缸盖的清洁

①气缸盖油污和积炭的清除。

②冷却水腔结垢的清除。

（4）液压试验

①将试压泵上带橡胶水管的连接盘装于被检验的缸盖冷却水腔，连接部位应密合，不得有渗漏，其余通道用堵头堵住。

②按动试压泵手柄，将水压入气缸体内，同时观察压力表，压力表指示应为 0.7 MPa 左右。

③以上述压力保持 5 min 后，用手电筒或移动式照明灯检视气缸体各部，应无任何渗漏。

④如有渗水或水珠渗出，则说明该部位是隐伤处，然后在渗漏部位做好标记，待修补后

再做水压试验。

(5)气缸盖的安装(在活塞连杆组件安装完毕之后)

①更换气缸盖与机体之间的垫片。

②用起吊专用工具起吊气缸盖。

③装上气缸盖起吊专用工具,用手拉葫芦把气缸盖吊起。用干净抹布把气缸盖与气缸套的密封面清洁干净,慢慢把气缸盖落座在气缸套上。

④为了保证气缸盖各处受力均匀,要特别注意气缸盖固定螺母的拧紧次序和力矩的大小, 分次均匀上紧气缸盖螺母。

⑤安装外部管系,高压油管、回油管、冷却水管、起动空气管等。安装时,注意垫床应尽量换新,管接头要清洁并用压缩空气吹通,上紧时丝扣要对正,使用的力量要适中。

⑥安装温度表和气缸套冷却水出口温度表等仪表。

⑦安装进、排气阀摇臂机构。

⑧整个安装工作完毕后,对气阀间隙进行调整和通水查漏。待整个安装检查工作完成后再进行试运转。

2.1.5　实训步骤

按照拆装步骤拆卸和检查一个气缸盖,将拆装的主要零部件名称和检查的状况填入表 2 -1 -1 中。

表 2 -1 -1　气缸盖拆装检查记录表

<table>
<tr><td>测量者</td><td></td><td>测量日期</td><td></td><td colspan="2">主要附件名称及作用</td></tr>
<tr><td>柴油机型号</td><td></td><td>缸号</td><td></td><td>名称</td><td>作用</td></tr>
<tr><td rowspan="2">气缸盖螺丝力矩</td><td>拆卸力矩/(N·m)</td><td colspan="2">上紧力矩/(N·m)</td><td rowspan="2"></td><td rowspan="2"></td></tr>
<tr><td></td><td colspan="2"></td></tr>
<tr><td rowspan="2">燃烧室表面有无裂纹和烧蚀</td><td>裂纹情况</td><td colspan="2">烧蚀情况</td><td rowspan="2"></td><td rowspan="2"></td></tr>
<tr><td></td><td colspan="2"></td></tr>
<tr><td rowspan="2">冷却水腔内部
有无裂纹和腐蚀</td><td>裂纹情况</td><td colspan="2">腐蚀情况</td><td rowspan="2"></td><td rowspan="2"></td></tr>
<tr><td></td><td colspan="2"></td></tr>
<tr><td rowspan="2">气缸盖液压试验情况</td><td>试验压力</td><td colspan="2">保压时间及效果</td><td rowspan="2"></td><td rowspan="2"></td></tr>
<tr><td></td><td colspan="2"></td></tr>
<tr><td rowspan="2">密封件检查更换情况</td><td>气缸盖垫片</td><td colspan="2">其他密封件</td><td rowspan="2"></td><td rowspan="2"></td></tr>
<tr><td></td><td colspan="2"></td></tr>
</table>

2.1.6　思考题

1. 气缸盖底面哪些部位易出现裂纹?

2. 气缸盖出现裂纹的原因有哪些?

2.1.7 相关知识点

1. 气缸盖积炭与油污的清除方法

气缸盖的进气通道会积存很多油污，而排气通道上和底部则会出现大量的积炭。清除气缸盖油污可以用轻柴油或煤油进行清洗，也可以用化学洗涤剂进行清洗。气缸盖配合表面上的油污，要用毛刷、铜丝刷或泡沫塑料来刷洗，切不可用钢丝刷、刮刀等尖锐器具削铲配合面，以免损伤零件表面。清洗后用干布抹干，再用压缩空气将零件孔道吹净。

实训任务2.1主柴油机吊缸检修

清除气缸盖燃烧室面上的积炭，可以采用刮刀、钢丝刷或钢丝轮（装在手电钻上）等机械方法清除，也可以采用化学方法清除。清洗时应注意不要损伤气缸盖的密封面和各座孔的密封面。积炭清除后也要用压缩空气进行吹扫。

2. 气缸盖水腔水垢的清除方法

柴油机运转较长时间后，冷却水腔会有锈垢和水垢附着于传热面上，也会有泥沙之类的杂质沉积，堵塞冷却水通道，影响气缸盖的传热效果。

通常在吊起气缸盖后，应打开气缸盖冷却水腔的盖板，用刮刀或钢丝刷伸进冷却水腔掏搅，然后用压缩空气吹扫或者用清水冲洗。当锈垢厚度太厚时，应采用化学清洗方法进行清除。

一般在气缸盖冷却水腔都装有防腐锌块，以防止机件腐蚀。打开冷却水腔盖板后也要对锌块进行检查。若锌块已被腐蚀过半则应换新；若锌块还可以使用，应用刮刀清除锌块表面的氧化层使之露出锌金属。锌块的固定情况也要检查，使之与气缸盖本体接触紧密。

3. 气缸盖裂纹的判断方法

气缸盖出现裂纹时一般表现如下：柴油机在运行过程中，气缸或活塞冷却水压力表指针波动或膨胀水箱水位上下波动；冷却水温升高，淡水消耗量增加，扫气箱有水流出；膨胀水箱的透气管有气泡冒出和冷却水有油星；柴油机起动前进行转车和冲车时，打开示功阀有水气或水珠喷出；曲柄箱或滑油柜中滑油量不正常增多，滑油迅速乳化变质；吊缸时，活塞、气缸套、气缸盖工作表面有锈痕，或活塞顶部有积水。

4. 气缸盖裂纹的修理方法

燃烧室表面、冷却水腔内壁出现裂纹时，首先应采用磨削或锉削方法把裂纹彻底清除，再采用焊补及机械加工方法予以修复。焊补前应预热，焊补后应进行消除应力处理。

气缸盖外侧等非受热面上的裂纹允许用焊补、工程塑料黏结剂和钢板覆盖等方法予以修理。

喷油器及各种阀的座孔、导管、阀座等处出现松弛渗漏及微小裂纹时，允许在不降低强度的条件下用镶套方法进行修复。镶套材料为青铜或不锈钢，衬套与座孔配合精度为H7/r6级。

陈旧性的缺陷，如经勘验确认无发展时，可不进行新的处理，继续使用。

气缸盖经上述修理后，经肉眼和无损探伤检视，在修理的部位不应有裂纹、夹渣、气孔、咬边等缺陷。

气缸盖在完成所有修理项目后,必须进行液压试验。冷却水腔和通道试验压力不得低于0.7 MPa,历时5 min不得渗漏。必要时可对燃烧室工作表面进行1.5倍最高燃烧压力的液压试验,历时5 min不得渗漏。

5. 气缸盖的疲劳破坏原因

(1)底面(触火面)裂纹:主要是由热负荷过高、安装(紧固过度、用力不均等)或使用(冷却水中断、暖机不够、水温过低)不正确引起的。

(2)冷面(冷却水侧)裂纹:在通道筋的根部产生机械疲劳裂纹,并向触火面扩展。裂纹是气缸内最大爆发压力引起的周期性脉动应力作用的结果。

(3)外表面裂纹(四冲程柴油机):柴油机起动前不暖机或暖机不充分,起动后又立即增速增负荷;停车时过早中断冷却水循环,使机件散热不良或局部过热;长期超负荷,气缸盖冷却水腔结垢严重等。

6. 更换气缸盖与机体之间垫片的注意事项

应严格按说明书规定的尺寸要求,既不可以太厚,也不可以太薄,否则会改变气缸的压缩比。

7. 气缸盖上安装的附件

气缸盖上安装的附件有喷油器、起动空气阀、安全阀和示功阀等。筒状活塞式柴油机缸盖上还装有进、排气阀,二冲程直流扫气式柴油机气缸盖上装有排气阀。

实训任务2.2 气阀机构的拆装与检查、气阀的研磨与密封面检查、气阀间隙的测量与调整

2.2.1 实训目的

(1)熟悉气阀机构的拆卸与检查的方法;

(2)了解气阀的研磨与密封面检查的方法;

(3)熟悉气阀间隙测量与调整的方法。

2.2.2 实训内容

(1)气阀机构的拆装与检查;

(2)气阀的研磨与密封面检查;

(3)气阀间隙的测量与调整。

2.2.3 实训工具、仪表和备件

(1)常用开口扳手、梅花扳手一套;

(2)气阀拆装专用工具一套;

(3)研磨膏、滑油、煤油若干;

(4)塞尺一把,一字头螺丝刀一把;

(5)备用气阀及气阀座一套。

2.2.4 实训指导

1. 拆装要点

工具、研磨砂的选取、使用,正确得当;拆卸或装配程序正确;工艺方法得当,符合技术规范;工具整理放妥;研磨操作程序、工艺正确;密封性检查工艺正确;气阀所处位置正确;测量方法得当,符合技术规范;调整方法得当,符合技术规范。

2. 拆装步骤

(1)气阀机构的拆卸

①将气缸盖用木板垫稳放平,先拆下摇臂。

②将气阀拆卸工具一端钩住摇臂销,中间套在气阀弹簧座上,用力压下拆卸工具另一端,压缩气阀弹簧,从上弹簧座中取出两半的气阀锁块,便可依次取下弹簧座、气阀弹簧。

③将缸盖翻转,由气阀座中抽出气阀。注意识别进、排气阀,例如6160A柴油机进气阀阀杆上部有一道环槽。

(2)气阀与阀座互研

①研磨之前,先将气缸盖清洗干净,特别是排气通道、气阀导套、阀座处的积炭要刮洗干净,然后将气缸盖底面朝上放于适当高的工作架上。

②在气阀密封锥面涂一层用机油调和的200目粗金刚砂,用橡皮碗吸住阀盘底平面,以拍打与转动结合的动作进行研磨。如不用橡皮碗,也可在阀壳与阀杆之间放进一根稍强的弹簧,使阀杆抬起4~6 mm,然后用手按住边转边轻轻敲击进行研磨。涂在气阀密封面的金刚砂用量要求适当,不能太多,以免流到阀杆与导套之间增加磨损。

③将密封面上的麻点磨掉以后,用600目的细砂进行研磨,磨到密封面完全接触。

④再用机油进行研磨,直到阀和阀座上出现灰色、光亮、完整而均匀的阀线为止,但阀线宽度要适当,进气阀应为1.5~2 mm,排气阀应为2~3 mm。阀线过宽密封性不好,过窄则工作寿命不长。

(3)气阀密封性的检查

①将气阀阀盘、阀杆、阀导管、阀座用柴油清洗干净,并用压缩空气吹洗。

②在气阀锥面纵向圆周上用铅笔每隔3~5 mm画线,将气阀插入导管内倒置,将盘端面按牢缓慢旋转30°~35°后,取下气阀观察其上的铅笔线,若全部断掉,表明密封性良好,研磨质量高。

③取一些兰油均匀涂在气阀锥面上,压住并转动90°,如阀座锥面均匀布有兰油,则表明密封性良好。

(4)装复气阀机构

①将气阀及气阀弹簧、卡块等按照原对应关系装复,然后在进气道和排气道内注入煤油,历时3~5 min无渗漏现象,则表明密封性良好。

②清洁缸盖与气阀机构结合面,并用压缩空气疏通滑油通道。

③先旋松气阀间隙锁紧螺母和调节螺栓,然后按规定力矩上紧气阀机构。

(5)气阀间隙调节(进、排气阀顶杆滚轮落座于凸轮基圆上,即压缩或供油上死点)

①用梅花扳手旋松摇臂端调节螺栓的锁紧螺母。

②将规定的气阀间隙厚度的塞尺插入摇臂与气阀杆之间,用螺丝刀拧动调节螺钉,同时拖动塞尺,当塞尺移动时,感到稍有阻力但又不太紧时,表示间隙值合乎规定的要求。

③用螺丝刀止住调节螺栓,使之不能转动,拧紧锁紧螺母,再拖动塞尺复验松紧程度是否变化,直到完全合格为止。

④对于一般多缸柴油机,可照“先进后排”的要求完成检查调整操作。具体方法是:按发火顺序,先发火的缸号可以调整进气阀间隙;后发火的缸号可以调整排气阀间隙,正在发火的气缸,进、排气阀均可调整;进、排气阀重叠的气缸,进、排气阀均不可调。

2.2.5 实训步骤

按照拆装步骤拆卸、检查、研磨一个缸的进、排气阀,装复后对整机的气阀间隙进行测量与调整。将拆装的主要零部件名称和检查的状况填入表2-2-1中。

表 2-2-1 气阀机构拆装检查记录表

测量者		测量日期		主要部件名称及作用	
柴油机型号		缸号		名称	作用
气阀弹簧检查情况					
气阀密封性检查情况					
研磨后阀线宽度	进气阀阀线	排气阀阀线			
气阀间隙	进气阀间隙	排气阀间隙			

2.2.6 思考题

1. 为什么柴油机对气阀间隙有要求？气阀间隙对柴油机工况的影响体现在哪些方面？
2. 分别讨论如何用单缸调节法和两步调整法来调整气阀间隙。

2.2.7 相关知识点

1. 在船上条件下，气阀研磨与检查的方法

在船上条件下，对于大型低速柴油机气阀磨损，用随机专用磨床研磨修复，座面亦用专用工具研磨。中、高速柴油机进、排气阀与阀座的配合面磨损后亦采用研磨修复。铸钢气缸盖阀座面磨损严重时，允许采用堆焊修复。中、小型柴油机气阀配合面磨损较轻时采用互研进行修复：将气缸盖拆下，底面朝上放于平地上，气阀插阀孔中，用橡皮碗吸住阀盘底平面，并在配合面阀间放入少量研磨剂或机油进行互研；阀座面磨损较重时机械加工座面或更换座圈后再与阀互研，并在互研后进行密封性检查：(1)铅笔画线法；(2)敲击法；(3)煤油渗透法。

2. 气阀的阀面与阀座在座面的配合方式及特点

(1)全接触式，阀面锥角与座面锥角相等。这种方式接触面大、耐磨、传热好，但易积炭，敲击产生麻点。这种配合方式多用在小型高速柴油机上。阀线宽度一般为 1.5 ~ 2.5 mm。

(2)外接触式，阀面锥角小于座面锥角——阀面锥角比座面锥角小 0.5° ~ 1°。这种方式接触面小、密封性好，阀面与座面内侧不与燃烧时的气体接触。阀盘在高压燃气作用下发生拱腰变形会使内侧阀面与座面接触，减小接触应力，增加散热。这种配合方式多用在强载中速机中。

(3)内接触式，阀面锥角大于座面锥角——阀面锥角比座面锥角大 0.2° ~ 0.5°。这种方式接触面小、密封性好。接触面因离燃烧室远，温度低，钒、钠的腐蚀小。阀盘在高温和高压燃气作用下会发生周边翘曲的热变形和机械变形，使外侧阀面与座面接触，减小接触应力，增加阀盘散热。这种配合方式多用在长行程低速柴油机中。

3. 气阀弹簧的作用

气阀弹簧的作用是当摇臂抬起时使气阀关闭。气阀装有内、外两根弹簧——每根弹簧的负荷就可以小一些,使之尺寸小,应力低,提高抗疲劳能力;可以起到减振的作用。两根弹簧的旋向应当相反,这可以减少阀在开关时由弹簧产生扭转而引起的自动研磨,增加工作的可靠性。阀杆上部装有卡环,防止阀杆上端环形凹槽处断裂后气阀掉入气缸。气阀座圈、导管与缸盖间一般采用过盈配合的安装方式。

4. 推进器式旋阀器的作用

在排气阀的阀杆上装有转翼,柴油机运转中排气阀打开时,排气流作用在转翼上,转翼带动阀杆绕其轴线转动,使排气阀旋转。

5. 气阀密封面发生严重磨损、烧伤和腐蚀后的修复方法

这种情况下,可以用气阀研磨机,也可用车床进行阀面光车,或者用专用铰刀铰削阀座面,消除缺陷后,可与气阀座研磨。如缺陷严重,应更换气阀。如气阀密封面磨损不大,可将气阀与阀座直接互研,以恢复正常密封。

6. 气阀机构的组成及阀面锥角

气阀机构的组成:气阀、阀座、导管、气阀弹簧、弹簧座、锥形锁块。

阀头座合面是锥面,锥面角有30°和45°两种。30°锥面角:阀口流通面积大,进气阻力小,单位承压面积小,阀面与阀座磨损小,进气阀采用这种锥面角。45°锥面角:自动居中性能好,座合面单位面积压力大,密封性能好,一般排气阀采用这种锥面角。

7. 用塞尺测量气阀间隙,判断气阀处于关闭状态的方法

①盘车过程中不断用手扭动所测气阀的顶杆,当顶杆可以轻便地用手扭动时,该气阀即处于关闭状态。

②观察该缸高压喷油泵柱塞弹簧的压缩情况,当柱塞弹簧被压缩时,则该缸气阀处于关闭状态。

③检查顶杆滚轮落在凸轮基圆上,气阀处于关闭状态。

8. 气阀定时检查方法

只有在气阀间隙符合要求时才能进行气阀定时的测量,以消除气阀间隙不同对定时的影响。

测量气阀定时的方法随柴油机而异,一般在说明书中均有规定。通常的做法是:在气缸盖上放千分表架,将千分表的触头压在气阀弹簧盘上,然后缓慢盘车。千分表指针刚刚移动或回到原位的时刻就是气阀开启或关闭的时刻。这时,飞轮上相应的角度就是气阀开启或关闭的角度。

(1)捻动法:即边盘车边拧转气阀顶杆,在气阀顶杆从拧得动到拧不动瞬间即停止盘车,此时飞轮上的刻度就是气阀开启的时刻。同法可检查气阀的关闭时刻(此时气阀顶杆从拧不动到拧得动)。

(2)千分表法:在气缸盖上放千分表架,将千分表的触头压在弹簧盘上,然后缓慢盘车,千分表指针刚刚移动或回到原来位置的时刻就是气阀开启或关闭的时刻,这时飞轮上相应的读数就是气阀开启或关闭的角度。

(3)调整:若检查的气阀定时不符合要求,应松开该凸轮并轴向移动凸轮轴,脱离啮合,并沿着正车或倒车方向移动凸轮(正车方向定时增加),最后锁紧即可。

实训任务2.3　气缸套拆装与测量

2.3.1　实训目的

(1)熟悉气缸套的拆卸和安装方法;
(2)掌握外径千分尺和内径量表的使用方法;
(3)熟悉圆度、圆柱度的计算方法。

2.3.2　实训内容

任选一个气缸套进行拆装检查。

2.3.3　实训工具、仪表和备件

(1)常用开口扳手、梅花扳手一套;
(2)外径千分尺、内径量表各一把;
(3)起吊工具一套;
(4)气缸套拆装专用工具一套;
(5)气缸套O形密封圈一套。

2.3.4　实训指导

1. 拆装要点

拆装专用工具的选取、使用正确得当;拆装程序正确,注意拆装过程中的安全保护工作,安全拆卸、平稳放置;工艺方法符合技术规范,工具整理放置整齐;选取校验量具,并熟练、正确使用,测量位置符合要求;测量工艺方法得当,符合技术规范;测量数据分析结论正确。

2. 拆装步骤

(1)拆卸气缸套

①放出气缸套冷却水腔的冷却水(防止气缸套冷却水腔密封圈松动后,大量的水流入曲柄箱中)。

②安装气缸套拆装专用工具。

③检查校验气缸套与气缸体之间的装配标记,以便重新安装时能准确定位。

④用专用扳手扳紧六角螺帽,气缸套会慢慢上升,直到气缸套外圆上下两个外配合凸肩与曲轴箱的上、下气缸孔脱开。

⑤拆去气缸套拆装专用工具,用手提出或者用吊钩吊出气缸套。

⑥清洁气缸套内外表面的油脂与水垢、积炭,并磨掉气缸套内表面磨痕台阶。

⑦更换气缸套密封圈，检查气缸套内外表面的受损情况，并采取相应的修理措施。

(2)测量准备

测量前，须先进行内径量表的装配和调制。

①按所要测量的缸径选用合适的可换量头，方法是使要测的缸径值在活动量头与可换量头两端距离的量程内。将可换量头外螺纹端装入滚花螺母后拧入三通管的螺孔中，旋动可换量头，调节到量头间距比缸径公称值大 1～2 mm 为宜，拧紧滚花螺母紧固可换量头。

②将百分表装到表杆上，使百分表指针有 0.5 mm 左右的读数，将固定百分表壳的紧固螺栓适当拧紧。

③调整好外径千分尺。擦净外径千分尺的两测量面。使用随尺提供的校验棒检验外径千分尺微分筒“0”刻度线是否与固定套筒上的水平线重合，同时微分筒边缘应与固定套筒上的“0”线的右边缘恰好相切。

④用内径量表测量调好缸径值的外径千分尺，转动百分表面使大指针对“0”线，记下百分表小指针的读数(再复查一下可换量头是否紧固)。

(3)测量步骤

①用右手握住内径量表表杆(握住表杆上胶木部位)，左手两指使表的定心架压在气缸套壁面，使可换量头进入缸内。

②将定心架放在要测量的部位，右手握住表杆前后稍做摆动。这样，可换量头沿气缸套母线略做上下移动。观察表杆摆动时表面大指针的偏转，应使表杆向表针转动的减值(所量值减小)方向摆动。到表针刚要反转时，表杆立即停止摆动，这时百分表的读数为内径的相应尺寸。记下百分表上的读数，与气缸直径的规定数值或上次测量数值进行比较，可得到该测量部位的实际尺寸或相对磨损量。根据同一气缸套不同部位的测量结果，可计算气缸套的圆柱度和圆度。

③测量值读数要根据大指针离开“0”线的格数和指针偏转方向来决定。百分表大指针每偏转 1 格为 0.01 mm，偏差的正负可在测量前用手按动量头观察大指针的转动方向来确定：用手按动量头，若大指针顺时针转，则当表杆在缸内摆动时，指针按逆时针方向偏转，距“0”线的偏转格数为缸径比公称值的增大量，即实际测量尺寸为正偏差；反之，指针按顺时针方向偏转，距“0”线的偏转格数为缸径比公称值的减小量，即实际测量尺寸为负偏差。

(4)气缸套内径圆度、圆柱度的计算

①圆度：同一测量环带上 $x-x$ 和 $y-y$ 方向上两相互垂直直径上的半径差，取三个环带中的最大差值为最大圆度。

②圆柱度：沿 $x-x$ 或 $y-y$ 方向不同环带上最大与最小直径上的半径差的差值，取其中的最大差值为最大圆柱度。

2.3.5 实训步骤

按照拆装步骤拆卸、检查、测量和装复一个缸的气缸套，并将测量数据和计算结果填入表 2-3-1 中。

表 2-3-1 气缸套测量记录表

单位:mm

柴油机型号		测量者				测量日期			
缸号		No.		No.		No.		No.	
		$x-x$	$y-y$	$x-x$	$y-y$	$x-x$	$y-y$	$x-x$	$y-y$
气缸套内径	测量点 1								
	测量点 2								
	测量点 3								
	测量点 4								
计算结果	最大圆度								
	最大圆柱度								

2.3.6 思考题

1. 气缸套通常什么时候拆装?
2. 简述气缸套的测量方法。

2.3.7 相关知识点

1. 吊缸专用工具安装

从气缸下口向上套出宝塔形下压板和连接螺栓,再在气缸的上部装上上压板、平垫圈和六角螺帽。在安装气缸套拆装专用工具时,应注意下压板与气缸套的接触面和上压板与气缸体的接触面接触平稳,以防止在连接螺栓受力后拆装工具会突然松动。

2. 气缸套磨损检测

轮机员在定期检修工作中,要测量气缸套,以便了解磨损情况,掌握磨损规律,对气缸套的技术状态做到心中有数。

采用内径千分尺或内径量表测量气缸套内径。

测量是在气缸套内确定的部位上进行同一截面内艏艉方向($y-y$)和左右舷方向($x-x$)的缸径测量。

对中小型柴油机来讲,通常在以下四个位置进行缸径测量:

(1)当活塞在上止点时,第一道活塞环对应的气缸套位置;

(2)第一道活塞环在行程中点时所对应的气缸套位置;

(3)最后一道刮油环在行程中点时所对应的气缸套位置;

(4)当活塞在下止点时,最后一道刮油环所对应的气缸套位置。

对于大型低速二冲程柴油机气缸套,因为行程较长和有气口,所以除上述四个测量位置外,应根据相邻两个测量点间的距离大小,适当增加测量点,并在气口上下方增加两个测量点。为了使每次测量都在确定的位置上进行,以保证测量的准确性和便于比较各次测量数据,应采用样板来定位。

3. 气缸套内孔磨损的最大允许值

气缸套内孔磨损的最大允许值可参照表 2－3－2 的规定。

表 2－3－2　气缸套内孔磨损的最大允许值　单位：mm

气缸套内径	内径增量极限值	圆度、圆柱度	
		许用极限值	加工要求值
85～200	0.60	0.10	0.015
>200～300	1.00	0.15	0.02
>300～400	1.50	0.23	0.02
>400～500	2.00	0.28	0.025
>500～600	3.00	0.35	0.03
>600～700	4.00	0.45	0.03
>700～800	5.00	0.60	0.035
>800～900	5.70	0.65	0.04
>900～1 000	6.40	0.70	0.045
>1 000～1 100	6.80	0.75	0.05

4. 气缸套内径圆度、圆柱度等的定义及计算方法

(1)圆度误差：采用外径千分尺测量指定平面两个相互垂直的直径，其半径差就是圆度误差。

(2)零件磨损量：用零件摩擦表面的尺寸变化量来衡量；零件直径方向上的磨损量。

(3)磨损率 P：单位时间内零件半径方向上的最大磨损量。

(4)圆柱度：用被测零件上指定纵截面上数个测量直径中最大直径 D_{max} 与最小直径 D_{min} 差的一半表示。

常规吊缸测量，对气缸套的 N 个部位直径测量后，可得到 1 个磨损率；$2N$ 个磨损量($x-x$，$y-y$ 方向)；N 个圆度误差；2 个圆柱度误差。

5. 气缸套磨损大致标准

大型低速柴油机铸铁气缸套的正常磨损率小于 0.1 mm/kh，镀铬气缸套正常磨损率为 0.01～0.03 mm/kh。当气缸套磨损量超过(0.4%～0.8%)D(缸径)时，燃烧室就失去密封性。

6. 拉缸的主要症状

(1)运转声音不正常："吭吭"声或"嗒嗒"声。

(2)转速下降甚至自动停车。

(3)曲柄箱或扫气箱冒烟或着火。

(4)排烟温度、冷却水温度和润滑油温度显著升高。

(5)吊缸检查可以发现气缸套和活塞环、活塞工作表面呈蓝色或暗红色，有纵向拉痕。

(6)气缸套、活塞环甚至活塞裙异常磨损，磨损量和磨损率很高，远远超过正常值。

7. 发电柴油机吊缸前的准备工作和吊缸时需测量的数据

(1)准备工作

①提前检查好另外两台发电机,以保证在吊缸期间可靠工作。

②关闭起动空气总阀,关闭燃油进出口总阀,在集控室挂上检修告示牌。

③关闭冷却水进出总阀及通往膨胀水柜的补水阀,打开泄水阀把系统内的水排光(暖缸阀也需先关闭)。

④准备好吊缸所需的各种备件,如轴瓦、活塞环、缸头垫片、气阀、排烟管垫床和水管接头密封圈等。

⑤准备好吊缸所需的各种专用工具(拆装工具、测量工具和清洁工具等)。

⑥准备好摆放活塞的架子,研磨、拆检缸头的支架及清洗活塞、缸头的铁桶等。

⑦准备各种器具用于按序放置各缸拆出的小零件、小管件等。

(2)需测量的数据

①吊缸前后需测量拐挡差。

②测量活塞环槽高度、活塞环厚度、天地间隙和搭口间隙。

③测量气缸套内径。

④测量活塞销外径及销孔内径。

⑤测量大端轴承内径及曲柄销外径,轴瓦出铜时还需定点测量轴瓦厚度。

⑥每次吊缸需拆检各道主轴承,并压铅测量主轴承间隙。

⑦进、排气阀的阀套内径和阀杆外径也需测量,以判断是否需要更新。

⑧装复后需测量气阀间隙,也需测定高压油泵定时。

⑨在试车过程中需测量各缸压缩压力、爆炸压力、排温及相应的油门刻度。试验并测量各安全保护装置的可靠性及整定值。

实训任务2.4　活塞连杆组件拆装与测量

2.4.1　实训目的

(1)熟悉活塞连杆组件的拆卸和安装方法；
(2)学会活塞销的拆装方法；
(3)熟悉活塞销和连杆小端的间隙测量方法。

2.4.2　实训内容

任选一个缸进行活塞连杆组件的拆装。

2.4.3　实训工具、仪表和备件

(1)常用开口扳手、梅花扳手、套筒扳手、铜棒；
(2)外径千分尺、内径量表、塞尺各一把；
(3)起吊工具一套；
(4)扭力扳手一把或液压拉伸器一套。

2.4.4　实训指导

1. 拆装要点

拆装专用工具的选取、使用正确得当；拆装程序正确，注意拆装过程中的安全保护工作，安全拆卸、平稳放置；拆装工艺方法符合技术规范；工具整理放置整齐；选取校验量具，并熟练、正确使用，测量位置符合要求；测量工艺方法得当，符合技术规范；测量数据分析结论正确。

2. 拆装步骤

(1)拆卸连杆大端

①盘车转动曲轴，使准备吊出的活塞位于气缸内上止点的位置。

②由曲柄箱道门处认准连杆大端轴承上下盖之间的记号和连杆螺栓与螺母之间的位置标记，以备安装时参考。

③用专用扳手在曲柄箱道门两边拧松连杆螺栓的紧固螺帽。通常此项操作时需要至少两人在两侧道门同时进行，并做好相互协调配合。

(2)起吊活塞

①用丝攻清除活塞顶上起吊螺栓孔内的积炭。

②将一对专用工具装在对称的气缸盖螺栓上，并用气缸盖螺帽上紧，压紧气缸套，防止起吊活塞时拉松气缸套。

③在活塞顶装上专用提升工具，利用手拉葫芦吊起活塞连杆组件。手拉葫芦的索引绳应与气缸中心线在同一直线位置上。

④起吊活塞连杆组件时应注意，连杆大端轴承的上瓦不要跌落到曲柄箱内，应从曲柄箱道门取出。

⑤活塞连杆组件起吊过程中，要防止连杆左右摆动而碰伤气缸套或活塞裙部。

⑥拆出活塞连杆组件后，连杆轴承、连杆螺栓应装回连杆上，并小心保护连杆轴瓦，不要擦伤其表面。活塞连杆组件应平稳地放置在木板垫上，以备进一步拆检、清洗和测量。

(3)活塞连杆组件分解

对于浮动式活塞销，两端用弹性卡簧定位。拆卸时，将活塞放平稳，用卡簧钳先拆下活塞两端的定位卡簧，然后用手锤垫上木块在活塞销的一端敲击，将活塞销从另一端推出。取下活塞销时注意方向，并将分解的部件分别整齐摆放在木板垫上，清洁后包裹好，准备检查与测量。

(4)活塞销及连杆小端间隙测量

①活塞销测量部位分为三段，即活塞销的两端和中间位置，在每个位置的水平和垂直两个方向上应用外径千分尺测量直径(图 2－4－1)。

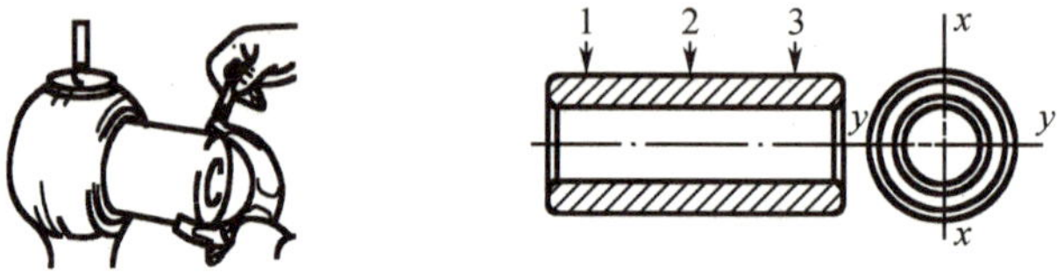

(a)　　(b)

图 2－4－1　活塞销测量

②求出圆度和圆柱度值

圆度值：所测量的同一部位的纵横向直径的半径之差。

圆柱度值：同一活塞母线上直径的半径之差。

连杆小端的装配间隙可用塞尺检查。间隙超过规定极限时，连杆小端的衬套应换新。

(5)活塞组件的装入

活塞组件各零部件经过检查、修复或更新后，符合质量要求，才能进行组装。

①活塞销的安装：先将其中一个卡簧用尖嘴钳装进活塞销座孔的沟槽内，再将涂过滑油的活塞销垫着木块用手锤轻轻打入活塞销孔和连杆小端衬套孔内。注意活塞与连杆的安装方向。

②活塞运动件在气缸中的校中(活塞与气缸间隙、导板与滑块间隙的测量及连杆大小端轴承轴向间隙的测量)。

③安装活塞环。

④活塞组件装入气缸：装入前，应先转动曲轴，使准备安装活塞连杆组件的曲柄销位于上止点位置；再将活塞环、气缸套表面及曲柄销颈上涂以薄薄的机油(如有气缸注油器的，应摇动气缸注油泵，观察气缸壁上的注油孔是否畅通)。在活塞顶上装好专用提升工具，用

手拉葫芦将活塞吊起。活塞连杆组件装入气缸时，要注意活塞在气缸中的方向（应按照拆卸时的原方向装）。特别要注意的是，如果大端瓦是45°斜剖分，则连杆瓦盖一定是装在与曲轴旋转方向相同的一边（这样可减小连杆螺栓工作时的冲击力）。在气缸套上部安放安装活塞环的专用工具，然后由锥形套筒收紧活塞环，缓慢地将活塞装入气缸内。如有挡阻，可用手锤柄轻击活塞头部，并轻轻摇动活塞便可以将活塞慢慢推入气缸内。在连杆大端瓦平稳地落座在曲柄销轴上后，盖上连杆大端瓦轴承盖，上紧连杆螺栓。连接时，应注意连杆大端上下轴承盖处的记号，有调整垫片的不要漏装、错装。

上紧连杆螺栓时应按说明书的规定均匀地扭紧连杆螺栓。最后用新铁丝或开口销将连杆螺栓紧固螺母锁紧。

2.4.5　实训步骤

按照拆装步骤拆卸、检查、测量和装复一个活塞组件，并测量主要部件间隙，将测量数据填入表2－4－1中。

表2－4－1　活塞组件测量记录表　　单位：mm

<table>
<tr><td>柴油机型号</td><td></td><td>测量者</td><td colspan="2"></td><td>测量日期</td><td colspan="2"></td></tr>
<tr><td colspan="2" rowspan="2">缸号</td><td colspan="3">No.</td><td colspan="3">No.</td></tr>
<tr><td>前</td><td>中</td><td>后</td><td>前</td><td>中</td><td>后</td></tr>
<tr><td rowspan="2">活塞销孔</td><td>$x-x$</td><td></td><td></td><td></td><td></td><td></td><td></td></tr>
<tr><td>$y-y$</td><td></td><td></td><td></td><td></td><td></td><td></td></tr>
<tr><td rowspan="2">活塞销孔
计算结果</td><td>最大圆度</td><td colspan="3"></td><td colspan="3"></td></tr>
<tr><td>最大圆柱度</td><td colspan="3"></td><td colspan="3"></td></tr>
<tr><td rowspan="2">活塞销</td><td>$x-x$</td><td></td><td></td><td></td><td></td><td></td><td></td></tr>
<tr><td>$y-y$</td><td></td><td></td><td></td><td></td><td></td><td></td></tr>
<tr><td rowspan="2">活塞销
计算结果</td><td>最大圆度</td><td colspan="3"></td><td colspan="3"></td></tr>
<tr><td>最大圆柱度</td><td colspan="3"></td><td colspan="3"></td></tr>
<tr><td rowspan="2">连杆小端轴承</td><td>$x-x$</td><td></td><td></td><td></td><td></td><td></td><td></td></tr>
<tr><td>$y-y$</td><td></td><td></td><td></td><td></td><td></td><td></td></tr>
<tr><td rowspan="2">连杆小端轴承
计算结果</td><td>最大圆度</td><td colspan="3"></td><td colspan="3"></td></tr>
<tr><td>最大圆柱度</td><td colspan="3"></td><td colspan="3"></td></tr>
<tr><td colspan="2">连杆小端轴承间隙</td><td colspan="3"></td><td colspan="3"></td></tr>
</table>

2.4.6　思考题

1. 拆装连杆大端时要注意什么？
2. 活塞连杆组件安装时应注意哪些事项？

2.4.7 相关知识点

1. 拆卸活塞连杆组件前的准备工作

拆卸前应首先清除气缸内(尤其是气缸上部边缘处)的积炭,避免在活塞吊出时,由于积炭的阻卡而拉动气缸套。

2. 柴油机活塞销材料及特点

活塞销的材料一般选用低碳钢(如15钢、20钢)、合金渗碳钢(如20Cr、12CrNi3等),并经表面渗碳、淬火和低温回火处理,以使之表面硬度高、耐磨性好,芯部具有较高的韧性。活塞销的主要损坏形式是磨损和裂纹。

3. 活塞销裂纹要求

活塞销经无损探伤检查,其内外表面不允许有横向裂纹,允许有与轴线交角小于30°的个别纵向裂纹,长度应小于表2-4-2的规定,数量少于5条,同一截面和同一轴线上不多于2条。

表2-4-2　活塞销裂纹长度要求

单位:mm

活塞销直径	≤50	>50~75	>75~125	>125~175	>175~250
裂纹长度	<5	<8	<10	<15	<20

4. 活塞销工作表面的圆度和圆柱度偏差要求

活塞销工作表面的圆度和圆柱度最大偏差不应超过表2-4-3的规定。

表2-4-3　活塞销圆度、圆柱度偏差要求

单位:mm

活塞销直径	圆度、圆柱度	活塞销直径	圆度、圆柱度
≤50	0.03	>175~200	0.06
>50~75	0.04	>200~225	0.07
>75~100	0.04	>225~250	0.07
>100~125	0.05	>250~275	0.08
>125~150	0.05	>275~300	0.08
>150~175	0.06		

5. 活塞销外径修复

活塞销外径的磨损可用镀铬方法进行修复,铬层厚度为0.20~0.30 mm。活塞销与活塞销孔、销孔衬套的装配间隙可参照表2-4-4的规定。

表 2-4-4 活塞销与活塞销孔、销孔衬套的装配间隙

单位：mm

活塞销直径	活塞销与销孔衬套装配间隙		活动式活塞销与销孔衬套装配间隙	浮动式活塞销与销孔配合		固定式活塞销过盈
	铜铅轴承合金	锡基轴承合金		铸铁活塞装配间隙	铝活塞过盈	
≤50	0.050~0.065	—	0.04~0.05	0.00~0.010	0.010~0.020	0.00~0.010
>50~75	0.065~0.095	—	0.05~0.08	0.010~0.015	0.020~0.030	0.010~0.015
>75~100	0.095~0.130	—	0.08~0.10	0.015~0.020	0.020~0.035	0.010~0.015
>100~125	0.13~0.15	—	0.10~0.12	0.020~0.025	0.020~0.035	0.010~0.015
>125~150	0.15~0.18	0.12~0.15	0.12~0.15	0.025~0.030	0.025~0.040	0.015~0.020
>150~175	0.18~0.21	0.15~0.18	0.15~0.17	0.030~0.035	0.025~0.040	0.015~0.020
>175~200	0.21~0.24	0.18~0.21	0.17~0.19	—	—	0.020~0.030
>200~225	0.24~0.27	0.21~0.24	0.19~0.21	—	—	0.020~0.030
>225~250	0.27~0.30	0.24~0.27	0.21~0.23	—	—	0.020~0.030
>250~275	0.30~0.33	0.27~0.30	0.23~0.25	—	—	0.020~0.030
>275~300	0.33~0.36	0.30~0.33	0.25~0.27	—	—	0.020~0.030

实训任务2.5　活塞环拆装、测量与检查

2.5.1　实训目的

(1)熟悉活塞环的拆卸和安装方法;
(2)熟悉活塞环天地间隙和搭口间隙的测量;
(3)熟悉活塞环检查方法并能判断活塞环的状况。

2.5.2　实训内容

任选一个缸进行活塞环的拆装、测量和检查。

2.5.3　实训工具、仪表和备件

(1)活塞环拆装专用工具一套;
(2)塞尺一把,手电筒一个。

2.5.4　实训指导

1. 拆装要点

工具的选取、使用正确得当;活塞环的拆卸或装配程序正确;拆装工艺方法得当,符合技术规范;工具整理、放妥;活塞环放置位置正确;活塞环搭口间隙测量、活塞环天地间隙测量,测量工艺符合技术规范;测量数据记录正确;检查前清洁、准备(清洁、除毛刺);检查工艺方法得当,符合技术规范;分析结论正确;活塞环的放置位置正确。

2. 拆装步骤

(1)拆卸活塞环

①活塞环的拆卸应该使用专用工具,在没有专用工具时,一般可用麻绳或铁丝,做成环套套在拇指上,分别挂在活塞环开口两端,缓慢地用力使活塞环张开后进行拆卸。

②张开活塞环时,应尽量使它的开口在能拆卸的条件下张开得小些,否则很易折断或使活塞环受到内伤,使之很快疲劳断裂。

③拆下的活塞环应按次序放置以备检查,不要弄乱次序或随意摆放。

(2)活塞环的弹性检查

活塞环自由开口是活塞在自由状态下开口间的距离,其大小直接影响环的弹力。

①测量自由开口法:活塞环自活塞上取下后,测量自由状态下的开口大小。通常新环在自由状态下开口尺寸为(0.10~0.13)D,其中 D 为缸径。若所测自由开口值小于新环自由开口值,说明环的弹性下降。

②永久变形量法:活塞取下清洁后,人为将自由开口闭合或将其扩大1倍再松开,若其

永久变形量大于自由开口值的 10%，则表明环的弹性下降。

③对比法：用新旧环的弹力对比检查弹力。

吊缸后将活塞环和气缸分别清洗干净，将环装入气缸并用手推动。

(3)活塞环天地与搭口间隙测量

①清除气缸套内表面的积炭、油污，必要时用刮刀修刮缸口，并用细油石打磨光滑，再用干净的棉纱擦拭干净。

②用手握住活塞环开口的对边，将活塞环放入气缸缸径磨损最小的部位，一般在气缸下部 1/3 处，并且放平。

③用塞尺插入环的开口间，松紧合适的塞尺厚度就是活塞环的搭口间隙。当搭口间隙大于规定的最大允许间隙时，该环不能再使用，必须更换；当间隙值小于规定的最小装配间隙时，应进行修锉。

④活塞环和环槽经过清洗后，将环依次装入各道环槽中(注意不可将上、下端面颠倒)，使下端面紧贴环槽下端面上，用塞尺沿圆周 3 ~ 4 个位置测取天地间隙的平均值。

(4)活塞环的密性检查

活塞环与气缸套的密封性检查主要有漏光检查和环平面挠曲度检查。

①漏光检查：将活塞环放入标准气缸套内或圆筒形量规中，用活塞把环推平。在气缸套中活塞环的下侧放一光源，上侧用比气缸外套内径小 3 ~ 4 mm 的盖板将环盖住，检查环圆面与气缸套壁面的漏光情况。

合格要求：每处漏光弧长不超过 30°，同一根活塞环的漏光弧长总和不得超过 90°，但在活塞环开口处左右 30°范围内不允许漏光，并且漏光径向间隙不得通过 0.02 ~ 0.03 mm 塞尺。

②环平面挠曲度检查：环挠曲将影响环在环槽中的运动，容易使环在环槽中卡住，影响环的密封性。检查方法为将环平放在平板上，观察环端面与平板的接触情况。

合格要求：环平面应与平板完全接触，不得有明显的间隙，但允许有局部间隙，缸径≤200 mm者，其间隙值不大于 0.05 mm；缸径 >200 ~ 500 mm 者，其间隙值不大于 0.08 mm；缸径 >500 mm 者，其间隙值不大于 0.1 mm。

(5)活塞环装配

活塞环的搭口间隙、天地间隙和弹力情况都符合检查要求。

安装时注意断面倒角(无倒角的环无上下之分)，倒角的一边朝下，或有记号的边朝上安装；各道环的搭口应相互错开：三道环的，每环相隔 120°；四道环的，第一与第二道环相隔 180°，第三与第四道环相隔 180°，第二与第三道环相隔 90°。

2.5.5 实训步骤

按照拆卸步骤拆卸和检查一个活塞的活塞环，测量其天地和搭口间隙，并将测量数据填入表 2 - 5 - 1 中。

表 2-5-1　活塞环天地间隙、搭口间隙测量记录表　单位:mm

柴油机型号		测量者		测量日期	
缸号		No.		No.	
		天地间隙	搭口间隙	天地间隙	搭口间隙
活塞环测量	第一道环				
	第二道环				
	第三道环				
	刮油环				

2.5.6　思考题

1. 活塞环有哪几种,各有何作用?
2. 活塞环检查包括哪些方面?

2.5.7　相关知识点

1. 一般活塞环槽的正常磨损率及正常使用寿命

一般活塞环槽的磨损率在 0.01 mm/kh 以内为正常磨损。环槽磨损情况是通过样板和塞尺测量环槽高度的变化来确定的。柴油机正常运转时活塞环的正常磨损率为 0.1 ~ 0.5 mm/kh,活塞环的正常使用寿命一般为 8 000 ~ 10 000 h。

2. 活塞环的工作条件

活塞环工作时受到以下作用:

①高温高压燃气的作用;

②往复惯性力的作用;

③气缸套摩擦力的作用。

3. 活塞环在环槽中的运动状态

活塞环在环槽中的运动状态如下:

①轴向运动;

②径向运动;

③回转运动;

④扭曲运动。

4. 对活塞环要求

活塞环要求具有良好的密封性、耐磨性,足够的强度、热稳定性及弹性,表面硬度稍高于气缸套。

5. 压缩环的断面形状及特点

矩形环、梯形环、倒角环不宜作第一和第二道环。扭曲环分内切槽环和外切槽环两种。安装扭曲环时常将内切槽环放在第二、第三道,目的是为下两道环切槽处存留滑油,以利于润滑。另外安装时应注意内切槽环的切槽朝上，外切槽环的切槽朝下。

6. 活塞环的搭口形式

活塞环的搭口有直搭口、斜搭口和重叠搭口三种形式。

7. 活塞环的常见故障

活塞环的常见故障有环的异常磨损、粘环、断环。

（1）环的异常磨损（正常磨损率为 0.3 ~ 0.5 mm/kh）

环外圆磨损通过搭口间隙来反映，环与环槽磨损通过天地间隙来反映。

原因：润滑不良、燃烧不良、磨合不良、冷却不良、摩擦表面有硬质颗粒等。

（2）粘环

产生原因：

①环或气缸过热；

②滑油过多；

③滑油不净；

④燃烧不良积炭。

判断方法：

①严重漏气，柴油机工作无力；

②机油（或冷却水）温度升高；

③燃油和滑油消耗量增加。

粘环的后果：

①燃烧室漏气；

②活塞环断裂；

③拉缸。

防止措施：

①防窜气，窜气会使滑油变质；

②提高刮油环的刮油能力，防刮油环装反；

③适当增加天地间隙；

④控制气缸注油量；

⑤保持气缸冷却水温度适宜；

⑥定期更换润滑油和加入抗氧化剂。

（3）断环

产生原因：

①活塞方面，环槽损坏，表面不平；活塞头部热变形，使环槽表面相对活塞中心线扭曲；活塞头部与气缸套间隙过大。

②气缸方面，上止点附近因磨损严重产生阶梯状，当连杆大端轴瓦产生较大磨损时，由于惯性力作用而断环；二冲程柴油机扫、排气口倒角不够大。

③环自身方面，环搭口间隙过小，常在开口对侧附近折断；环的振动；侧隙太大或太小；

开口处倒角不够大,环挂在气口上。

④使用方面,环温度太高;润滑不良;爆压过大。

断环的迹象:

①气缸压力下降,漏气加剧;

②机油消耗量增加;

③柴油机功率下降;

④排温升高;

⑤燃烧恶化冒黑烟。

防止措施:

①防止粘环和磨损;

②保证搭口间隙和天地间隙在要求范围内。

8. 活塞环磨损的影响和修复

活塞环与气缸套的磨损使环的搭口间隙变大,活塞环与环槽的磨损使天地间隙变大。活塞环与环槽天地间隙如过大,会引起活塞环对环槽的冲击而加速磨损并且泵油严重,应进行更换;活塞环的环槽轴向间隙过小,会使活塞环卡死在环槽中而失效,可用手工磨具磨削或徒手砂磨。此时将环的上端面放在铺有0号细金刚砂纸的平板上,用手按住环面,使它在砂纸上来回移动,砂磨环的上端面。砂磨时用力要均匀,磨一会儿后将环转一个位置继续磨。砂磨中要随时将环洗干净后进行测量,直到环槽轴向间隙合格为止。注意环的另一端面为工作面,不能处理。

9. 活塞环失效对柴油机运转的影响

(1)发生漏气,使柴油机压缩压力、最高爆发压力、排气温度和有效功率下降。

(2)环的散热作用下降,使活塞头过热。

(3)刮油环的刮油作用下降,使缸壁表面积集大量气缸油或气缸油窜入燃烧室,引起积炭。

(4)缸壁油膜被破坏,加速环与气缸套磨损。

(5)对于十字头式柴油机,漏气严重时会引起扫气箱着火。

(6)对于箱式柴油机,污染曲柄箱内滑油,加速滑油氧化变质,甚至会使曲柄箱内滑油产生油雾引起爆炸。

10. 活塞环槽与活塞环的极限间隙

活塞环槽与活塞环的极限间隙应不超过表2-5-2的规定,环槽上下端面的磨损可用光车环槽的方法予以修整,并按新的环槽尺寸配置加厚的活塞环。但活塞环槽之间轴向厚度的减薄量不得超过原始厚度的20%~25%。较大的磨损可用镀铬或镀铁和镶环等方法修理,恢复其原始尺寸。

表 2-5-2　活塞环槽与活塞环的极限间隙　　单位:mm

气缸		气环								油环			
		二冲程				四冲程				二冲程		四冲程	
		平面间隙				平面间隙				平面间隙		平面间隙	
		顶部两根		其余		顶部两根		其余					
		装配	极限	装配	极限	装配	极限	装配	极限	装配	极限	装配	极限
筒形	≤150	0.15	0.25	0.10	0.25	0.10	0.20	0.08	0.20	0.05	0.25	0.035	0.20
活塞式	>150~225	0.30	0.35	0.15	0.35	0.15	0.30	0.12	0.30	0.06	0.35	0.05	0.30
柴油机	>225~300	0.35	0.40	0.30	0.40	0.20	0.35	0.16	0.35	0.08	0.40	0.065	0.35
直径 D	>300	0.30	0.50	0.25	0.50	0.25	0.45	0.30	0.45	0.09	0.50	0.075	0.45
十字	400~550	0.20	0.40	0.14	0.40								
头式	>550~700	0.27	0.60	0.17	0.50								
柴油机	>700~850	0.34	0.70	0.30	0.70								
直径 D	>850	0.45	0.90	0.40	0.90								

11. 新活塞环的装配和检查

(1)配环工艺

新环的检查(外观检查,测量搭口间隙和平面间隙——修锉搭口两端和环的上端面,测量环的径向厚度和环槽深度——要求环的径向厚度比环槽深度小 0.5~1.0 mm,检查环的弹力),修锉搭口;修锉上、下两端的棱边。

(2)新环验收

材料:高磷铸铁、钒钛铸铁。

硬度:HB180~HB250,同一活塞环上硬度差不超过 HB20。要求活塞环硬度比气缸套硬度高 HB10~HB20,目的是既保护气缸套不被很快磨损又有较长的活塞环寿命。

(3)活塞环密封性检查

采用漏光法,一处漏光弧度不超过 30°,几处漏光弧度总和不超过 90°,搭口附近 30°范围内不允许漏光。

实训任务2.6　连杆与连杆螺栓拆装、检查与测量

2.6.1　实训目的

(1)熟悉连杆大端轴承盖的拆装方法;
(2)熟悉连杆大端螺栓的检查方法;
(3)了解连杆大端轴承间隙的测量方法。

2.6.2　实训内容

任选一个缸进行连杆大端的拆装、检查和测量。

2.6.3　实训工具、仪表和备件

(1)常用开口扳手、梅花扳手、套筒扳手一套;
(2)扭力扳手一把或液压拉伸器一套;
(3)起吊工具一套;
(4)外径千分尺、内径量表、塞尺、螺纹规各一把。

2.6.4　实训指导

1. 拆装要点

工具的选取、使用正确得当;拆装工艺方法得当,符合技术规范;工具整理、放妥;测量准备;测量工艺符合技术规范;测量数据记录正确;检查工艺方法得当,符合技术规范;分析结论正确。

2. 拆装步骤

(1)拆卸连杆大端

①盘车转动曲轴,使准备吊出的活塞位于气缸内上止点的位置。

②由曲柄箱道门处认准连杆大端轴承上下盖之间的记号和连杆螺栓与螺母之间的位置标记,以备安装时参考。

③用专用扳手从曲柄箱道门两边拧松连杆螺栓的紧固螺帽。通常此项操作需要至少两人在两侧道门同时进行,并做好相互协调配合。

(2)对连杆螺栓的检查

①按说明书规定检修柴油机时,对于使用或换新的连杆螺栓,必须进行探伤检查后方能装复使用。

②若无条件做探伤检查时,应使用放大镜或肉眼检查有无缺陷,特别要对螺栓头部、螺纹及根部进行检查。

③用螺纹规检查螺距,用直尺检查弯曲情况和伸长量。

④检查螺帽、螺杆与轴承接触面的配合及磨损程度。

⑤用手锤敲击螺栓，从声响判断有无明显缺陷。

⑥检查定位销是否松动或磨损。

⑦严格按使用期限更换连杆螺栓，对于四冲程柴油机，连杆螺栓使用期限为15 000 ~ 20 000运行小时。

⑧上紧螺帽后插入开口销并锁紧。

(3)曲柄销测量及轴颈圆度、圆柱度计算，连杆大端轴承间隙测量

①曲柄销测量与轴颈圆度、圆柱度计算

a. 测量部位：在两个(三个)部位和两个方向上进行测量，测量每段轴颈长度中间至两端各1/4处截面上两个相互垂直方向的外径。

b. 量具使用：测量前，被测轴颈表面清理干净，外径千分尺的测量中心线与轴颈中心线垂直(也可用游标卡尺或外卡钳测量)。

c. 圆度与圆柱度计算：测量每个截面上的纵向尺寸与横向尺寸。

②连杆大端轴承间隙测量

a. 塞尺法：塞尺自轴承端面直接插入轴颈与轴瓦之间，测得的间隙应加0.05 mm(适用于端面便于插进塞尺的轴承)。

b. 拨动法：用半米左右长的撬杠插入连杆大端瓦与曲柄臂间的缝隙，左右拨动，从一边拨动到另一边不弹回中央位置为好。

c. 测量法：用内、外径千分尺分别测量轴颈与轴瓦孔径，两者之差即为间隙值(连杆螺栓要以正确的力矩上紧)。

d. 压铅法：同主轴承间隙测量(见实训任务2.7)。

(4)连杆大端轴承盖装配

在连杆大端瓦平稳地落座在曲柄销轴上后，盖上连杆大端瓦轴承盖，上紧连杆螺栓。连接时，应注意连杆大端上下轴承盖处的记号，有调整垫片的不要漏装、错装。

上紧连杆螺栓时应按说明书的规定均匀地扭紧连杆螺栓，最后用新铁丝或开口销将连杆螺栓紧固螺母锁紧。

2.6.5 实训步骤

按照拆装步骤拆卸一个缸的连杆，检查测量连杆螺栓、轴承间隙，并将测量数据填入表2-6-1中。

表2-6-1 曲柄连杆测量记录表

单位：mm

柴油机型号		测量者			测量日期		
缸号		No.			No.		
		前	中	后	前	中	后
曲柄销	$x-x$						
	$y-y$						

表 2－6－1(续)

柴油机型号		测量者			测量日期		
缸号		No.			No.		
		前	中	后	前	中	后
曲柄销计算结果	最大圆度						
	最大圆柱度						
连杆大端轴承(无瓦)	$x-x$						
	$y-y$						
连杆大端轴承(无瓦)计算结果	最大圆度						
	最大圆柱度						
连杆大端轴承(带瓦)	$x-x$						
	$y-y$						
连杆大端轴承(带瓦)计算结果	最大圆度						
	最大圆柱度						
连杆大端轴承间隙							

2.6.6　思考题

1. 船用柴油机上的重要螺栓有哪些?

2. 连杆螺栓受力是怎样的? 损坏形式有哪些?

2.6.7　相关知识点

1. 连杆螺栓上紧时的注意事项

(1)必须保持轴承上下接触面和垫片的清洁,保证贴合良好。

(2)使用扭力扳手,按规定的力度上紧螺帽。

(3)严格遵守上紧次序,切忌单边上紧,应分几次交替上紧。

(4)注意原来的上紧记号。如为新换螺栓,可将螺帽拧紧后再继续旋紧 50°作为紧固的限度。

(5)新型四冲程柴油机,上紧连杆螺帽有专用的样板,规定每次上紧每缸连杆螺栓的螺帽角度必须一致,也规定了上紧次序。

(6)某些四冲程柴油机设有螺栓伸长限制样板,连杆螺栓依次上紧的过程中,用塞尺插入螺栓头部、样板平面之间,以确定螺栓伸长量是否在允许范围内。

2. 轴颈与连杆大端轴承的装配间隙

轴颈与连杆大端轴承的装配间隙应符合表 2－6－2 的规定。

表 2-6-2 轴颈与连杆大端轴承的装配间隙

轴颈直径/mm	十字头式柴油机	筒形活塞式柴油机		
		≤500 r/min	>500 r/min	
	装配间隙/mm	装配间隙/mm	锡基轴承合金 装配间隙/mm	铜铅轴承合金 装配间隙/mm
75~100	—	—	0.06~0.08	0.08~0.10
>100~125	—	—	0.08~0.11	0.10~0.12
>125~150	—	—	0.11~0.15	0.13~0.16
>150~200	—	0.14~0.18	0.16~0.20	0.17~0.23
>200~250	—	0.18~0.22	0.20~0.24	0.24~0.28
>250~300	0.17~0.21	0.22~0.26	0.24~0.28	—
>300~350	0.21~0.25	0.26~0.30	—	—
>350~400	0.25~0.30	0.30~0.34	—	—
>400~450	0.30~0.35	0.34~0.36	—	—
>450~500	0.35~0.40	—	—	—
>500~550	0.40~0.45	—	—	—
>550~600	0.45~0.50	—	—	—
>600~650	0.50~0.55	—	—	—
>650~700	0.55~0.60	—	—	—

3. 计算轴颈的圆度与圆柱度

(1)圆度 t' 用被测零件上指定横截面上的两个相互垂直的直径(D_1、D_2)差的一半表示：$t'=(D_1-D_2)/2$，单位为 mm。

(2)圆柱度 u' 用被测零件上指定纵截面上的数个测量直径中最大直径 D_{max} 与最小直径 D_{min} 差的一半表示：$u'=(D_{max}-D_{min})/2$，单位为 mm。

4. 重要螺栓的螺帽防松方法

防松方法包括金属丝锁紧防松法、弹簧垫圈防松法、销紧片防松法和开口销防松法等。在采用金属丝锁紧螺母时，金属丝缠绕螺母的方向应与螺母的旋紧方向相同。在检修连杆大端轴承时，必须换新的是防松垫圈或开口销。

实训任务2.7　主轴承拆装、检查与测量

2.7.1　实训目的

(1)熟悉主轴承的拆卸和安装方法;
(2)学会主轴承轴瓦状况的检查方法;
(3)学会用压铅法测量主轴承间隙。

2.7.2　实训内容

任选一道主轴承拆装、检查和测量。

2.7.3　实训工具、仪表和备件

(1)主轴承拆装专用工具一套;
(2)扭力扳手一把或液压拉伸器一套;
(3)起吊工具一套;
(4)外径千分尺、内径量表、塞尺各一把,0.5 mm 铅丝一卷。

2.7.4　实训指导

1. 拆装要点

拆装方法正确,操作熟练;工具、量具使用正确;注意拆装过程中的安全保护;工艺方法符合技术规范;工具整理放置整齐。

2. 拆装步骤

(1)主轴承的拆卸

①做好记录和位置标记:主轴承拆卸的前后,都应检测曲轴的轴向间隙并做好记录。应把各道主轴承锁紧螺母、轴承盖、垫片、轴瓦等按顺序、方位做好记号。整个检测、校配过程均应对号进行。

②均匀拧松主轴承盖螺栓,按顺序放置好。

③拆卸主轴承盖:拆卸小型柴油机的主轴承,当螺母拧松后可直接拆出。对于大型柴油机的主轴承盖,可用专用工具吊出。

④盘出下瓦:下瓦可通过转动曲轴盘出。一般中、小型柴油机通过在曲轴颈上的润滑油孔中插入销钉,即可盘出下瓦。薄型轴瓦一侧有定位唇,此时应向有定位唇一侧盘瓦,以免损坏轴瓦。

⑤主轴承螺栓的检查:主轴承螺栓一端拧紧在轴承座的螺孔中,长期使用后会产生松动(特别是小型高速柴油机),需检查并拧紧。螺栓与螺母的螺纹不能有肉眼可见的倒牙和毛刺。螺栓螺母旋合后,不能有明显的松动和时紧时松的感觉。有明显倒牙现象或达不到规定扭紧力矩的螺栓、螺母,应予以换新。

⑥主轴承盖与机体(座)定位两端面过盈量的检查:主轴承盖与机体(座)定位端面的定位检查工作非常重要。正常情况下,轴承盖定位端面没有磨损,其过盈量为0.03~0.05 mm,靠此面与机体(座)定位,使各道轴承盖中心线保持在同一直线上。

(2)主轴承安装

①将轴承盖、轴承座、轴瓦、螺栓等清洗干净,进行必要的检查后,确认可以装复。

②安装轴瓦:主轴瓦装入主轴承盖(座)前,应进行厚度检测,并做记录。将下瓦按盘出时的相反方向盘入主轴承座中。为保证轴瓦背面与轴承座孔有良好接触,要使轴瓦两端面对轴承盖(座)分开面有一定的凸出高度,一般凸出高度为0.03~0.10 mm。

③安装主轴承盖:安装主轴承盖时,应在和轴承座配合的定位凸肩平面上涂布滑油。这样,轴承盖和轴承座不容易"咬"起来。

④上紧主轴承螺母:主轴承螺母上紧时应使用扭力扳手按规定的扭矩拧紧。如无扭力扳手时,可用臂长120 mm的扳手把两个螺帽扳到止动点,然后分三次相互交替地扳紧,每次扳动的角度为50°~60°,共扳150°~180°,使主轴承盖螺帽上的记号和主轴承螺柱上的记号相对准,使两者的开口销孔对准。

⑤安装开口销:主轴承螺母安装结束后必须装上开口销以防止螺母松动。

(3)主轴承的间隙测量

①塞尺法:用塞尺自轴承端面直接插入轴颈与轴瓦之间测量,测得的间隙值应加上0.05 mm。

②压铅法:拆去主轴承上盖及上瓦;选直径为1.5~2倍轴承间隙,长150°轴颈弧长的铅丝2~3条,用牛油粘住;装好轴承上瓦及上盖,并按规定上紧;打开轴承,取出铅丝测量并做好记录;用外径千分尺测量铅丝的两端及中间厚度(中间厚度即为轴承径向间隙,两端厚度即为两侧间隙)。

③比较法:中、高速柴油机主轴承和连杆大端轴承多采用薄壁轴瓦。通常采用内、外径千分尺分别测量轴、孔的对应部位直径,此二直径之差即为轴承间隙。一般应测量对应于曲柄销在上、下止点位置时的轴、孔直径,且在轴向首、中、尾三处测量,求其平均值进行比较。

2.7.5 实训步骤

按照拆装步骤拆卸一道主轴承,检查并测量轴瓦厚度、轴承间隙,并将测量数据填入表2-7-1中。

表2-7-1 主轴承测量记录表

单位:mm

柴油机型号		测量者			测量日期		
轴承编号		No.			No.		
		左	中	右	左	中	右
上瓦厚度	前						
	后						
下瓦厚度	前						
	后						
轴承间隙	前						
	后						

2.7.6　思考题

1. 主轴瓦的一般检查内容有哪些?
2. 轴承的损坏形式有哪些?

2.7.7　相关知识点

1. 滑动轴承的安装要求

为了保证滑动轴承安全可靠地运转,轴承的安装质量和与轴的配合最为重要。在安装过程中应符合下列要求:

(1)轴瓦与轴承座孔配合面贴合良好。

(2)轴颈与轴承下瓦应在一定的角度内均匀接触,接触面积应大于75%。柴油机主轴颈与主轴承下瓦接触角应在机体中心线两侧40°~60°;曲柄销颈与大端轴承上瓦的接触角应在连接杆中心线两侧60°~90°。

(3)轴承间隙应符合要求。

2. 轴颈与主轴承装配间隙

轴颈与主轴承装配间隙应符合表2-7-2的规定。

表2-7-2　轴颈与主轴承装配间隙

轴颈直径/mm	十字头式柴油机	筒形活塞式柴油机		
		≤500 r/min	>500 r/min	
	装配间隙	装配间隙/mm	锡基轴承合金装配间隙/mm	铜铅轴承合金装配间隙/mm
75~100	—	—	0.06~0.08	0.08~0.10
>100~125	—	—	0.08~0.11	0.10~0.12
>125~150	—	—	0.11~0.15	0.13~0.16
>150~200	—	0.14~0.18	0.16~0.20	0.17~0.23
>200~250	—	0.18~0.22	0.20~0.24	0.24~0.28
>250~300	0.17~0.21	0.22~0.26	0.24~0.28	—
>300~350	0.21~0.25	0.26~0.30	—	—
>350~400	0.25~0.30	0.30~0.34	—	—
>400~450	0.30~0.35	0.34~0.36	—	—
>450~500	0.35~0.40	—	—	—
>500~550	0.40~0.45	—	—	—
>550~600	0.45~0.50	—	—	—
>600~650	0.50~0.55	—	—	—
>650~700	0.55~0.60	—	—	—

实训任务2.8 喷油泵拆装与检查

2.8.1 实训目的

(1)熟悉回油孔式喷油泵的拆装;
(2)学会出油阀偶件和柱塞套筒偶件的检查方法;
(3)学会喷油正时的检查与调整。

2.8.2 实训内容

任选一缸进行喷油泵拆装、检查和调整喷油正时。

2.8.3 实训工具、仪表和备件

(1)常用开口扳手、梅花扳手、套筒扳手一套;
(2)喷油泵拆装专用工具一套;
(3)喷油泵试验设备一套。

2.8.4 实训指导

1. 拆装要点

工具的选取、使用正确得当;拆卸或装配程序正确;拆装工艺方法得当,符合技术规范;工具整理、放妥;供油定时检查前准备;检查齿条位置;定时检查,符合技术规范;读数准确;定时调整,操作符合技术规范。

2. 拆装步骤

(1)回油孔式喷油泵的拆卸

①拆卸出油阀:把油泵正夹于台钳上,拆下出油阀紧座,取出出油阀弹簧,将专用工具旋在阀座上,拉出阀座和密封垫片。

②拆卸柱塞套筒偶件:将泵体倒立,左手向下压导筒,右手用螺丝刀取下泵底的卡簧,再依次取下导筒、弹簧座、弹簧、柱塞。留心观察柱塞回油槽方向与横销安装方向,泵内调节齿套和调节齿条的啮合标记,取出调节齿套并抽出调节齿条。拧下柱塞套筒的定位螺钉,从油泵上方取出柱塞套筒,把柱塞小心地插入套筒内一起放置。

(2)出油阀偶件及柱塞套筒偶件检查

①喷油泵密封性主要检查柱塞套筒偶件、出油阀偶件及进、出油阀。

a. 综合检查:在排油管接头处装上压力表,用手摇动杠杆泵油,当油压达到说明书规定的压力时,停止泵油,保持柱塞位置,观看压力表的压力。如果在说明书规定的时间(一般为 30 s)内压力保持不变,则可认为喷油泵密封性良好;否则,认为密封性不良。

当发现喷油泵密封性不良时,应根据喷油泵的构造,分别对出油阀和进、回油阀以及柱塞套筒偶件进行检查。

b. 出油阀检查:出油阀密封性检查的步骤与综合检查相同,只是在油压达到说明书规定的压力时,让柱塞自然下行,以便专门检查出油阀的密封性。

c. 取出出油阀检查:取出出油阀后,按综合检查的步骤进行检查,主要检查柱塞套筒偶件及进、出油阀的密封性。

②用滑动试验法检验柱塞 - 套筒、针阀 - 针阀体的圆柱配合面密封性。

方法:轻柴油清洗和润滑偶件,偶件与水平面成45°倾斜放置,把柱塞(或针阀)抽出1/3配合面,在自重作用下自由滑下。

判断:若下滑速度缓慢、均匀表明配合面无明显磨损,密封性较好;若下滑速度较快或很快,表明配合面磨损较大或严重,密封性不良。若将柱塞(或针阀)转动 90°再次试验,柱塞(或针阀)下滑缓慢、均匀,表明偶件未产生偏磨损。

③用油液降压试验法(或称燃油漏损定量法)检验偶件密封性。

油液降压试验法是通过偶件的油液压力下降一定值时所需要的时间作为检验密封性的标准,或者是用在一定时间内油液漏损量作为检验密封性的标准。

柱塞偶件油液降压试验法:要求油泵在相当于额定供油量时,油压从 30 MPa 降至 5 MPa的时间应不少于 20 s,表明柱塞偶件圆柱面密封性良好。

(3)喷油泵的装复

装复时,将喷油泵所有零件漂洗清洁,经清洁后的偶件工作表面禁止用棉纱或布擦拭,以防纱头进入偶件配合间隙引起卡滞。

①装入套筒:套筒从泵体上部装入,套筒上的腰形定位孔与泵体上的定位螺钉孔对准,拧入带密封垫片的定位螺钉。此时套筒能略微上下移动,但不能转动。

②按定位标记装入调节齿条和齿套:将泵体倒置,把供油齿条插入齿条孔内。齿条上打有记号的齿应位于喷油泵调节齿套孔的中央,然后将调节齿套放入泵体中,并使齿套的齿圈上有记号的齿对正齿条上有记号的齿谷。

③按顺序装入上弹簧座、弹簧、柱塞、下弹簧座,下弹簧座应卡住柱塞球头,柱塞横销按要求的方向对准调节齿套的切槽。

④装入弹簧导筒,左手拇指用力压下导筒,右手装入卡簧。装好后用力压导筒,导筒可以顶着柱塞移动,正置喷油泵,复查调节齿条处于停车位置和加油时,柱塞回油直槽是否对准回油孔和向加油方向转动,调节齿条的拉动是否灵活可靠。

⑤正夹喷油泵于台钳上,从泵体上部依次装入出油阀座、密封垫片、出油阀、出油阀弹簧,拧紧出油阀紧座。

(4)喷油泵供油正时的检查与调整

①供油定时的检查

a. 冒油法:首先拆下第一缸供油泵上的高压油管,将燃油手柄置于标定供油位置,缓慢盘车至高压油管刚刚有油溢出,立即停止盘车,此时飞轮上指针指示的刻度值即为供油提前角。对于多缸机应按发火顺序依次进行检查。

b. 照光法:对于大型回油孔终点调节式喷油泵,若套筒上有同样高的进、回油孔,可用照光法测量定时。拆下泵体上与进、回油孔相对应的螺钉，缓缓盘车，从油孔处用手电筒照明。当柱塞上行刚好将回油孔遮住而看不到光线时，马上停止盘车，此时飞轮上指针所指示的刻度即为该油泵的供油始点，亦即供油提前角。

c. 刻度线法：有些柴油机喷油泵的供油始点在泵体上装有固定和滑动标记。盘车时，从窗口处看标记重合的瞬间，即为喷油泵的供油始点。此时飞轮上指针所指示的刻度即为供油提前角。

②供油定时的调整

a. 转动凸轮法：顺着凸轮轴转动方向转动凸轮 α 角，则供油提前角由原来的 β 变为 $\beta+2\alpha$；逆着凸轮轴转动方向转动凸轮 α 角，则供油提前角由原来的 β 变为 $\beta-2\alpha$。

特点：凸轮有效工作段、柱塞有效行程、供油规律均未变。

b. 升降柱塞法：柱塞升高，则供油提前角变大；反之，则供油提前角变小。

特点：柱塞有效行程不变、凸轮有效工作段及供油规律均改变。

c. 升降套筒法：套筒升高，则供油提前角变小；反之，则供油提前角变大。

特点：柱塞有效行程不变、凸轮有效工作段及供油规律均改变。

升降套筒的途径：套筒上端设有一组调节垫片，减少垫片即升高套筒；泵体下方设置多个调节垫片，增加垫片即升高套筒；在套筒下部设螺旋套，用定时齿条拉动使套筒升降。

2.8.5　实训步骤

按照拆装步骤拆卸一个喷油泵，检查出油阀偶件和柱塞套筒偶件的密封情况，装复高压油泵，检查各缸高压油泵的正时，并将检查情况填入表 2-8-1 中。

表 2-8-1　喷油泵检查、喷油正时检查记录表

测量者			测量日期		主要部件名称及作用	
柴油机型号			缸号		名称	作用
出油阀偶件检查情况	密封性		圆柱配合面			
柱塞套筒偶件检查情况	密封性		圆柱配合面			
喷油提前角/(°)	No.	No.	No.	No.		

2.8.6　思考题

1. 高压油泵出油阀的作用是什么？
2. 如何检查和调整高压油泵的正时？

2.8.7 相关知识点

1. 柴油机燃油系统中三对极为精密偶件

高压油泵中的柱塞-套筒偶件、出油阀-阀座偶件,喷油器中的针阀-针阀体偶件。

2. 瓦锡兰(Wartsila)辅机高压油泵维护管理要点

(1)高压油泵的拆装

高压油泵的拆装有两种方法:一种是只拆装柱塞套筒偶件,简单易行;另一种是拆装整个高压油泵,比较麻烦。这里介绍前一种方法。

拆件顺序:①拆卸前,需打开凸轮箱道门,接住泄漏的燃油并转车到供油下死点;②拆下高压油泵出口高压油管;③拆松高压油泵头部外围内六角螺丝;④将专用工具拧到高压油泵上,收紧螺丝即可拔出套筒;⑤用专用塑料棒将齿套和柱塞(旋转 90°)取出;⑥将高压油泵壳体内残油清洁干净,清通泵壳上的泄油孔道。

安装顺序:①将柱塞插进滚轮座上,并转动 90°,保持柱塞垂直不动;②插进齿套,齿套的两个齿与齿条的齿凹相啮合,齿套的平面和齿条的平面相平行,同时柱塞的横臂插进齿套的开口,推动油门拉杆,应活动自如,齿套、柱塞一起转动,说明柱塞和齿套安装到位;③装复套筒和高压油管。

(2)柱塞偶件的清洁

柱塞偶件的结构特点可总结为四道令、三个孔和两道槽。四道令:从上至下第一道令密封燃油,防止燃油从上部漏出;第二道令密封燃油,防止燃油漏到漏泄收集孔道;第三道令防止滑油与燃油相混;第四道令密封滑油。三个孔和两道槽:套筒一侧有两个孔,一个孔与套筒内孔一道槽相通,引入燃油润滑,一个孔滑油通到套筒底部喷到柱塞上润滑;套筒另一侧一个漏泄孔与套筒内孔的燃油漏泄收集槽相通。柱塞偶件拆下后,取出柱塞后将套筒倒置,拧开内六角螺丝,取下小法兰,即可清通燃油漏泄收集槽与漏泄孔等。由于高压油泵结构强度限制,漏泄孔道比较细长,在使用 380CST 燃料油时,燃油极易在泄漏孔道上积炭堵塞,其后果一是造成高压油泵卡住;二是泄漏的燃油顺流而下进入曲拐箱污染滑油。后一种情况容易被忽视,但造成的后果更为严重,应得到足够重视。

3. MITSUI-MAN B&W 10K98MC 高压油泵结构特点

该高压油泵柱塞套筒密封件较少,套筒上部只有一道密封环,底部有两道密封环,柱塞与套筒之间没有密封环,对高压油泵柱塞、套筒材料要求较高,对安装的要求也高。

(1)没有独立的凸轮轴润滑系统,由主机系统滑油润滑

高压油泵基座上,与滚轮导筒接触面处装有铜布司和密封环,隔离基座与凸轮箱。

滚轮导筒顶头上装有一对顶帽,上面一只是开有一缺口的积油盘,下面一只是伞形帽。高压油泵泄漏的燃油从基座底部的泄漏孔流至泄漏油柜,以免进入凸轮箱。

(2)滚轮导筒的导板便于检查

以往,导板只由三只(一排)螺丝和两只定位销固定,不易检查,常发生松动或断裂,甚至脱落。

现改用 12 只螺丝,分左、中、右三排,每排四只螺丝,中间一排还有两只定位销,而且随时可从外面检查螺丝是否松动。这样既牢固又便于检查和维修保养,降低故障率。

(3)高压油泵泵盖,拆装方便

三根高压油管的连接孔开在泵盖顶部，而不是侧面；吸油阀直接装在停油阀的下面，而不是底部的推力导筒中。

实训任务2.9　喷油器拆装与检查

2.9.1　实训目的

(1)熟悉多孔闭式喷油器的拆装；

(2)学会针阀偶件研磨检修的方法；

(3)学会多孔闭式喷油器密封性检查；

(4)熟悉喷油器启阀压力的检查及调整；

(5)熟悉喷油器雾化状况检查。

2.9.2　实训内容

任选一个喷油器进行拆装、针阀偶件研磨、启阀压力检查调整、雾化状况检查。

2.9.3　实训工具、仪表和备件

(1)常用开口扳手、梅花扳手、套筒扳手一套；

(2)不同规格研磨膏、滑油若干；

(3)喷油器拆装专用工具一套；

(4)喷油器试验台一套。

2.9.4　实训指导

1. 拆装要点

工具的选取、使用正确得当；拆卸或装配程序正确；拆装工艺方法得当，符合技术规范；工具整理、放妥；启阀压力检验操作正确；启阀压力调整操作正确；工艺方法得当，符合技术规范；手动泵油操作正确；雾化质量的观察与判断正确。

2. 拆装步骤

(1)闭式喷油器(图2－9－1)分解

①喷油器从柴油机上拆下前，先将各管头用抹布擦拭干净，然后拆下与喷油器相连的管接头：高压油管、回油管、油头冷却水管等。用专用工具从缸盖上拆除固定螺丝。

②将喷油器外部擦洗干净，喷油嘴头如果有积炭用铜刷清除。

③正夹喷油器于台钳上，用扳手拆下油管接头，注意接头内的缝隙式滤芯不要掉落。

④拧下尾部护罩，拧松锁紧螺母1～2圈，再将调压螺钉拧出。

⑤从喷油器内取出弹簧上座、弹簧、顶杆。

⑥倒夹喷油器使喷油嘴向上，拧下锁紧螺帽。

⑦小心地取下针阀偶件和定位销。

⑧将拆下的所有零件放在干净的油盆中。针阀和针阀体是精密偶件，拆下后应成对存放，不要搞错，并注意保护精密的加工表面。

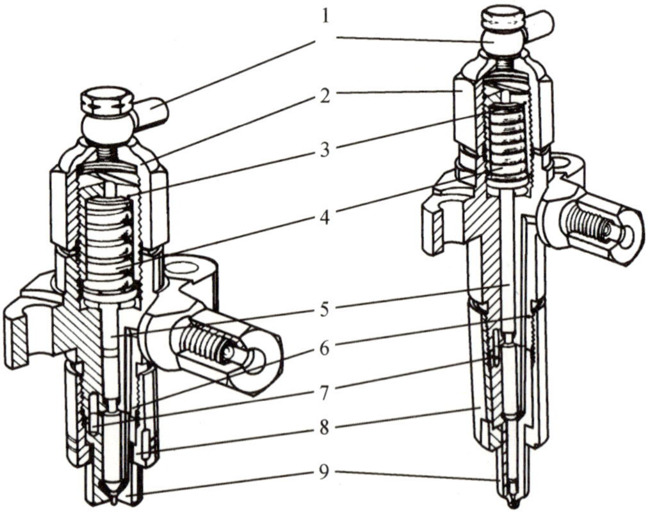

1—回油管接头；2—护罩；3—调压螺钉；4—调压弹簧；5—顶杆；6—喷油器壳体；7—定位销；8—油嘴总成。

图 2-9-1　闭式喷油器

(2)研磨

①清洁偶件本体外表，用专用通针清洁喷孔。

②放入清洁柴油进行清洗，再用空气吹净，用与针阀阀头形状相似的筷子缠好纯棉布或不起毛的混纺棉布对阀座进行彻底清洁。

③用专用挑砂工具(钢针)挑砂，用钢针轻轻粘一点调好的磨砂，在锥面离顶部 1/3 环形面积内对称轻点 3 下，针阀圆柱面用手涂点较稀的机油。水平摆放阀体，将针阀轻轻送入阀体，轻转几圈，抽出针阀，如果砂离宽带较远，则轻打几下，再转几圈，此时砂会逐渐靠近宽带，如果砂越过宽带，说明砂太多应及时清洁重挑。砂如果挑少，则怎么打，其都不会接近宽带，此时可在原有的环形砂带上再加一点砂，重复前述动作，再观察，如此往复多次直至密封带(光环)宽度为 0.03 ~ 0.50 mm，保持阀体水平放置，左手握住针阀，右手转动阀体，直至磨砂由深绿→绿→灰→黑(国产砂由绿→灰→黑)。发现砂已发黑后，将阀体垂直放置，慢慢轻打，打至砂发干，就可清洁换砂。

④如此重复上述步骤直至针阀密封带(光环)与锥面非接面有一明显分界线(光环发亮，分界线泛白)，就可进行精研，正常精研 1 ~ 2 次即可。

⑤将针阀粘点滑油与阀体对打，清洁后可进行装复、试验。

(3)闭式喷油器的组装

①将喷油器零件在干净的轻柴油里漂洗干净，并经过检查合格后，就可装复。

②将喷油器本体倒夹在台钳上，装上喷油嘴偶件。注意针阀体和喷油器体的端面销孔要对准入座，拧紧喷油嘴紧帽。

③正夹喷油器于台钳上，依次装上顶杆、调压弹簧、弹簧座，拧入调压螺钉至不很紧的位置，放入铜垫片，旋入锁紧螺母，待喷射压力调整后再锁紧螺母和护罩。

④拧紧带缝隙式滤芯的油管接头。

(4)密封性检查

①滑动试验法：是检查偶件密封性最简便的方法，用以检查柱塞－套筒、针阀－针阀体的圆柱配合面密封性。

先用滤净的轻柴油清洗和润滑偶件，然后使偶件与水平面成45°倾斜放置，把柱塞(或针阀)抽出1/3配合面长度后，使其在自重作用下自由滑下，且柱塞(或针阀)在套筒(或针阀体)内转至任何位置滑下时均不得有阻滞现象。

若下滑速度缓慢、均匀，表明配合面无明显磨损，密封性较好；若下滑速度较快或很快，表明配合面磨损较大或严重，密封性不良。若将柱塞(或针阀)转动90°再次试验，柱塞(或针阀)下滑缓慢、均匀，表明偶件未产生偏磨损。

②油液降压试验法：油液降压试验法也是检查偶件密封性的一种方法。此外，还有油液等压试验法。

油液降压试验法是用通过偶件的油液压力下降一定值时所需要的时间作为检查密封性的标准，或者是用在一定时间内油液漏损量作为检查密封性的标准。

a. 柱塞偶件油液降压试验法：油泵在相当于额定供油量时，油压从30 MPa降至5 MPa的时间不少于20 s，表明柱塞偶件圆柱面密封性良好。

b. 针阀偶件圆柱面密封性油液降压试验法：试验前必须进行数次喷油，以排净系统内的空气。试验时燃油进入喷油器，允许将喷油器启阀压力调整到比规定值高2～3 MPa。在启阀压力的油压作用下检查针阀偶件的渗油现象，以手背擦拭针阀体头部喷孔周围，手背应无油，表明针阀偶件圆柱面密封性良好。

c. 针阀偶件锥面密封性油液降压试验法：试验时，要求在燃油压力比规定的启阀压力低2 MPa的油压作用下，在10 s内不得有渗漏，允许针阀体喷孔周围稍微湿润，但不得有油液集聚现象。针阀偶件锥面密封性检查可与其圆柱面密封性检查同时进行。

(5)启阀压力检调

①排除喷油器油路中的空气。

②缓慢泵油，注意压力表指针向高压方向移动情况，读取在喷油开始压力下降的一瞬间压力表上的最高读数。

③若此压力表读数与规定喷油压力不符，则可拧动调节螺钉进行调节，直到满意为止。

④紧锁紧螺母和护罩。

(6)雾化试验

雾化质量检查：在喷油器试验台上，将喷油器调整到规定的启阀压力，然后进行手动泵油，观察喷出的油束的形状、数目、油滴细度和分布情况。雾化良好时，各油束分布均匀，没有局部密集现象或油滴漏出，而且每次喷油从开始到终了都很迅速、明确、利落，有清脆的“吱吱”声，在连续几次喷油后，喷油嘴上不滴油，但允许有湿润。

2.9.5 实训步骤

按照拆装步骤拆卸一个喷油泵，检查出油阀偶件和柱塞套筒偶件的密封情况，装复高压油泵，检查各缸高压油泵的正时，并将检查情况填入表 2－9－1 中。

表 2－9－1 喷油器检查记录表

测量者			测量日期		主要部件名称及作用	
柴油机型号			缸号		名称	作用
针阀偶件检查情况	锥面密封性		圆柱配合面			
雾化状况检查	油束状况		喷油状况			
喷油器启阀压力/MPa	No.	No.	No.	No.		

2.9.6 思考题

1. 喷油器雾化的三要素是什么？
2. 什么是喷油器的启阀压力？

2.9.7 相关知识点

1. 检修时，保证喷油嘴修理质量的三个关键要素

（1）针阀与喷油嘴体座面要达到完全的圆度；

（2）针阀与喷油嘴体座面要与喷油嘴体轴线完全一致；

（3）保证针阀与喷油嘴座面的加工达到准确的角度及光洁度。

2. 船用研磨砂的规格

船用研磨砂一般有三种规格，即粗、中、细，按用途分为三种：通用研磨砂，用于研磨排气阀、各种铜阀、钢阀及空压机阀片等，颜色大多呈灰色；精密偶件通用研磨砂，颜色大多呈绿色；喷油嘴专用研磨砂（英文识别名为“Nozzle Compound”），颜色为深绿色，研磨喷油嘴时应选用这种深绿色的研磨砂。

3. 针阀偶件的几个主要参数

针阀锥角比阀座的锥角大 0.5°～1°；配合间隙 0.02～0.04 mm；主密封带宽度 0.3～0.5 mm；针阀升程 0.4～1.3 mm。

4. B&W 型柴油机（已广泛使用双弹簧）两级针阀的喷油器主要工作过程

如图 2－9－2 所示，其喷油器内部自上而下，由主启阀弹簧、内装有空心油路的推力轴、推力三叉形弹簧座、推力块、针阀偶件和油嘴组成；其中推力块实际上是紧扣在针阀偶件的外壳上，绝不可用手就能拔动或旋动，否则就要报废或修理。因为油路自上而下是从这些连接件的中心线流过的，所以上述部件的连接处都是圆弧形，必须有良好的密封性。各部件如有变形和磨损而影响装配中心线或密封不良，都要修正和更换。主启阀弹簧如有疲劳

变形、弹力不足的就须更换,喷油压力是不可通过它来调节的。

5. 喷油器状况检查判断

喷油器无论快喷(每分钟 120 次)还是慢喷(每分钟 20 次),均应有良好的雾化质量,声音清脆,无滴油现象,为合格。

6. B&W 型柴油机喷油器的试压方法及步骤

(1)喷油控制杆处在开启位置,然后以极快的速度将高压阀手柄从关闭的位置向下扳到全开位置,这时可以听到喷油器发出短促、响亮、抖动,类似锯木头的声音,这说明喷油器内部各连接件已找准了中心线。

(2)关闭喷油控制阀,然后再重新缓慢打开加压,当油压表显示高于 1.5 MPa 时,回油孔(泄油孔)不应再有油渗出,继续加压到稍低于启阀压力(25 MPa),观察喷孔处是否有一点点湿润,而不形成油滴,若是,则证明针阀和阀座的密封良好。

(3)以极快速度加压,喷油器发出“嗒嗒”的两级短促、有力、响亮的喷油声,同时喷油压力也达到要求时,这个喷油器就基本试压成功了。

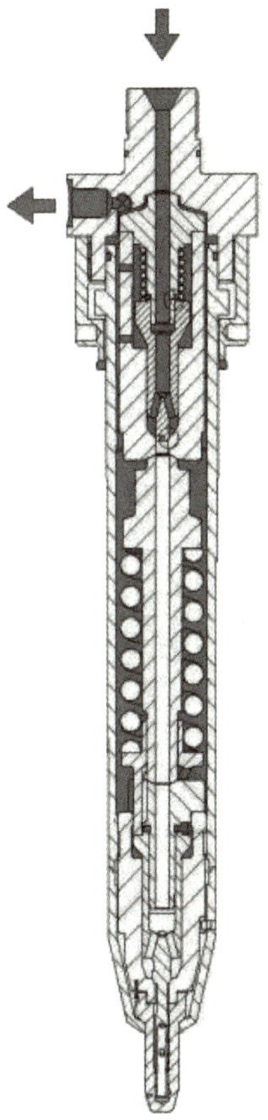

图 2－9－2　B&W 型柴油机喷油器

在上述三个试压方法中:第(1)项是十分关键的,如果装配中心线偏移,或者喷油器安装到试验台上紧固时,左右紧力不够均匀,肯定达不到效果,这时切不可立即判断针阀偶件不行,可以稍调节左右紧固螺母的松紧度,或用木槌从侧面敲打喷油体,再做第(1)项试压,倘若效果仍不佳,甚至可以略松开管接螺母做第(1)项试压,一旦中心线在油压作用下能自我找准,发出满意的声音,上紧螺母,再做第(2)项试压。如果各部件和针阀偶件都没有什么问题,一般都能达到满意的结果。应该特别指出,从主机上卸下喷油器,切忌在地板或桌面上摔掷,任何侧向的振动都可能造成内部中心线偏移,试压好的喷油器整体,同样要避免振动,而应轻放到垂直的孔架上作为备用。

实训任务2.10　曲轴臂距差的测量与轴线状态分析

2.10.1　实训目的

(1)熟悉曲轴臂距表的使用方法;

(2)熟悉柴油机臂距差的测量方法;

(3)学会分析曲轴中心线的状态;

(4)学会分析主轴承高、低状态。

2.10.2　实训内容

用臂距表测量柴油机每个缸的曲轴臂距差,做好测量记录并分析曲轴中心线的状态和主轴承高、低状态。

2.10.3　实训工具、仪表和备件

(1)臂距表一套;

(2)柴油机一台。

2.10.4　实训指导

1. 测量要点

量具的选取、使用正确得当;盘车方向、装表位置、操作正确;臂距表调校、安装正确;臂距差测量与读取正确;臂距差记录方法正确;测量数据分析结论正确。

2. 测量步骤

(1)灵敏度检查:手指轻按臂距表一端的顶尖,看指针的摆动是否灵活,放开后指针回原位。检查无误后,根据臂距的大小选择并调整臂距表测量杆的长度,使之比臂距大1~2 mm。

(2)打开曲轴箱道门,盘车至195°位置,清洁两曲柄臂上的冲孔,将臂距表装入两曲柄臂的冲孔中,之后,将表用手慢慢来回摆动2~3次,看指针有无摆动(有摆动,说明孔不正确或表针两端表杆不直),如没有冲孔,应在距曲柄销轴线$(S+D)/2$处的曲柄臂两边打上冲孔,安装正确后,将表指针调“0”位。

(3)正车转动曲轴,对装有活塞连杆组件的曲轴,分别转至左平、上止点、右平和下止点前15°左右,即曲柄销自195°位置开始,经270°、0°、90°及165°,共五个位置,记录各位置臂距表的读数。

(4)臂距表的记录方法见本任务相关知识点。

(5)臂距表的计算与轴线状态分析。

上下臂距差为 $\Delta_{上下}=L_{上}-L_{下}$，其中 $L_{上}$、$L_{下}$ 分别为上、下止点臂距值；左右臂距差为 $\Delta_{左右}=L_{左}-L_{右}$，其中 $L_{左}$、$L_{右}$ 分别为左、右水平臂距值。臂距差 $\Delta_{上下}$ 为正(+)，则曲轴轴线呈下弧线弯曲，该曲柄两端的主轴承比其相邻的主轴承低；臂距差 $\Delta_{上下}$ 为负(−)，则曲轴轴线呈上弧线弯曲，该曲柄两端的主轴承比其相邻的主轴承高。同样，臂距差 $\Delta_{左右}$ 为正(+)，轴线在水平面呈右弧线弯曲，反之，臂距差 $\Delta_{左右}$ 为负(−)，轴线在水平面呈左弧线弯曲。

2.10.5 实训步骤

按照测量步骤测量柴油机每个缸的曲轴臂距差，并将测量结果填入表 2−10−1 中。

表 2−10−1 曲轴臂距差测量记录表

柴油机型号			测量者		测量日期		
缸号		臂距表位置					最大臂距差
		上左	左	下	右	上右	
表位法（见本任务相关知识点）	1						
	2						
	3						
	4						
	5						
	6						
	7						
销位法（见本任务相关知识点）	1						
	2						
	3						
	4						
	5						
	6						
	7						

2.10.6 思考题

1. 曲轴臂距差测量中测量点在什么位置？
2. 哪些情况下需要测量曲轴臂距差？

2.10.7　相关知识点

1. 曲轴臂距差测量条件与要求

在柴油机冷态进行测量;夜间、清晨或阴雨天气时测量;船舶装载条件相同的情况下测量;一次装表完成全部测量:当曲轴未装活塞运动装置时,测量0°、90°、180°、270°四个位置的臂距值;当曲轴上安装活塞运动装置时,测量0°、90°、165°、195°、270°五个位置的臂距值;柴油机正车回转进行测量。

2. 曲轴臂距差测量精度的影响因素

测量精度与臂距表的精度、表的安装精度、读数误差和测量技术等有关。检验测量精度,将测得的上、下止点臂距值之和与左、右水平臂距值之和比较,二者差值在 ±0.03 mm内,即$(L_{上}+L_{下})-(L_{左}+L_{右})<\pm0.03$ mm,表明测量基本准确。如果几次测量结果均超过 ±0.03 mm,表明曲轴存在严重变形。

3. 判断轴系连接误差

曲轴尾端法兰与第一节中间轴首端法兰连接误差:偏移值不大于0.1 mm,曲折值不大于0.1 mm/m。

轴系轴线高于曲轴轴线、两法兰呈下开口时,连接后使曲轴尾端轴线呈塌腰形,臂距差朝正值方向增大。

当轴系轴线低于曲轴轴线、两法兰呈上开口时,连接后使曲轴尾端轴线呈拱腰形,臂距差朝负值方向增大。

4. 臂距差测量方法

臂距差测量方法有销位法(图2－10－1)和表位法(图2－10－2)。

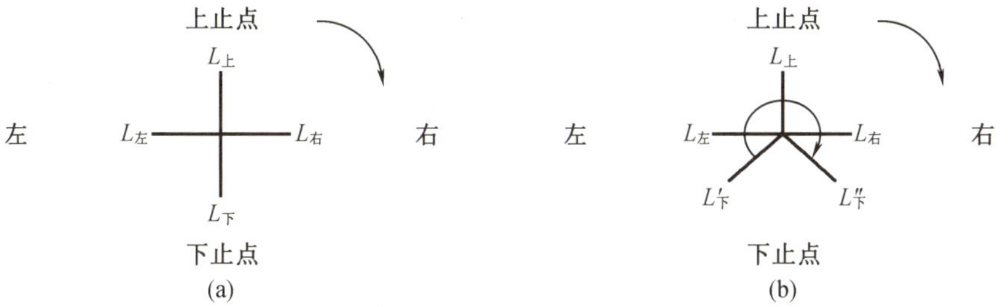

图2－10－1　销位法(按曲柄销所在位置记录测量值)

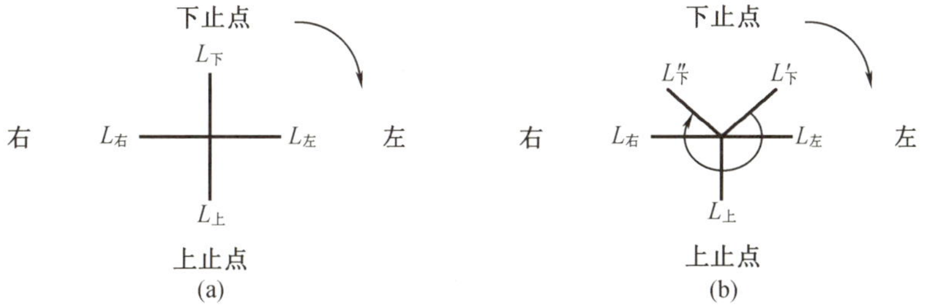

图2－10－2　表位法(按臂距表所在位置记录测量值)

臂距值测量，曲柄转一周，可测得 $L_{上}$、$L_{右}$、$L_{下}$、$L_{左}$。

在船上检测臂距值时，若正向盘车，应在曲柄销位于 195°处装臂距表。反向盘车，应在曲柄销位于 165°处装臂距表。

有连杆状态下，盘车一周可测得曲轴 5 个臂距值；无连杆状态下，盘车一周可测得曲轴 4 个臂距值。

曲轴的臂距差对应着曲柄的变形，若臂距差大于零，则曲柄为下塌腰或右凸；若臂距差小于零，则曲柄的变形为上凸或左凸。

若支承某曲柄的两个主轴承低于其他轴承，则该曲柄的变形为下凸。

若支承某曲柄的两个主轴承高于其他轴承，则该曲柄的变形为上凸。

水平面上的臂距差大于零时，曲柄的变形为右凸。

若支承某主轴承低于其他相邻轴承，则对应的臂距差大于零。

若支承某主轴承右于其他相邻轴承，则对应的臂距差大于零。

飞轮装于曲轴尾端，臂距差向负方向发展，曲柄为拱腰形；飞轮越重，影响越大；飞轮安装时采取反变形工艺以减小影响。

5. 有连杆时，测量臂距值，关于 $L_{下}$ 的计算方法

$L_{下}$代表曲柄销在下止点位置时的臂距值，计算方法如下：

$$L_{下} = (L'_{下} + L''_{下})/2$$

$L_{下} > L_{上}$时，臂距差为负。

$L'_{下}$与 $L''_{下}$是曲柄在下止点前后适当时实测出来的。

盘车一周需测 5 个臂距值。

6. 中国船级社对船舶的曲轴臂距差要求（其中 S 为冲程，单位是 m）

修理后船舶：曲轴臂距差 $<0.125S$(mm)；

营运船舶：曲轴臂距差为$(0.125 \sim 0.25)S$(mm)；

曲轴臂距差 $>0.25S$(mm)，应限期修理；

曲轴臂距差 $>0.30S$(mm)，应立即停航修理。

7. 主轴承高度的判断方法

判断方法如下：分析法；桥规法；臂距差法；经验判断法；简单作图法；MAN B&W 型柴油机作图法。

实训任务2.11　空气分配器、气缸起动阀和安全阀拆装与检修

2.11.1　实训目的

(1)熟悉空气分配器的拆装与检修方法;
(2)熟悉气缸起动阀的拆装与检修方法;
(3)熟悉安全阀的拆装与检修方法。

2.11.2　实训内容

拆卸解体空气分配器,检查修理后装复;拆卸并解体气缸起动阀,检查研磨后装复;拆卸安全阀,解体检查、调整启阀压力后装复。

2.11.3　实训工具、仪表和备件

(1)常用开口扳手、梅花扳手、套筒扳手一套;
(2)研磨砂若干;
(3)安全阀试压工具一套。

2.11.4　实训指导

1. 拆装要点

拆卸或装配程序正确,拆装工艺方法得当,符合技术规范;工具整理、放妥;工具的选取、使用正确得当;启阀压力检验操作正确;安全阀启阀压力调整操作正确,工艺方法得当,符合技术规范。

2. 拆装步骤

(1)MAN B&W 系列柴油机空气分配器的拆装与检修

①安全措施:停车,锁住起动机构,关闭起动空气,啮合盘车机。

②空气分配器检查:

a. 盘车带动 No. 1 气缸的活塞,使其位于上止点,用死点规检查;

b. 拆去空气分配座的小端盖(图 2 - 11 - 1)。

③检查起动凸轮上的 TDC(上止点)标记是否在 No. 1 滑阀的垂直下方位置(图 2 - 11 - 2)。

④若有必要,则通过拧松起动凸轮中心的螺钉来使起动凸轮标记处在上述位置,然后再拧紧螺钉(图 2 - 11 - 3)。

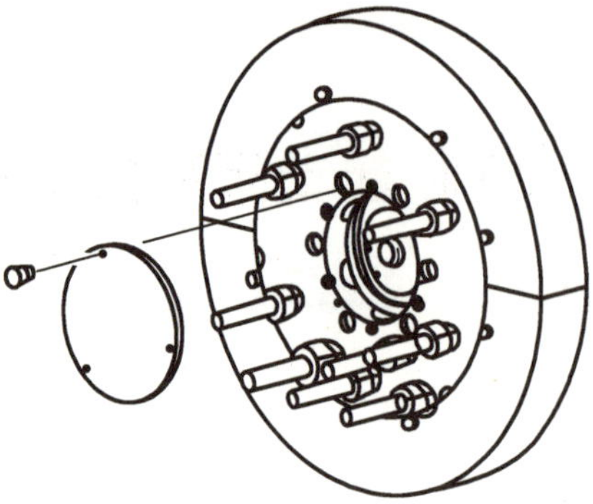

图 2-11-1　拆去小端盖

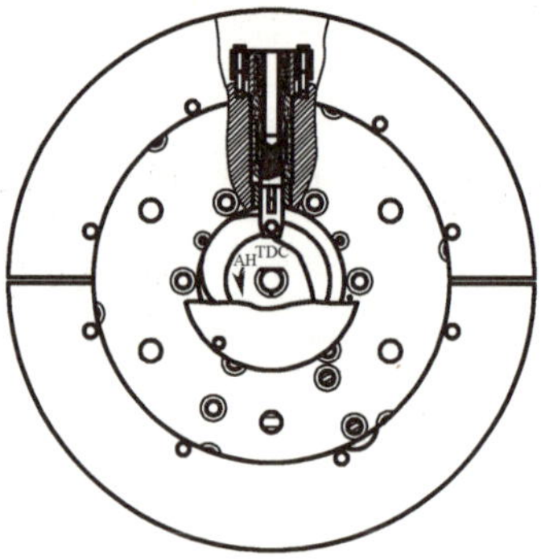

图 2-11-2　检查 TDC 标记

(2)空气分配器检修

①封住主起动空气和控制空气,若无法做到,则用锁定机构将主起动阀锁定在关闭位置。

②拆去到空气分配器的所有管子,松掉并拆去大、小盖板的螺钉,拆去端盖(图 2-11-4);转动凸轮轴,使起动凸轮的槽口正对滑阀上的销(图 2-11-5)。

③拆去有问题的滑阀上的螺钉及盖板,再拆去滑阀的导向螺钉(图 2-11-6)。

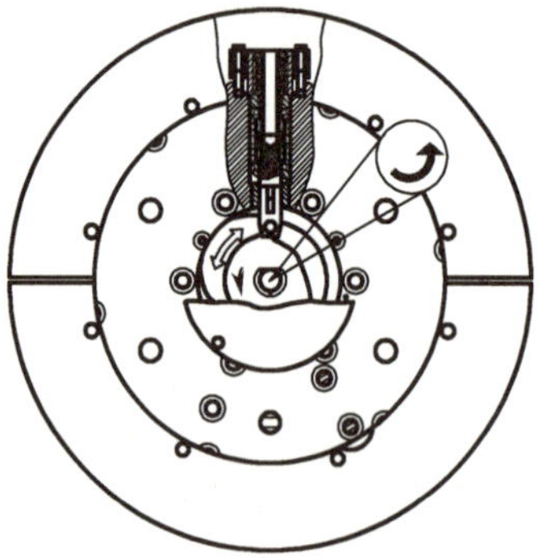

图 2-11-3　拧紧螺钉

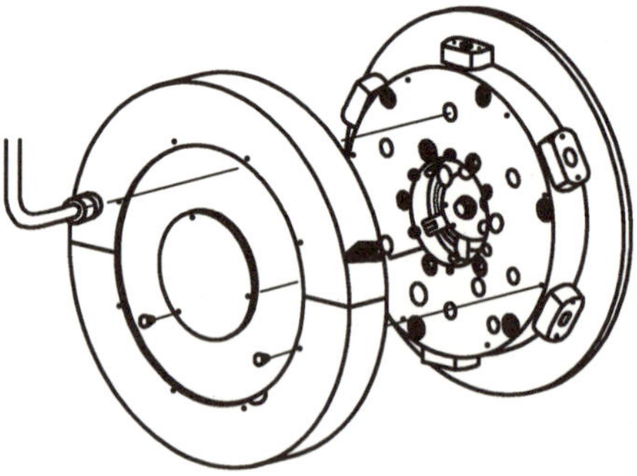

图 2-11-4　拆去端盖

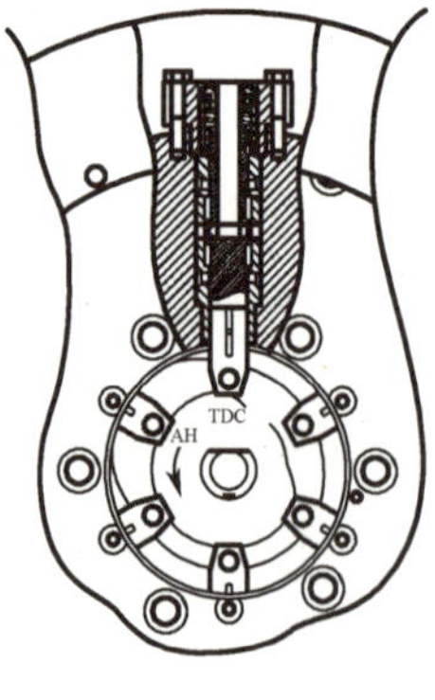

图 2-11-5　槽口正对滑阀上的销

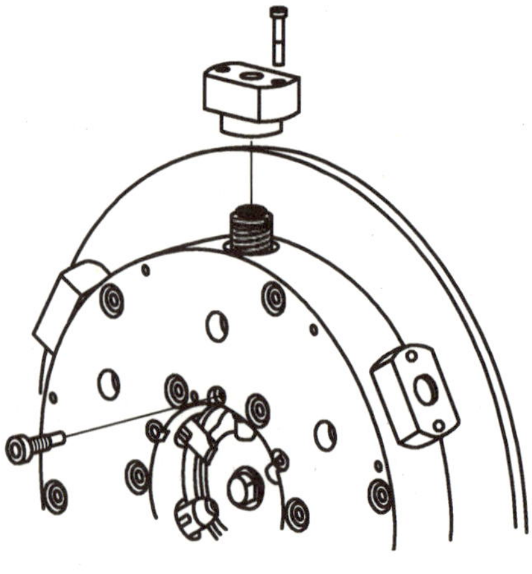

图 2-11-6　拆去滑阀的导向螺钉

④用黄铜棒从分配器座上拆去滑阀总成(图 2-11-7)(带弹簧和上衬套),压缩弹簧拆去锁定环(图 2-11-8)。

⑤拆去上弹簧座弹簧、下弹簧座和上衬套(图 2-11-9)。

⑥清洁滑阀各滑动表面,各部件用二硫化钼润滑,清洁衬套和空气分配器座,检查滑阀是否在衬套内运动自由。

⑦在滑阀上安装上衬套、下弹簧座弹簧和上弹簧座(图 2-11-10);压缩弹簧安装弹簧锁定环(图 2-11-11)。

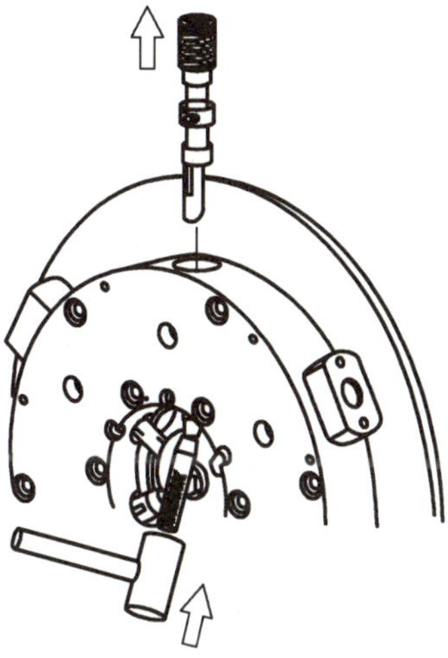

图 2-11-7　拆去滑阀总成

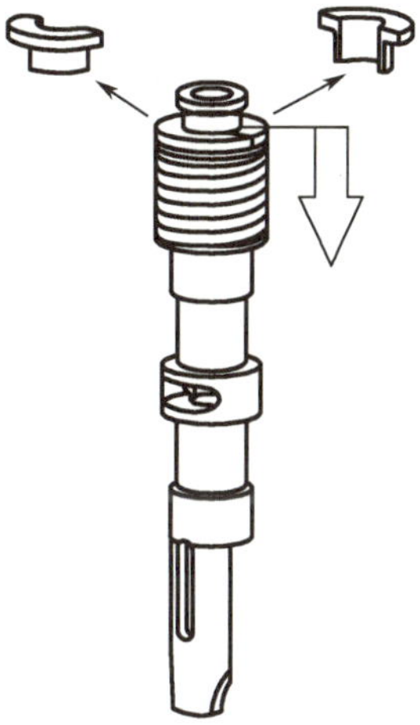

图 2-11-8　拆去锁定环

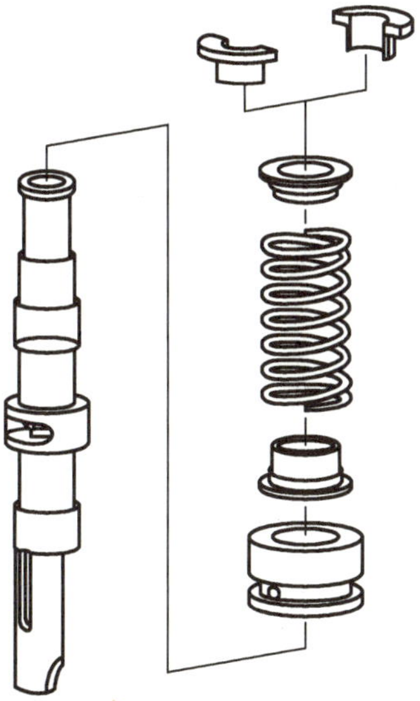

图 2-11-9　拆去上弹簧座弹簧、下弹簧座和上衬套

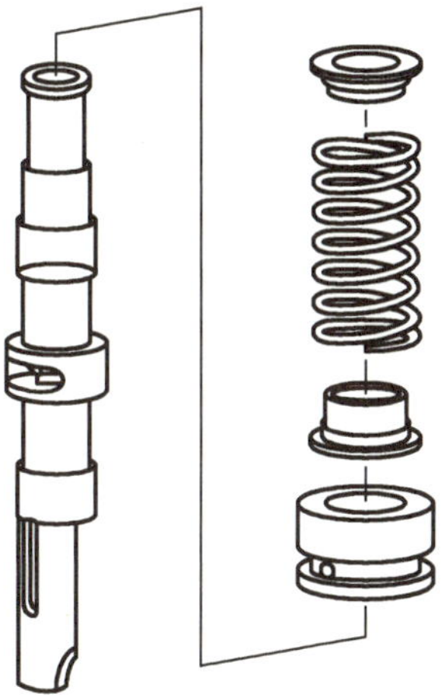

图 2-11-10　安装上衬套、下弹簧座弹簧和上弹簧座

⑧用钢棒将滑阀总成装入空气分配器座中，安装时检查凸轮上的槽口是否正对滑阀销，用二硫化钼润滑凸轮上的导槽（图 2－11－12）。

⑨装妥滑阀导向螺钉和滑阀顶部的盖板及螺钉（图 2－11－13）。

⑩安装两端盖连接起动空气和控制空气（图 2－11－14）。

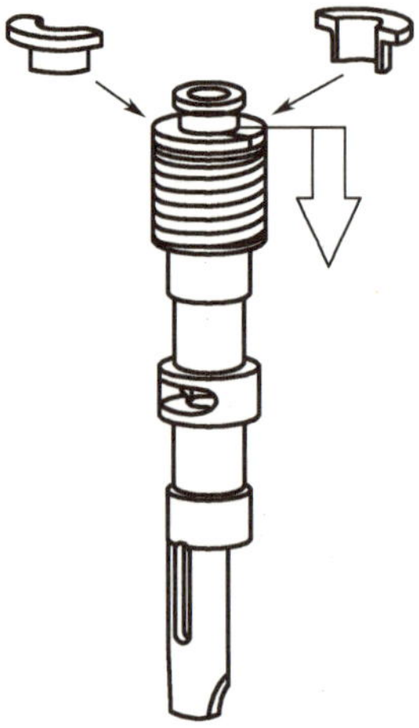

图 2－11－11　安装弹簧锁定环

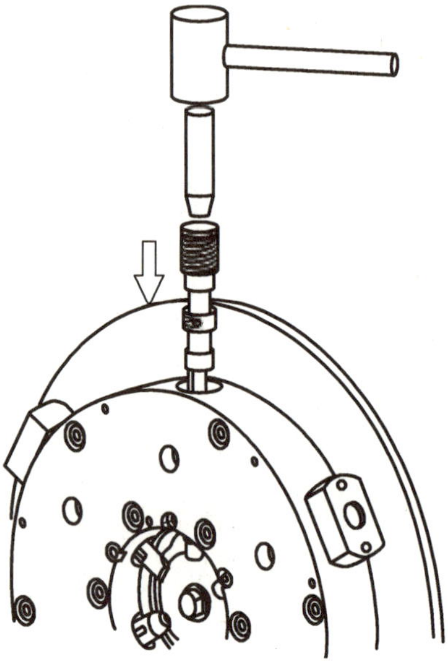

图 2－11－12　将滑阀总成装入空气分配器座中

图 2－11－13　装滑阀导向螺钉和滑阀顶部的盖板及螺钉

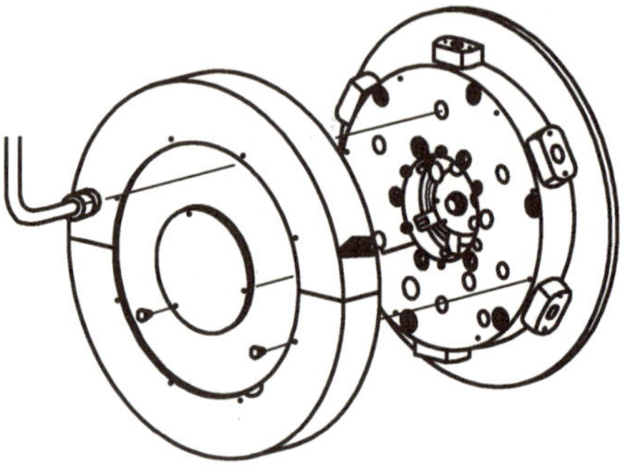

图 2－11－14　安装两端盖

（3）MAN B&W 系列柴油机气缸起动阀的拆装与检修

①安全措施：停车、锁住起动机构、关闭起动空气。

②气缸起动阀拆卸。

a. 拆去气缸起动阀，将工作空气接到阀顶的控制空气进口检查阀开启 15～20 mm；

b. 切断空气来源,检查阀的密封性;

c. 重复检查 1 ~2 次。

③起动空气阀检修。

a. 切断起动空气和控制空气入口,拆去控制空气管路,在阀顶安装两只吊环螺栓,并在其中穿好钢绳,拆去起动阀法兰的固定螺母(图 2 –11 –15)。

b. 吊离起动阀,水平放置起动阀至带有铁卡爪的工作台位上,拆去并报废阀座密封垫圈,松掉并拆去顶盖的螺钉,拆去顶盖(图 2 –11 –16)。

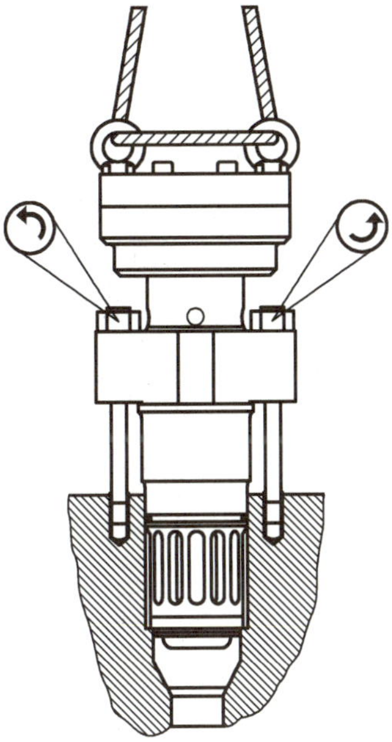

图 2 –11 –15 安装吊环螺栓,穿好钢绳,拆去固定螺母

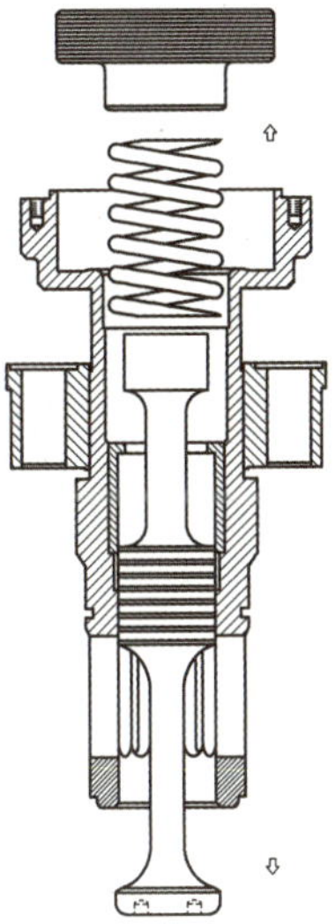

图 2 –11 –16 拆去顶盖

c. 拧松活塞与阀杆的连接螺钉时,用端面板作支架,拆去该连接螺钉。拆卸螺钉时,由于阀座内弹簧弹力作用,活塞将部分被顶出阀座。

d. 从阀座上部拆去活塞,从阀座下部拆出阀杆、从阀座上部拆出弹簧。

e. 加研磨膏,如 200 号碳化硅研磨膏,用研磨环研磨阀体座面(图 2 –11 –17);用端面扳手转动阀杆,研磨与阀座座面相配合的阀杆面,研磨时加 500 号碳化硅研磨膏(图 2 –11 –18)。

f. 在柴油或煤油中全面清洁阀座和其他部件,用二硫化钼润滑内部物件和滑油表面,装入阀杆弹簧,最后在阀杆顶部装上活塞(图 2 –11 –19)。

g. 安装垫片和螺钉,拧紧螺栓活塞将压缩弹簧,不断拧紧螺栓直至活塞快要与阀杆相碰时,用端面板作为支承,锁紧螺栓。

h. 安装并上紧顶盖,在阀座上安装新的 O 形密封圈(图 2 –11 –20)。

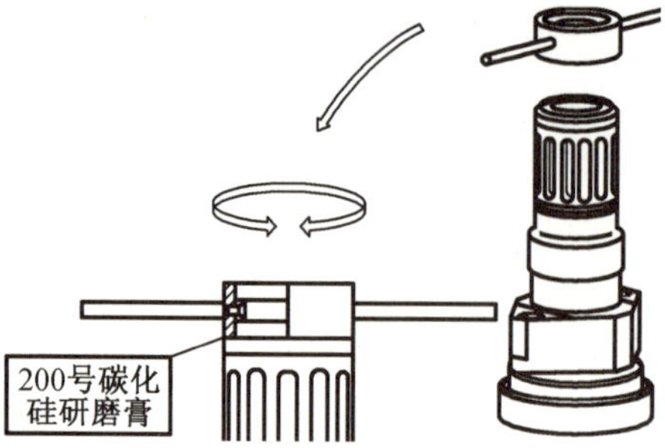

图 2-11-17　研磨阀体座面

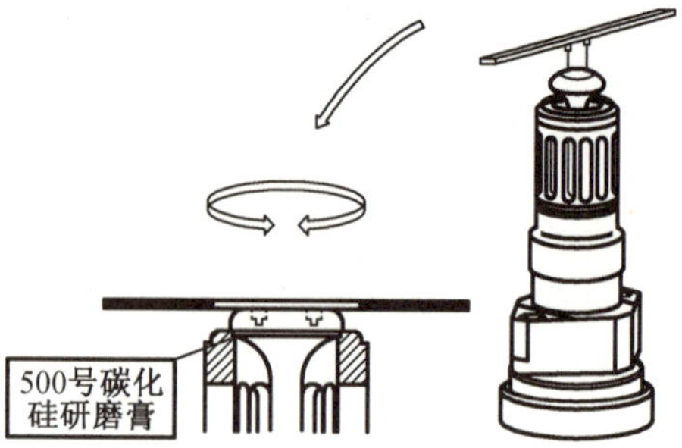

图 2-11-18　研磨与阀座座面相配合的阀杆面

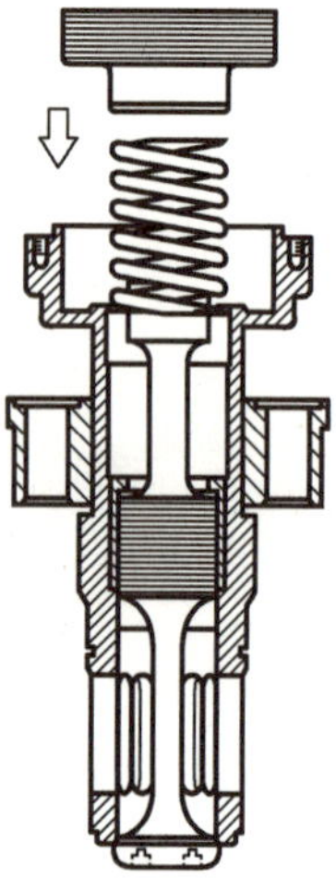

图 2-11-19　装入阀杆弹簧、活塞

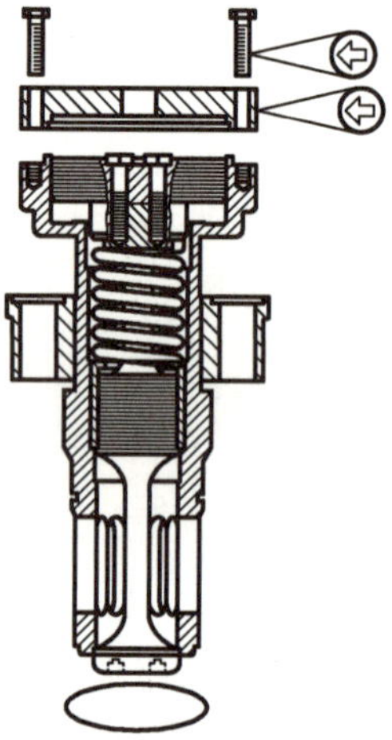

图 2-11-20　上紧顶盖，安装新 O 形密封圈

i. 检查气缸起动阀，若气缸起动阀没有立即装上柴油机，则在整个贮放期间，所有开口都应用塑料布封住，以防灰尘进入。

(4)气缸起动阀安装

①仔细清洁气缸盖内的起动阀孔，若有必要，则重新修理阀座；在修检的起动阀上装好 O 形密封圈并用二硫化钼润滑(图 2-11-21)。

②在气缸盖上装上起动阀。安装螺母并分三步拧紧到 40°；重新拧松螺母，再重复上述步骤，拧紧角度至紧固角度 60°。安装控制空气管路，并接通起动空气和控制空气(图 2-11-22)。

(5)MAN B&W 系列柴油机安全阀(图 2-11-23)的拆装与检修

①安全措施：停机，锁住起动机构，关闭起动空气供应。

②安全阀的拆卸：从气缸盖上拆除安全阀，去除和报废软钢盘。

(6)安全阀检修(图 2-11-24)

①必要时拆除安全阀，并用汽油或者煤油清洁所有部件。

②应分两步安装安全阀，将阀瓣和止退环装入阀导杆，并一同旋进阀壳中，按阀座的拧紧扭矩 45 N·m 拧紧阀壳后松开，并再次按照阀座的拧紧扭矩 45 N·m 拧紧阀壳。

③安装阀轴、弹簧、调节螺钉和锁紧螺母。

(7)调整安全阀开启压力(图 2-11-25)

①把安全阀装到试验装置中,将试验装置和液压油泵接通。

②松开安全阀上的锁紧螺母,旋转调节螺钉使阀刚好关闭。

③从阀和软管中抽油,直到有油流出但无气泡从安全阀开口中流出为止。

④拧紧安全阀的调节螺钉,直到指示压力达到说明书数据表的正确值为止[开启压力为(200 ±5) bar①]。

⑤拧紧锁紧螺母,试验开启压力符合说明书要求的数值后,从试验装置上拆下安全阀。

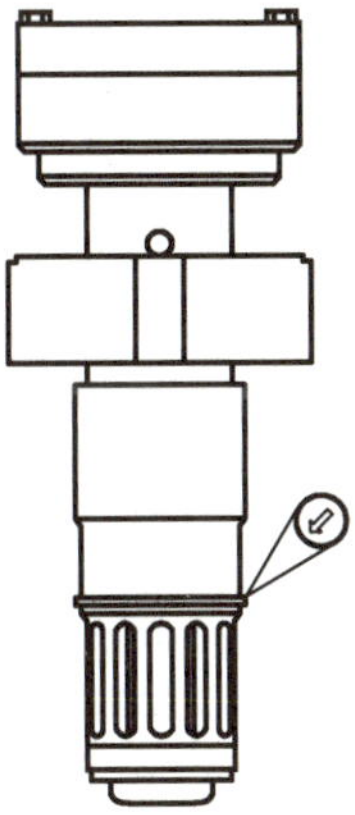

图 2-11-21　装 O 形密封圈并润滑

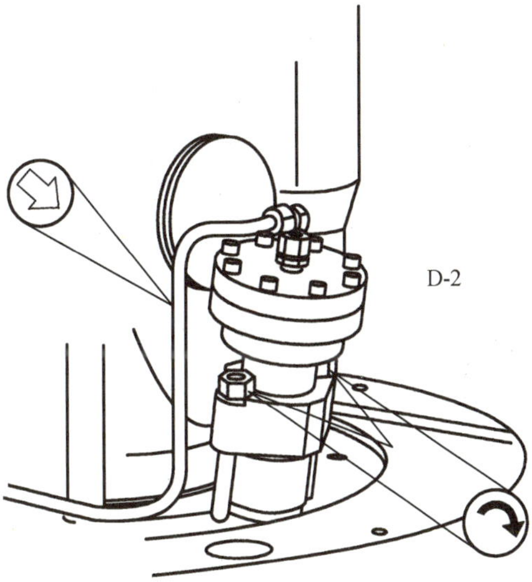

图 2-11-22　安装控制空气管路

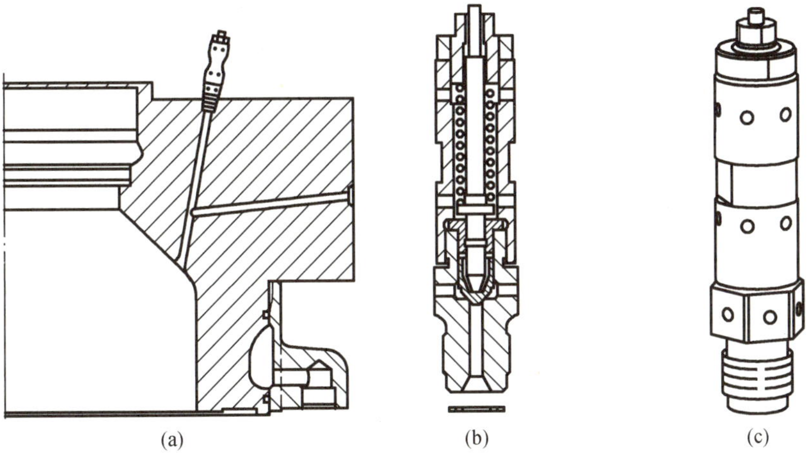

图 2-11-23　MAN B&W 系列柴油机安全阀

① 1 bar = 10^5 Pa。

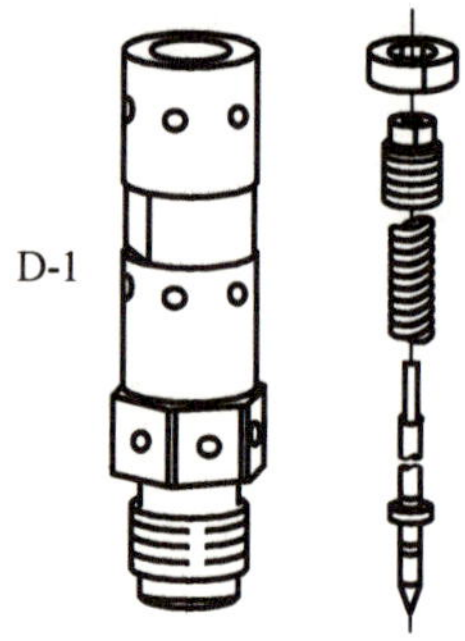

图 2-11-24　安全阀检修

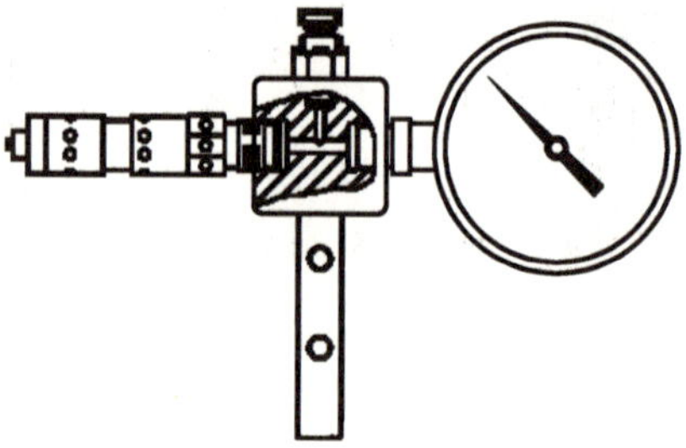

图 2-11-25　调整安全阀开启压力

(8)安全阀的安装

①清洁气缸盖上的孔,并把它吹干净,清洗螺纹和密封表面。

②安装一个新的或维修好的安全阀,并在孔内装入新的软钢盘;当在气缸盖上安装安全阀时,只能在安全阀的六角螺母上使用工具。

2.11.5　实训步骤

按照拆装步骤分别拆卸空气分配器、气缸起动阀和安全阀,检查各拆卸部件的状况,进行修理后装复,并将检查和修理情况填入表 2-11-1 中。

表 2-11-1　空气分配器、气缸起动阀及安全阀检查记录表

<table>
<tr><td>测量者</td><td colspan="2"></td><td colspan="2">柴油机型号</td><td colspan="2"></td><td colspan="2">测量日期</td><td colspan="2"></td></tr>
<tr><td rowspan="2">空气分配器
检查情况</td><td colspan="3">No. 1 气缸活塞位置</td><td colspan="2">滑阀状况</td><td colspan="2">弹簧检查</td><td colspan="3">清洁情况</td></tr>
<tr><td colspan="3"></td><td colspan="2"></td><td colspan="2"></td><td colspan="3"></td></tr>
<tr><td rowspan="2">气缸起动阀
检查情况</td><td colspan="2">No. 1</td><td colspan="2">No. 2</td><td colspan="2">No. 3</td><td>No. 4</td><td colspan="2">No. 5</td><td>No. 6</td></tr>
<tr><td colspan="2"></td><td colspan="2"></td><td colspan="2"></td><td></td><td colspan="2"></td><td></td></tr>
<tr><td rowspan="2">安全阀检查情况
(开启压力/bar)</td><td colspan="2">No. 1</td><td colspan="2">No. 2</td><td colspan="2">No. 3</td><td>No. 4</td><td colspan="2">No. 5</td><td>No. 6</td></tr>
<tr><td colspan="2"></td><td colspan="2"></td><td colspan="2"></td><td></td><td colspan="2"></td><td></td></tr>
</table>

2.11.6　思考题

1. 气缸起动阀有哪些要求?

2. 主起动阀作用是什么? 有何要求?

2.11.7 相关知识点

1. 气缸起动阀的几种主要类型

(1)单向阀式:用于中小型柴油机。

(2)气压控制式:用于大型柴油机,按启阀气路的不同分为单气路控制式和双气路控制式两种。

①单气路控制式

特点:属平衡式起动阀,启阀活塞为单级平面式,面积大。

优点:开关迅速 ,起动空气消耗少,结构简单。

缺点:阀盘与阀面撞击严重,易磨损,易发生燃气倒冲,不能兼顾起动和制动两方面要求。

用途:MAN、B&W、MAN B&W 型柴油机。

②双气路控制式

特点:属平衡式起动阀,启阀活塞为分级活塞式。

优点:兼顾柴油机的起动和制动要求(气缸内压力超过起动空气压力能自动关闭)。

缺点:结构复杂。

用途:仅用于 SULZER 柴油机。

2. 主起动阀的几种类型

(1)均衡式:靠气压开阀。

(2)非均衡式:靠泄放气压开阀,大型低速机多用。

①带慢转阀的柴油机慢转转速通常为 5 ~ 10 r/min。

②如柴油机停车超过 30 min,应利用慢转阀使主机至少慢转一圈。

(3)MAN B&W 的 MC 系列柴油机中采用的一种球阀式主起动阀。

3. 空气分配器的种类及作用

空气分配器按发火顺序及起动定时控制气缸起动阀开关,按结构分为回转(分配盘)式和柱塞式。

(1)回转式:多用于中高速机,六缸机有一个控制气口和六个出气口,拆装后重新装配时应使与分配盘上的椭圆孔所连通的气缸正处于膨胀行程。

(2)柱塞式:多用于大中型机。

①按排列结构分为单体式和组合式。组合圆列式,各缸统一由一个起动凸轮控制,滑阀需要按发火顺序排列。

②按控制气路分为单气路式和双气路式。

单气路式:与单气路气缸起动阀相配,滑阀套上有 4 个气孔。

双气路式:与双气路气缸起动阀相配,不起动时在弹簧作用下滑阀和滚轮脱离(图 2 - 11 - 26)。

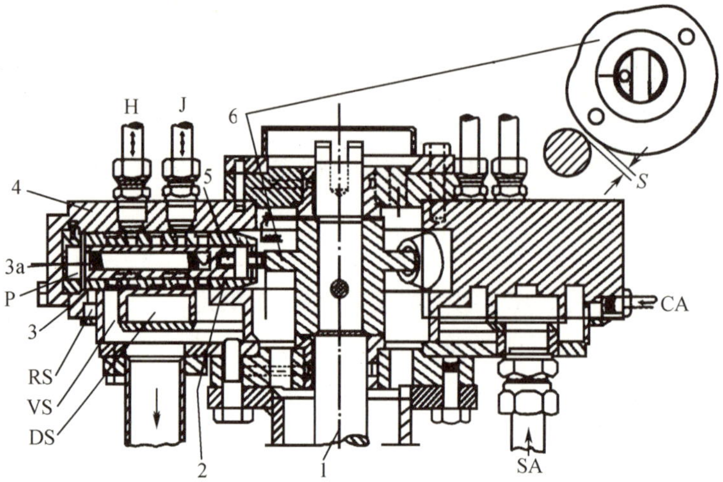

1—轴;2—滑阀套;3—控制滑阀;3a—弹簧;4—外壳;5—滚轮;6—起动凸轮;CA—控制空气管;SA—供气管;DS—分配器空腔;VS—放气空腔;RS,P—压力空腔;H—起动阀开启管;J—起动阀关闭管;S—间隙。

图 2-11-26 双气路式空气分配器

4. 保证柴油机起动的条件

为了保证柴油机有效、可靠地起动,必须具备以下三个条件。

(1)压缩空气应具有一定的压力和一定的储量

柴油机起动的空气压力并不一定需要 3.0 MPa,在中、低速柴油机中,此压力一般为 1.5~3.0 MPa,新型柴油机起动空气的压力约为 1.0 MPa。按《钢质海船入级规范(2021)》要求,供主机起动用的空气瓶至少有两个,起动空气压力应保持在 2.5~3.0 MPa,空气瓶的容量必须能保证在不补充空气的情况下,冷车、正倒车交替连续起动不少于 12 次(不可换向主机为 6 次),保证船舶机动操纵的要求。

(2)起动定时主要与柴油机的类型有关

①船用大型低速二冲程柴油机气缸起动阀通常在上止点前 5°曲轴转角向气缸供气,上止点后 100°曲轴转角结束,进气延续角一般不超过 120°曲轴转角;

②中高速四冲程柴油机气缸起动阀通常在上止点前 5°~10°曲轴转角开启,进气延续角一般不超过 140°曲轴转角。

(3)必须保证最少气缸数 i

二冲程柴油机不少于 4 缸($i=360°/100°$),四冲程柴油机不少于 6 缸($i=720°/140°$)。

5. 柴油机的基本规范要求

(1)机架和机座

柴油机的机架和机座应进行消除内应力的时效处理,采用焊接结构时,应符合有关规定。

主机基座应有足够的刚性,并用螺栓或螺栓及止推板等方法可靠地固定在具有足够刚性的船舶基座上,额定功率小于 220 kW 的主机机座和齿轮箱座应尽可能采用公共机座。

如仅采用螺栓固定时,其紧配螺栓的数量一般不少于总数的15%。

额定功率大于220 kW柴油机的机座垫片,钢垫片厚度一般不小于12 mm,铸铁垫片厚度一般不小于20 mm,且垫片斜度一般不大于1%。额定功率小于或等于220 kW柴油机垫片的厚度可适当减小。

柴油机机座采用浇注型环氧树脂垫片安装时,其材料的配方及浇注工艺应经验船部门同意。

(2)示功阀及仪表

气缸直径大于200 mm的柴油机,每个气缸盖上应装有示功阀。

气缸直径等于和大于200 mm的柴油机,每缸应装有测量排气温度的仪表。

(3)气缸安全阀

气缸直径大于230 mm的柴油机,每个气缸盖上应装有安全阀,安全阀的开启压力应不大于最高燃烧压力的1.4倍,安全阀排气口的位置应使排出的气体不致造成危害。

(4)曲轴箱及防爆门

曲轴箱和曲轴箱门必须有足够的强度,且曲轴箱门必须可靠地固定,以免曲轴箱爆炸时脱开。曲轴箱防爆门必须经形式认可,其结构应能在排出气体后迅速关闭,以防止空气随后冲入。防爆门的开启压力应不大于0.02 MPa。

防爆门应用韧性材料制成,以使其全开时能经受与限制器的冲撞。

防爆门的排放处应设防火罩屏蔽或采用阻火装置,以尽可能减少窜出的火焰造成危害。

气缸直径不大于200 mm且曲轴箱总容积不大于0.6 m^3的柴油机,可以不设防爆门。

气缸直径大于200 mm,但不超过250 mm的柴油机,靠近曲轴箱的两端至少各装有一个防爆门。柴油机曲拐数超过8个时,则应在靠近柴油机中部处增设一个防爆门。

气缸直径大于250 mm,但不超过300 mm的柴油机,每隔一个曲拐至少应装一个防爆门,但其总数不少于两个,若曲拐数为奇数,则防爆门应从端部设起。

气缸直径大于300 mm的柴油机,每一个曲拐至少应装一个防爆门。

对于总容积大于0.6 m^3的曲轴箱分隔空间,例如凸轮轴或其他类似装置的齿轮箱或链条箱,也应设置防爆门。

每台柴油机曲轴箱上所设防爆门的总通流面积按曲轴箱总容积计算,每1 m^3曲轴箱总容面积应不小于115 cm^2,且每个防爆门的通流面积应不小于45 cm^2。

在确定曲轴箱总容积时,可扣除曲轴箱内各部件所占的容积。

按上述要求设置的每个防爆门可由不多于两个小面积的防爆门代替,但每个小防爆门的通流面积应不小于45 cm^2。

(5)透气管

曲轴箱设有透气管时,透气管尺寸应尽可能小,使得一旦发生爆炸后冲入的空气量减至最少。主机曲轴箱的透气管应引向甲板上的安全部位或其他经认可的位置。

设有强制抽气装置(例如探测油污)的曲轴箱,曲轴箱内的真空度应不大于250 Pa。

从柴油机油底壳引出泄油柜的润滑泄放管的出口端应浸没在油液中。

设有两台或两台以上的柴油机，其所设透气管和润滑油泄放管应互为独立。

(6)高压燃油管

气缸直径等于和大于 250 mm 的主、辅柴油机，其高压燃油管应可靠地加以固定和围护，以防止燃油或油雾喷射到机器或其他周围处所的着火源。所漏出的燃油应泄至适当的集油柜中。对于无人机舱的柴油机，则不论其缸径的大小，高压燃油管均应予以围护。采用软管进行围护时，软管应为认可形式。

(7)报警

建议柴油机曲轴箱设置油雾浓度或轴承温度控制系统及其他等效的报警装置，以作为减少爆炸事故的设施。

(8)警示标志

在机舱的醒目部位，如柴油机两侧曲轴箱门或机舱控制台上，应设有警示标志，指出不应在柴油机停车后立即打开曲轴箱门或观察孔，应在曲轴箱充分冷却后再打开。

项目三

分油机的拆装

实训任务3.1　分油机的解体、检查修理与装复

3.1.1　实训目的

(1)熟悉分离筒及其附件的拆装和检修方法;

(2)熟悉分离盘片的拆装和清洗方法;

(3)熟悉配水盘、导水座的拆装与检修方法;

(4)了解比重环的选择与更换方法。

3.1.2　实训内容

拆卸解体分油机,检查分油机各零部件的情况;清洗分离片,检查更换各密封件。

3.1.3　实训工具、仪表和备件

(1)常用开口扳手、梅花扳手、套筒扳手一套;

(2)分油机拆装专用工具一套;

(3)分离片清洗剂或柴油若干;

(4)分油机专用密封件一套。

3.1.4　实训指导

1. 拆装要点

拆装工具的选取、使用正确得当;拆装程序正确;工艺方法得当,符合技术规范;工具整理、放妥。

2. 拆装步骤

图3-1-1所示为分离筒装配图。

(1)拆装前准备

在解体分离筒前,应首先使分油机完全停止并固定,并准备好拆装所需的场地和工具

等。拆装前必须切断电源，挂警示牌并备妥拆卸工具。

(2)拆卸、解体与装复过程

①关闭分油机各水路和油路上的阀门。

②拆除与分油机相连接的外部油管和水管。

③打开分油机上的盖罩并用锁扣锁固在分油机本体上，以防止盖罩在船舶摇摆时落下而伤人或损坏设备；用止动装置固定分离筒；然后用拆比重环锁环的专用工具顺时针旋掉比重环的锁环，取下比重环。

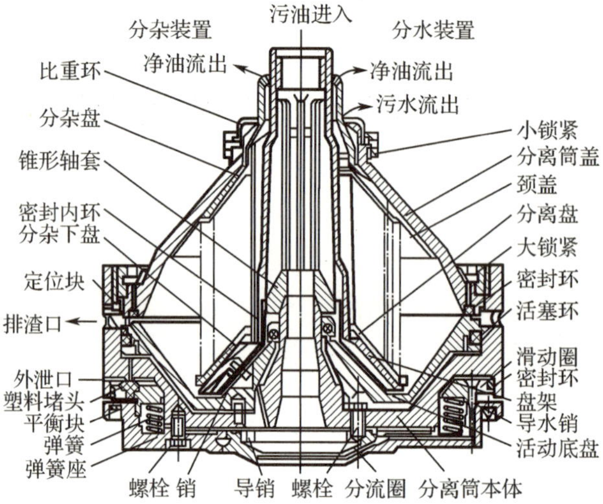

图 3－1－1　分离筒装配图

④把拆分离筒盖锁紧环的专用工具套在分离筒盖锁紧环上的凹槽内，用锤子顺时针方向打击专用工具的手柄，待其完全松动后，旋下分离筒盖锁紧环。

⑤把分离筒起吊专用工具旋入污油入口处的螺纹上，用手拉葫芦吊出分离筒盖，拿掉颈盖。

⑥取出分离盘，拿出盘架，检查分离盘片的状况，清洁分离盘片。

⑦顺时针旋掉立轴螺母，拿掉锥形盘架支座。

⑧吊出活塞（即活动底盘）。

⑨拧出分离筒底部的三只螺栓，即可从分油机壳体内吊出分离筒本体。

⑩将分离筒倒置，松掉弹簧座上的六只固定螺栓，拿掉弹簧座和复位弹簧(16 只)。

⑪取出滑动圈，取出滑动圈橡皮圈。

⑫拆除配水盘上的紧固螺母，拆出配水盘和分流圈。检查分流圈的橡皮圈密封状况。

⑬分油机分流圈橡皮圈更换。

a. 按备件说明书的要求选择橡皮圈，注意选用的分流圈尺寸得当。

b. 清洁橡皮圈环槽，保证新装橡皮圈要与环槽配合适宜。为了安装方便，可以在橡皮圈外周涂一层牛油。

c. 取出分流圈的橡皮圈后，新装上的分流圈的橡皮圈放在槽内要注意平整，不能有扭转现象，而且尺寸要合适。

⑭按后拆先装的顺序将分油机装复。

⑮装复后进行试运转并进行排渣操作。

3.1.5　实训步骤

按照拆装步骤拆卸分油机、检查分油机各零部件的情况，并将检查和修理情况填入表3－1－1中。

表3－1－1　分油机拆装检查记录表

操作者		分油机型号		拆装日期	
分离盘片检查状况					
密封件检查更换状况					
弹簧状况检查					

3.1.6　思考题

1. 分油机中有哪些部件是反向上紧的，为什么？
2. 分离盘在拆装和清洗中应注意哪些问题？

3.1.7　相关知识点

1. 分离筒装复注意事项

(1)仔细清洗分离筒的所有零件，检查各密封环的完好性，并疏通各通道和小孔，特别是分离筒活动底盘的阻尼孔；

(2)分离筒部件刻有记号，装配时，不能随意更换零件，必须对准原来的装配记号；

(3)决不允许将其他分油机分离筒上的零件装到另一台分离筒上，否则分离筒的平衡受到破坏，分油机工作时将产生强烈的振动；

(4)装活动底盘要注意选用专用工具，注意对准记号，活动底盘的定位销孔对准分离筒本体上的定位销时，活动底盘方可落座。

2. 分油机分流圈的更换注意事项

注意选用的分流圈尺寸得当；取出分流圈后，新装上的分流圈放在槽内要注意平整而且合适。

项目四

泵浦的拆装

实训任务4.1 离心泵拆装、检查与测量

4.1.1 实训目的

（1）熟悉离心泵的结构及拆装方法；
（2）了解离心泵叶轮状况的检查；
（3）了解离心泵轴和轴承的拆装与修理方法。

4.1.2 实训内容

拆卸解体离心泵，检查叶轮状况，测量密封环间隙，检查更换各密封件。

4.1.3 实训工具、仪表和备件

（1）常用开口扳手、梅花扳手、套筒扳手一套；
（2）拉马一个；
（3）外径千分尺、内径百分表各一把；
（4）离心泵密封件一套。

4.1.4 实训指导

1. 拆装要点

拆装工具的选取、使用正确得当；拆装程序正确；工艺方法得当，符合技术规范；工具整理、放妥。

2. 拆装步骤

（1）离心泵的拆卸

离心泵的基本结构如图 4-1-1 所示，拆卸时，应根据泵的具体结构和说明书的有关要求进行。拆卸前应注意对一些重要部件做好记号，以备装复时定位；拆卸的零部件应妥善安放，以防丢失；对各接合面和易于碰伤的地方，应采取必要的保护措施。

①在进行离心泵解体之前，首先必须确认电动机的电源已切断，并在其电器控制箱操纵开关处挂上“严禁合闸”或类似的警告牌。

②关闭吸、排管路上的截止阀。

③将电动机的接线脱开，在联轴节处做好记号，拆除固定电动机的螺栓和弹性联轴节螺栓，然后将电动机卸下。

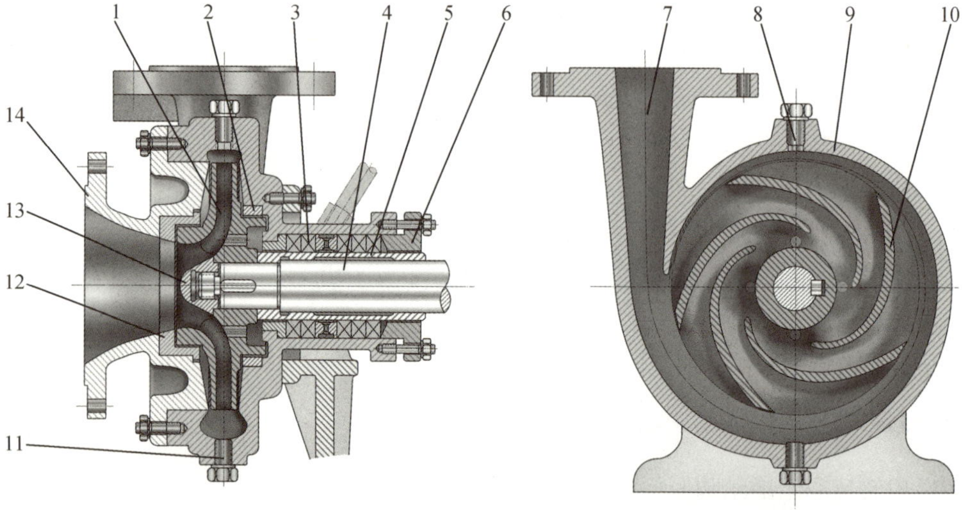

1—叶轮；2—平衡环；3—填料；4—泵轴；5—轴套；6—填料压盖；7—扩压管；8—固定螺母；9—泵壳；10—叶片；11—放水螺帽；12—阻漏环；13—反向螺母；14—吸入接管。

图 4－1－1　离心泵的基本结构

④拆开排水管接管，拆去进水弯管和进水盖及固定其上的阻漏环，拆去泵体结构中的可拆除部分，若锈死，可用手锤、扁铲轻轻敲松后取下。

⑤拆下轴承箱上的所有紧固螺栓，拧松轴承压盖的螺栓，即可将泵轴连同轴承及其端盖、机械式轴封装置和叶轮一起沿轴向取出。

⑥使用专用工具拆卸离心泵叶轮。用专用扳手拆下叶轮前的反扣螺母及止动垫圈（一般反扣螺母是左旋螺纹），取下止动垫圈，叶轮即可从轴上取下，如取不下来，可利用叶轮平衡孔上的丝牙用专用工具将叶轮从轴上取下，具体方法是：将专用工具的两根螺钉拧入叶轮上有丝牙的平衡孔中，丝杆顶正轴端中心，慢慢转动手柄，将叶轮从泵轴上拉出。如果叶轮锈于轴上而拉不动，可在键连接外刷上少量煤油，稍等片刻，即可拉出叶轮，取下叶轮平键。

⑦取下叶轮后，可依次从轴上取出机械式轴封装置的弹簧、动环座及其销钉、胶环、动环、静环和轴承压盖。考虑到动环的材质，解体时必须注意切勿碰撞、敲击或擦伤。

⑧拆下弹性联轴节的固定螺丝，再用拉马把联轴节从轴端慢慢拉出。操作时拉马的丝杠一定要顶正泵轴中心，并使联轴节两侧受力均匀。切忌用手锤猛烈击打，以免造成泵轴、轴承或联轴节的损坏。如拆不下来，可用棉纱蘸上煤油，沿着联轴节的四周使其燃烧，待其均匀受热膨胀后，便容易拆下。注意，加热时应用湿布把泵轴包好，以防止泵轴与联轴节一起受热膨胀。

⑨使用拉马拆卸滚动轴承,先拆下轴承箱上前后两只轴承盖,然后用一木块垫在联轴器端轴头上,用紫铜棒轻轻敲打木块,就可把泵轴连同轴承一起拆下。从轴上取下轴承时要注意不能损伤轴承,一般用专用工具拉马的拉钩钩住滚动轴承内圈,丝杆顶正轴端,慢慢转动手柄,滚动轴承即可被拉下。

离心泵拆卸完毕后,应用轻柴油或煤油将拆卸的零部件清洗干净,按顺序放好,以备检查和测量。

(2)离心泵的安装

离心泵在总装前,应首先装复转子部分。装复前应将轴和滚动轴承等进行仔细清洁。特别是后者,应转动自由,工作无声,并涂好油脂。装后最好用千分表逐一检查叶轮、轴套、定位套的同轴度。一般轴套、定位套的位置,其误差应不超过 0.01 mm;平衡盘的位置,其误差应不超过 0.06 mm;阻漏环的位置,其误差值则应选择在 0.08 ~0.14 mm。

①将上、下滚动轴承装在轴上,随后装复轴承端盖。

②装复弹性联轴节,应注意保持其端面与轴线的垂直。

③将轴封压盖、密封环(填料)及静环套在轴的下端,然后将动环套用紧密配合推入动环座内,一起装复轴上,同时将动环座用销钉定位在轴上。动环座与轴之间的间隙很小,装复时可加肥皂水或油类润滑。另因这些密封件的工作间隙都很小,安装时应用轻柴油或煤油再次清洗干净(船上油洗后,还应用适当压力的压缩空气吹洗)。

④将机械式密封的弹簧套在轴上,然后将叶轮装复。套上止退垫圈并用反向细牙螺帽进一步固定。

⑤将轴、轴承、机械式密封装置及叶轮一起装入轴承座内,上好另一半轴承箱并用螺栓把紧,然后用手轻轻地转动轴,以手感轻快为宜。

⑥将泵壳带排水管部分装复并使之与轴承座把紧。

⑦把紧轴封压盖,然后手转泵轴,若手感轻快,说明配合良好。

⑧将泵壳其余部分装复,将阻漏环固定在进水盖上并一起装复,最后装复吸水弯管。

⑨将电动机装复并固定,进行泵和电动机的对中找正。这是一项细致而又重要的工作,万不可因已采用弹性联轴节而轻视校正工作。找正通常以联轴节作为依据,利用直尺和塞尺来进行。找正时应同时转动两轴,并在 0°、90°、180°、270°等位置上,仔细检查两联轴节的高度和彼此间轴向间隙的大小,一般两轴中心线的误差应不超过 0.05 mm。联轴节的轴向距离,考虑到电动机转子的轴向窜动,因泵而异,一般在 2 ~8 mm。

⑩将泵和吸、排管路接通,并再一次复检两轴中心线是否变化,以防止由于受管路牵动而引起新的偏差。

离心泵装复结束后,经检查确认即可进行试车。

4.1.5　实训步骤

按照拆装步骤拆卸离心泵,清洁检查叶轮状况,检查测量相关数据后装复离心泵,并将检查和测量数据填入表 4 -1 -1 中。

表 4-1-1　离心泵检查记录表

<table>
<tr><td>测量者</td><td></td><td>测量日期</td><td></td><td colspan="2">主要部件名称及作用</td></tr>
<tr><td>离心泵型号</td><td></td><td>离心泵类型</td><td></td><td>名称</td><td>作用</td></tr>
<tr><td colspan="2">叶轮外观检查情况</td><td colspan="2"></td><td rowspan="7"></td><td rowspan="7"></td></tr>
<tr><td colspan="2">泵轴检查情况</td><td colspan="2"></td></tr>
<tr><td colspan="2">轴封(盘根)检查情况</td><td colspan="2"></td></tr>
<tr><td rowspan="4">密封环间隙测量</td><td></td><td>测量点 1</td><td>测量点 2</td></tr>
<tr><td>叶轮外径</td><td></td><td></td></tr>
<tr><td>阻水圈内径</td><td></td><td></td></tr>
<tr><td>间隙</td><td></td><td></td></tr>
</table>

4.1.6　思考题

1. 离心泵组成及主要部件是什么?
2. 离心泵的轴封怎样实现?

4.1.7　相关知识点

1. 离心泵在船上的作用及其特点

离心泵在船上常用作压载水泵、消防泵、海淡水冷却水泵,有的也作为主机滑油泵等。离心泵是一种叶片式泵,它依靠叶轮的高速回转使液体获得能量,产生吸、排,从而达到输送液体的目的。它通常适用于输送温度不高于 70 ℃的海水、淡水以及无显著腐蚀性的其他清洁液体介质。一般离心泵没有自吸能力,在起动前需设法使泵内充满水(称为引水)一般工作扬程升高,流量减小。

实训任务 4.1 离心泵的结构与原理

2. 离心泵的轴向力平衡

单级式叶轮工作时必将受到一个由叶轮后盖板指向叶轮进口端的轴向力。平衡方法:平衡孔或平衡管法、双吸叶轮或叶轮对称布置法、平衡盘法、止推轴承法。

3. 离心泵的检修要点

(1)转向与连接:检修时应注意电动机接线不要接错。泵和电动机应保持良好对中,联轴器不同心度应在 0.1 mm 以内。

(2)重要部件:叶轮、阻漏环、泵轴、轴封是离心泵的重要部件。检修时应对其磨损、腐蚀、变形、损伤和裂纹等给予特别注意。

(3)重要间隙:检查密封环间隙,既不能过小而造成碰擦,也不能过大而造成过量漏泄。密封环间隙过大应更换。检查泵轴与轴承的间隙。轴与轴承的径向间隙一般为 0.03 ~ 0.08 mm,间隙超过磨损极限时,应换新。

4. 离心泵拆装要点

(1)泵检修装复后,用手转动泵轴,应转动灵活,没有碰擦。

(2)对于立式离心泵而言,拆卸的顺序是由上至下,即按照电动机、联轴节、轴承座、泵体上盖的顺序进行拆卸。对于卧式离心泵而言,则有两种情况:第一种情况是从电动机端开始拆卸,最后只剩下最顶端的泵壳;另一种情况是从泵壳端开始拆卸,无须移动电动机。

(3)拆卸过程中还应做好相关部件的标记工作,如联轴节法兰处和泵壳接合处,避免装复时因部件的不对称而影响运动部件的对中性。

(4)实际中,泵轴有时因多次拆卸或因与轴承内圈产生相对运动而磨损,如情况不严重,可在轴表面上用样冲打麻点,以增加轴颈和轴承内圈之间的摩擦力,防止轴承内圈在运转中与轴颈产生相对运动。轴承外圈与轴承座之间间隙,可通过加减垫片予以调整。

(5)注意有标记侧向外,便于拆卸时辨认。轴承的安装方法主要有压力法和热膨胀法。对于中小型离心泵可用合适大小的铁管套在轴承内圈上击打或直接用铜棒击打轴承内圈。

(6)轴承及相关部件在轴上安装完毕后,应用手转动,依其活动是否轻快来判断安装是否正确到位。

5. 密封环与叶轮的装配间隙

密封环与叶轮的装配间隙应符合表 4-1-2 规定的要求。

表 4-1-2　密封环与叶轮的装配间隙

单位:mm

密封环内径	安装间隙		修换间隙	极限间隙
	总间隙	半径方向允许间隙		
≤80	0.28~0.38	0.07~0.31	0.70	1.05
>80~120	0.32~0.43	0.07~0.36	0.80	1.20
>120~150	0.36~0.49	0.08~0.41	0.90	1.35
>150~180	0.39~0.52	0.09~0.43	1.00	1.50
>180~215	0.43~0.58	0.09~0.49	1.10	1.65
>215~250	0.46~0.61	0.10~0.51	1.15	1.73
>250~280	0.50~0.67	0.11~0.56	1.25	1.88
>280~315	0.53~0.70	0.11~0.59	1.35	2.03
>315~355	0.57~0.75	0.12~0.64	1.45	2.18
>355~400	0.62~0.80	0.13~0.67	1.55	2.33
>400~500	0.70~0.90	0.14~0.76	1.75	2.63

6. 离心泵联轴节安装,校中要求

刚性:偏移 0.05~0.10 mm,曲折 0.08~0.15 mm/m;

爪形:偏移 0.06~0.12 mm,曲折 0.15~0.30 mm/m;

弹性:偏移 0.08~0.15 mm,曲折 0.40~0.75 mm/m。

7. 离心泵跳动量要求

立式泵或卧式悬臂泵在组装时,轴承止口或泵盖止口对泵轴的端面或径向跳动量应符合表4-1-3规定的要求。

表4-1-3 离心泵跳动量要求

单位:mm

止口直径	≤50~120	>120~260	>260~500
径向跳动量(公差)	0.060	0.080	0.100
端面跳动量(公差)	0.030	0.040	0.060

实训任务4.2　往复泵拆装、检查与测量

4.2.1　实训目的

(1)熟悉往复泵的结构及拆装方法;
(2)熟悉往复泵泵缸与活塞的测量和检查方法;
(3)熟悉往复泵胶木胀圈的检查和更换方法;
(4)熟悉往复泵吸、排阀的拆装和研磨方法。

4.2.2　实训内容

拆卸解体往复泵,检查吸排阀、胶木胀圈的状况,测量泵缸与活塞,检查更换各密封件。

4.2.3　实训工具、仪表和备件

(1)常用开口扳手、梅花扳手、套筒扳手及扭力扳手一套;
(2)研磨平板一个,研磨砂若干;
(3)外径千分尺、内径百分表及游标卡尺各一把;
(4)往复泵胶木胀圈及密封件一套。

4.2.4　实训指导

1. 拆装要点

工具、量具的选取、使用正确得当;正确测量环搭口间隙;正确测量胀圈槽的深度和胀圈厚度;正确测量胀圈搭口角度;正确测量胀圈的天地间隙;工艺方法得当,符合技术规范;工具整理、放妥。

2. 拆装步骤

(1)往复泵的拆卸

①切断电源,关闭吸排管路上的截止阀。
②旋开滑油箱底部的放油旋塞,放光滑油,拆下滑油系统各管路。
③脱开电机接线,卸下皮带,拆下电机地脚螺丝栓,取下电机。
④松脱活塞杆与十字头连接调节螺栓。
⑤拆卸往复泵的机架与泵体的连接螺栓,将机架吊走。
⑥松开填料压盖和泵缸盖上的紧固螺帽,取下阀箱盖,取出吸、排水阀。
⑦拆下上盖板,取出活塞组件并清洁。
⑧拆除安全阀,进行单独解体清洗和检查。
⑨拆下的零部件仔细放好,用柴油和煤油清洗干净,再进行检查和测量。

⑩检查泵缸、活塞、胶木胀圈的搭口间隙、径向间隙、天地间隙、搭口角度等。

⑪拆检进排出口阀，必要时研磨。

⑫装复并试验。

(2)往复泵的装复

将组装好的吸、排阀组件分别装入阀箱内，盖好阀箱盖；将活塞组件装入液缸内，装妥填料箱组件；将组装好的齿轮减速箱和曲轴固定在机架上；将组装好的连杆十字头组件从曲轴箱导门装入，装好连杆大端轴瓦盖，按规定上紧连杆螺栓，装好开口销；转动曲轴使十字头处于下死点位置，将活塞杆与十字头接妥，并上紧螺母；装好齿轮滑油泵；装上十字头滑道下方的接油盘；安装好滑油系统油管、油压表等部件；装好电机，调整好电机与减速齿轮箱轴线，装上安全阀及各处盖板。

(3)往复泵试车

起动泵之前，应全面检查各处的装配质量，盘车检查转动是否自如，将滑油箱加入足量的润滑油，各摩擦运动部件加好润滑油，接好电机，然后开足吸、排截止阀，起动泵，并注意观察各仪表的读数，如吸入真空度、排出压力、滑油压力等，监听各运动部件的声响，检查填料箱及各连接处是否有漏泄，试车完毕，切断电源，关闭吸、排截止阀。

4.2.5 实训步骤

按照拆装步骤拆卸往复泵，清洁检查胶木胀圈情况，检查测量相关数据后装复往复泵，并将检查和修理情况填入表4－2－1中。

表4－2－1 往复泵检查记录表

<table>
<tr><td>测量者</td><td></td><td colspan="2">测量日期</td><td></td><td colspan="3">主要部件名称及作用</td></tr>
<tr><td rowspan="4">胶木胀圈测量</td><td>搭口间隙</td><td colspan="3"></td><td>名称</td><td colspan="2">作用</td></tr>
<tr><td>天地间隙</td><td colspan="3"></td><td rowspan="3"></td><td colspan="2" rowspan="3"></td></tr>
<tr><td>径向间隙</td><td colspan="3"></td></tr>
<tr><td>搭口角度</td><td colspan="3"></td></tr>
<tr><td rowspan="6">泵缸活塞测量</td><td></td><td>测量点1</td><td>测量点2</td><td>测量点3</td><td>测量点4</td><td>测量点5</td><td>测量点6</td></tr>
<tr><td>活塞外径</td><td></td><td></td><td></td><td></td><td></td><td></td></tr>
<tr><td>泵缸内径</td><td></td><td></td><td></td><td></td><td></td><td></td></tr>
<tr><td></td><td colspan="3">最大圆度</td><td colspan="3">最大圆柱度</td></tr>
<tr><td>泵缸</td><td colspan="3"></td><td colspan="3"></td></tr>
<tr><td>活塞</td><td colspan="3"></td><td colspan="3"></td></tr>
</table>

4.2.6 思考题

1. 往复泵要做哪些检查？
2. 活塞杆一般用什么材料的填料？

4.2.7　相关知识点

1. 胶木胀圈搭口间隙的测量方法

胶木胀圈的搭口间隙是指将胶木胀圈装在泵缸内时，其搭口的宽度。由于活塞在气缸套内做往复运动，气缸套内壁和胀圈外圆会产生磨损，使气缸套内径增大，胀圈外径减小，胀圈向外张开，使胀圈的搭口间隙增大，导致泄漏量增大，其测量方法如下。

实训任务 4.2 往复泵的结构与原理

如图 4－2－1 所示，在气缸套 1 内壁取上、中、下三个位置，将胶木胀圈 2 平放于气缸套 1 内，用塞尺 3 测量胀圈在上述三个位置的搭口间隙值 δ，记录测量结果，算出其平均值，并与规定的搭口间隙值相比较，确定合格与否。

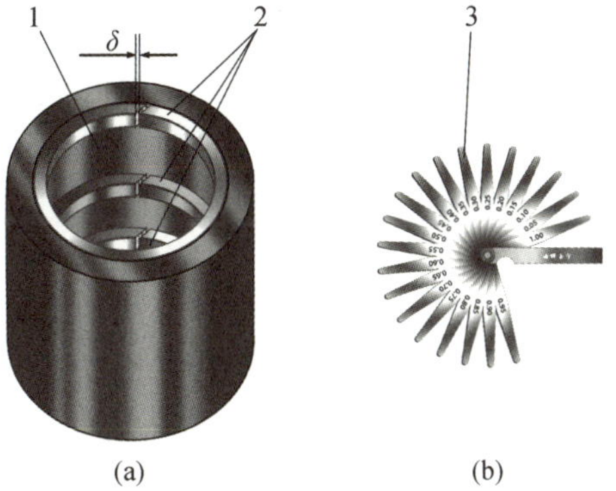

1—气缸套；2—胶木胀圈；3—塞尺。

图 4－2－1　胶木胀圈搭口间隙的测量

2. 胶木胀圈径向间隙的测量方法

胶木胀圈径向间隙是指胶木胀圈内径与活塞胶木胀圈槽底部之间的间隙。胶木胀圈外圆磨损，使其径向厚度减小，导致胶木胀圈内壁与活塞的胶木胀圈槽底面间隙增大，测量方法是：分别测出活塞的胶木胀圈槽深度和胶木胀圈的径向厚度，计算出其径向间隙。

(1)胶木胀圈槽深度测量(图 4－2－2)：分别在活塞的两个胶木胀圈槽中均匀地选取三个位置，用深度游标尺或带深度尺的游标卡尺测量胶木胀圈槽深度，也可用游标卡尺或外径千分尺分别测出活塞圆直径和槽底直径，算出胶木胀圈槽深度，并记录。

(2)胶木胀圈径向厚度测量(图 4－2－3)：在胶木胀圈上均匀选取三个位置，用游标卡尺测量出其径向厚度，记录测量结果，并计算出其平均值。

注意，胶木胀圈的径向厚度不可用外径千分尺测量，因胶木胀圈内壁为凹圆，外径千分尺测量头较大，所测尺寸偏大。

(3)用胶木胀圈槽平均深度减去胶木胀圈的平均径向厚度，即为胶木胀圈的径向间隙，将此间隙与规定的胶木胀圈径向间隙相比较，确定其是否合格。

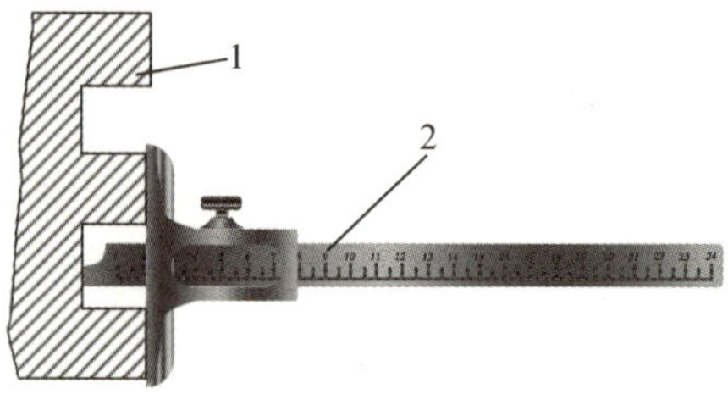

1—活塞;2—深度游标尺。

图 4-2-2　胶木胀圈槽深度测量

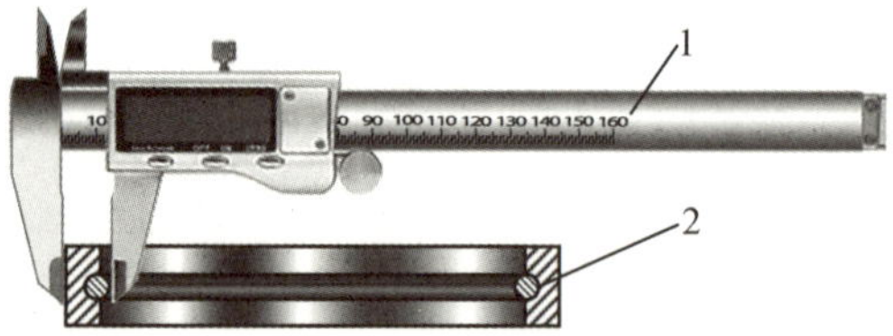

1—游标卡尺;2—胶木胀圈。

图 4-2-3　胶木胀圈径向厚度测量

3. 胶木胀圈天地间隙的测量方法(图 4-2-4)

胶木胀圈的端面与胶木胀圈槽侧面的间隙叫作胶木胀圈的天地间隙。胶木胀圈的两个端面及胶木胀圈槽上、下侧面发生磨损,使其天地间隙增大,影响密封效果。在胶木胀圈和相应的胶木胀圈槽上均匀地选取三个位置,将胶木胀圈插入胀圈槽内,用塞尺逐一地测出其间隙值,记录并计算出其平均值。胶木胀圈的搭口与胶木胀圈端面所成的角度叫作胶木胀圈的搭口角度。

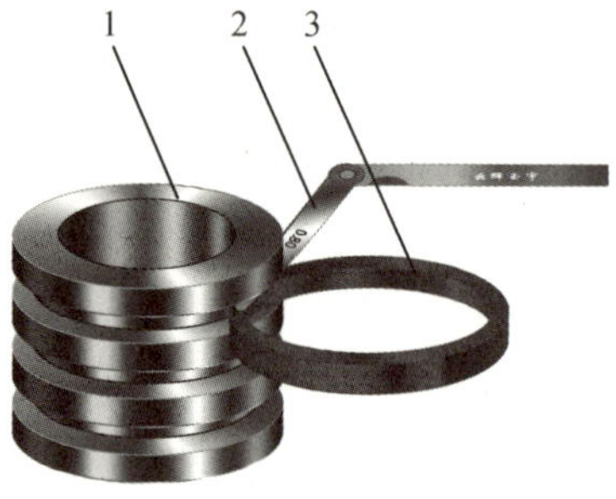

1—活塞;2—塞尺;3—胶木胀圈。

图 4-2-4　胶木胀圈天地间隙的测量

4. 胶木胀圈搭口角度的测量方法

用角度尺(或量角器)测量胶木胀圈的搭口角度,此角度一般为 45°或 60°。

5. 活塞环(胶木胀圈)的材质以及装配与维护的方法

活塞直径一般比缸径小 1 ~ 2 mm。泵缸与活塞间的气密靠活塞上装设的活塞环来保证。活塞环在环槽中要能松动自如,活塞环借助本身外张弹力与缸壁贴紧。活塞环磨损可以换新。

活塞环材料应比缸壁软,常用材料有铸铁、青铜和非金属材料(如夹布胶木)等,根据输送液体性质选定。一般水泵多用夹布胶木。它的缺点是在水中浸泡会胀大,长期离开水又会干缩。工厂制造这种活塞环时,先经热水浸泡后才进行加工。活塞环的切口通常切成45°~60°。

活塞环既关系到泵缸两端工作空间的气密,它的弹力好坏和在环槽中的松紧,势必直接影响泵的吸、排工作。因此活塞环在安装时,一定要注意有关间隙,间隙过大会漏气,间隙过小又会卡死,也漏气。

活塞环使用过久,因磨耗直径会变小,弹力减弱,切口随直径变小而增大,影响泵缸两端工作空间的气密,产生漏泄现象。因此活塞环使用一定时间后,要进行切口间隙检查,以判断其弹力是否满足要求。切口间隙超过规定,要更换新环。

换新环时,应先在热水中浸泡一段时间,变软后取出,使开口撑开到8 mm左右,等冷却后放入缸内及环槽内,检查各间隙值,符合要求后才可装入使用。安装活塞环时,上、下两环的搭口要错开120°或180°。

6. 活塞环的开口及平面间隙

活塞环的开口及平面间隙应符合表4-2-2规定的要求。

表4-2-2　活塞环的开口及平面间隙　　单位:mm

直径	开口		平面	
	安装间隙	极限间隙	安装间隙	极限间隙
<100	1.40	3.50	0.15	0.30
>100~150	1.70	4.25	0.20	0.40
>150~200	2.00	5.00	0.25	0.50
>200~250	2.25	5.62	0.30	0.60
>250~300	2.50	6.00	0.40	0.80
>300	3.00	7.50	0.45	0.90

7. 缸径增量要求

当缸径增量超过表4-2-3的规定,或有较深、较长裂纹时应予换新。

表 4－2－3　缸径增量要求

单位：mm

缸径	安装间隙	极限间隙	圆度	圆柱度	缸径增量
≤75	0.25	0.75	0.35	0.35	2.0
>75～100	0.30	0.90	0.40	0.40	2.5
>100～125	0.35	1.05	0.45	0.45	3.0
>125～150	0.40	1.20	0.50	0.50	4.0
>150～200	0.45	1.35	0.60	0.60	5.0
>200～250	0.50	1.50	0.65	0.65	6.0
>250～300	0.55	1.65	0.70	0.70	6.5
>300	0.60	1.95	0.80	0.80	7.0

实训任务4.3 齿轮泵拆装、检查与测量

4.3.1 实训目的

(1)熟悉齿轮泵的结构及拆装方法;

(2)熟悉齿轮泵间隙的测量方法;

(3)熟悉齿轮泵安全阀的拆装和压力调节方法。

4.3.2 实训内容

拆卸解体齿轮泵,检查泵轴、齿轮、安全阀等,测量相关间隙。

4.3.3 实训工具、仪表和备件

(1)常用开口扳手、梅花扳手、套筒扳手一套;

(2)铅丝一卷,润滑油脂若干;

(3)外径千分尺一把;

(4)密封件一套;

(5)齿轮泵拆装专用工具一套。

4.3.4 实训指导

1. 拆装要点

工具、量具的选取、使用正确得当;选用合适的软铅丝;压铅操作正确;工艺方法得当,符合技术规范;正确测量软铅丝厚度;测量数据分析结论正确。

2. 拆装步骤

(1)齿轮泵的拆卸

齿轮泵虽然结构简单,但种类较多,结构各异,拆装时需根据说明书的要求进行有序的拆解。

拆卸齿轮泵时首先要明确:齿轮泵各个零部件的相互位置和间隙大小,其对齿轮泵的正常工作极其重要。因此,在拆装齿轮泵时应注意不要碰伤或损坏零件、轴承等。紧固件应借助专用工具拆卸,不得随意敲打。其拆卸顺序(以图 4-3-1 所示的 2CY-18.29/36-1 型齿轮泵为例)如下。

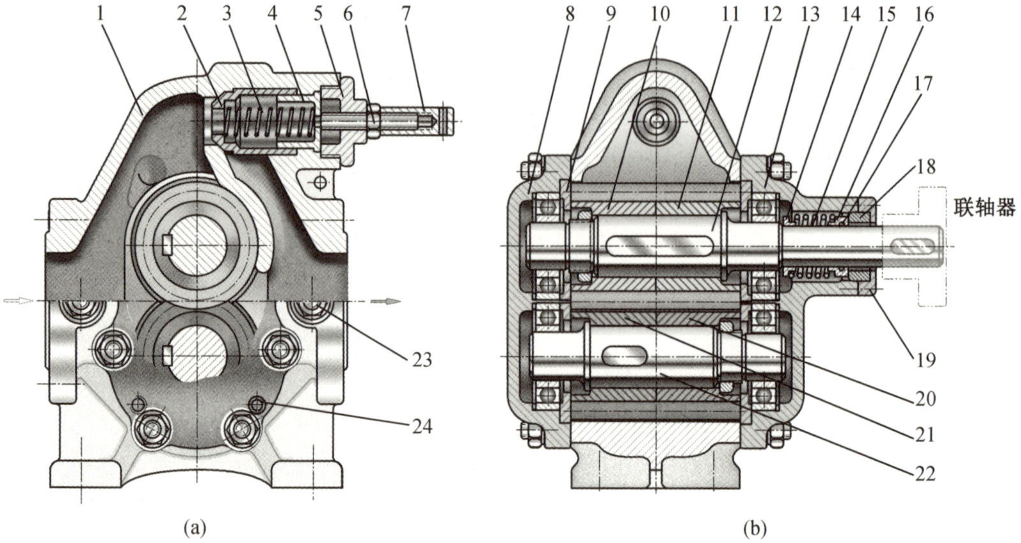

1—泵体;2—安全阀芯;3—弹簧;4—安全阀弹簧座;5—封盖;6—锁紧螺母;7—闷头;8—端盖;9—垫片;
10,11—主动齿轮;12—主动轴;13—轴承;14—机械轴封弹簧座;15—弹簧;16—动密封环;
17—密封圈;18—静密封环;19—压盖;20,21—从动齿轮;22—从动轴;23—螺塞;24—定位销。

图 4-3-1　2CY-18.29/36-1 型齿轮泵

①确认电动机电源已切断,并在起动开关处悬挂"严禁合闸"或类似的警告牌。

②关闭泵浦管路上的吸、排截止阀。

③将电动机的接线脱开(脱开后的接线头应做好接线记号),将弹性联轴节拆下,拆除电动机底脚螺栓,与电动机一起移走。

④用专用工具卸下泵轴端的联轴节和平键。

⑤打开吸、排口上的螺塞,将管系及泵内的油液放入预先准备好的清洁油桶,然后拆下吸、排管路。

⑥拆掉轴封压盖上的螺栓并拆下压盖和销钉,即可将机械式轴的静密封环拆下。

⑦拆掉泵两侧端盖上的紧固螺栓,拆下定位销,并拆掉两侧端盖。

⑧拆下轴上的动密封环、密封圈、弹簧座和弹簧。

⑨将安全阀闷头拧松,拧下锁紧螺母、安全阀封盖,取出弹簧座、弹簧和安全阀芯。

⑩由于主、从动齿轮均分别采用左螺旋齿轮和右螺旋齿轮拼成,所以应用手摇螺旋压力机或专用拨子两只,使压杆分别顶正主、从动轴左端的轴心,压力机的抓钩分别抓住泵壳右端的平面,然后同时用相同的力旋转两只手柄,即可将主、从动轴连同主、从动齿轮,齿轮右部的轴承及主、从动齿轮的右端盖板一起取出。将取下的主、从动齿轮及其相关联的部件分别进行解体。

(2)用压铅法测量齿轮泵的啮合间隙(图 4-3-2)

①选用 0~25 mm 的外径千分尺。使用前应用干净的软布擦净千分尺的两个测量面,然后校核千分尺的零位。

②被测铅丝片应放置于千分尺的两个测量面中间,测量力量要合适,先转动外径千分

尺的微分筒，使测量表面与铅丝片表面刚好接触，然后转动棘轮，当发出清脆的“嗒、嗒、嗒”三声后即停止。

③读数准确（先读固定套筒读数，再读微分筒读数，然后相加）。

④选用合适的软铅丝。选取合适的软铅丝直径（0.5 mm $< d <$ 1.3 mm）截取三段，每段长度以能围住一个齿面为宜。

⑤压铅操作：装配好主动齿轮；沿从动齿轮一只轮齿的齿宽方向将三段软铅丝等距离粘贴在该轮齿上，使粘贴软铅丝的轮齿处于排出腔，装配好从动齿轮；在联轴节上做标记，装配好轴套和泵盖；用手逆时针转动联轴节，使粘贴软铅丝的轮齿转动吸入腔位，拆卸泵盖及轴套；拆卸从动齿轮，取下软铅丝片并清洁之；用外径千分尺测量每段软铅丝片在轮齿啮合处的厚度并做好记录。

⑥测量数据分析：将每段软铅丝片在轮齿啮合处的厚度相加即为啮合间隙（若一侧已被压断，则另一侧啮合处软铅丝的厚度即为啮合间隙）；将所测间隙最大值与正常的间隙范围（一般为0.04 ~0.08 mm）相比较，决定零件可否继续使用或换新。

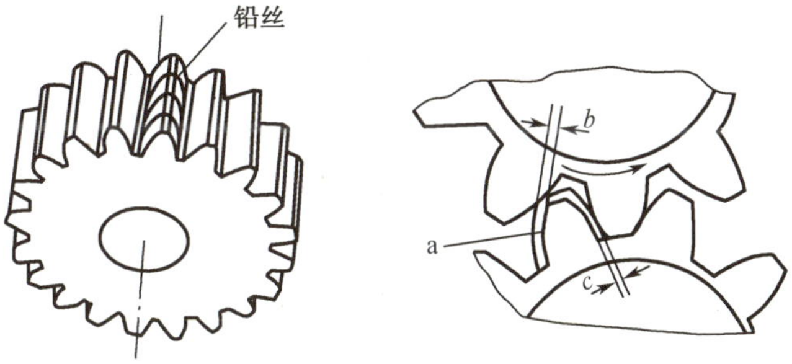

a—铅丝；*b*—啮合侧间隙；*c*—非啮合侧间隙。

图4－3－2　压铅法测量齿轮泵的啮合间隙

（3）测量齿轮泵的轴向间隙

①选择合适规格的梅花扳手（优先选用）或开口扳手；选用0 ~25 mm 的外径千分尺。

②选用合适的软铅丝直径（0.5 mm $< d <$ 1.3 mm）2 段，每段长度约为齿轮节圆周长。

③压铅丝操作：装配好主、从动齿轮；用油脂将三段软铅丝分别粘贴于主、从动齿轮的节圆上；装上泵盖（包括垫片及轴套），分2 ~3 遍对称均匀地拧紧螺母；对称均匀地拧下泵盖螺母，取下泵盖，取下软铅丝片并清洁；在每根铅丝片上选取4 个测量点，用外径千分尺测量软铅丝片厚度并做测量记录。

④测量数据分析：计算出8 个测量值的平均值，即为轴向间隙；将所测轴向间隙数值与正常值范围（一般为0.06 ~0.10 mm，低压齿轮泵允许到0.10 ~0.25 mm）相比较，做出可继续使用或者需要维修的结论。

（3）齿轮泵的装配

齿轮泵装复时，对齿轮泵内部零件的相互位置和间隙大小要求较高。在装复前，各个零件均要保持清洁。装复时要特别注意零件的正确位置，应保持相互间原有的平行度和垂直度，以及中心距和间隙的大小，千万不可硬敲猛击。

①将主、从动齿轮按其左、右螺旋分别拼接在主、从动轴上，并固定好，装好后啮合在一起，以检查其啮合状况是否符合要求。

②将啮合良好的主、从动齿轮的两轴左侧的纸垫、盖板及轴承装复轴上，一起装入泵体中，然后装复左端盖，并用螺栓压紧。

③在轴的右端分别套上纸垫、盖板，然后复位轴承。

④在主动轴右端，依次装复弹簧、弹簧座、密封圈和动密封环。

⑤装复右端盖，并用螺帽压紧。用手转动主动轴，手感较为轻快且无明显擦碰与轴向位移，则认定装配良好。

⑥将机械式轴封的静密封环装复在轴封压盖上，用销钉固定，并与压盖一起套入主动轴上并复位，认定动、静环贴合良好后，将压盖压紧。然后转动主动轴，手感应与前述相同，无显著变化，方可继续装配。

⑦依次复位安全阀体、弹簧、弹簧座、封盖、调节螺杆及锁紧螺帽，最后将闷头装妥。

⑧装复泵轴端联轴节。将电动机装复并固定，然后对泵与原动机找正轴心。找正后装复联轴节整体。装复橡胶柱与挡圈，然后装复保险圈加以固定。

⑨将泵与吸、排管系接通，并再次复查轴线是否变化，转动是否灵活，以防由于管路牵动而引起的偏差。

⑩拧上吸、排口上的螺塞，电动机接线，检修负责人摘下警告牌。

4.3.5 实训步骤

按照拆装步骤拆卸齿轮泵，清洁检查泵轴和密封件的情况，检查测量相关数据后装复齿轮泵，并将检查和修理情况填入表 4－3－1 中。

表 4－3－1　齿轮泵检查记录表

<table>
<tr><td>测量者</td><td colspan="2"></td><td colspan="2">测量日期</td><td colspan="2"></td><td colspan="3">主要部件名称及作用</td></tr>
<tr><td colspan="3">齿轮泵型号</td><td colspan="4"></td><td colspan="2">名称</td><td>作用</td></tr>
<tr><td colspan="3">安全阀检查情况</td><td colspan="4"></td><td colspan="2" rowspan="4"></td><td rowspan="4"></td></tr>
<tr><td colspan="3">泵轴检查情况</td><td colspan="4"></td></tr>
<tr><td colspan="3">齿轮检查情况</td><td colspan="4"></td></tr>
<tr><td colspan="3">轴封（盘根）检查情况</td><td colspan="4"></td></tr>
<tr><td>齿轮泵
间隙测量</td><td>测量点 1</td><td>测量点 2</td><td>测量点 3</td><td>测量点 4</td><td>测量点 5</td><td>测量点 6</td><td>测量点 7</td><td>测量点 8</td><td>间隙计算
结果</td></tr>
<tr><td>啮合间隙</td><td></td><td></td><td></td><td></td><td></td><td></td><td></td><td></td><td></td></tr>
<tr><td>端面间隙</td><td></td><td></td><td></td><td></td><td></td><td></td><td></td><td></td><td></td></tr>
</table>

4.3.6 思考题

1. 齿轮泵有哪些特点？
2. 齿轮泵的泄漏有哪些途径？

4.3.7　相关知识点

1. 齿轮泵轴封的几种形式

齿轮泵的轴封可采用填料轴封，也可采用机械轴封。机械轴封主要由动环、静环、橡胶密封圈、O 形密封圈、压紧弹簧等组成。机械轴封有三个密封面，即动环与静环间的密封面；动环与橡胶环间的密封面；橡胶环与轴间的密封面。

实训任务 4.3 齿轮泵的结构与原理

2. 齿轮泵的困油现象及消除此现象的方法

齿轮泵工作时前一对啮合齿尚未完全脱离时，后一对齿就已开始进入啮合，这样，在某一小段时间内，就会有相邻两对齿同时处于啮合状态，它们与两侧端盖之间就会形成一个封闭空间，使一部分油液困在其中，而这一封闭空间的容积又会随齿轮的转动而先变小后变大。困油现象仅产生于正齿轮泵中。斜齿轮和人字齿轮能消除困油。

消除困油现象的方法有对称卸荷槽法、不对称卸荷槽法、卸压孔法、修正齿形法。

3. 齿轮与泵体内表面的径向间隙、齿轮端面的轴向总间隙及其极限间隙

各间隙应符合表 4－2－2 规定的要求。

表 4－2－2　各间隙要求

单位：mm

型号	齿顶圆直径（节圆直径）	安装间隙		极限间隙	
		径向	轴向（总）	径向	轴向
ZCY	≤50 >50～90 >90～126	0.040～0.095 0.040～0.095 0.10～0.24	0.04～0.25 0.10～0.25 0.10～0.35	0.08～0.18 0.08～0.18 0.20～0.38	—
CB－B	≤(50) >(50～75)	0.13～0.20 0.17～0.26	0.025～0.040 0.035～0.045	0.24～0.31 0.27～0.34	0.05 0.07

项目五
活塞式空气压缩机的拆装

实训任务5.1　活塞式空气压缩机拆装、检查与测量

5.1.1　实训目的

(1)熟悉活塞式空气压缩机(以下简称空压机)拆装前的准备工作;
(2)熟悉活塞式空压机各主要部件的拆装及检查方法;
(3)熟悉活塞式空压机阀组解体研磨修理的方法。

5.1.2　实训内容

解体活塞式空压机,清洁检查活塞、连杆、气缸套及气阀,测量分析相关数据,组装空压机。

5.1.3　实训工具、仪表和备件

(1)常用开口扳手、梅花扳手、套筒扳手一套;
(2)塞尺一把,铅丝一卷,研磨砂一盒;
(3)外径千分尺、内径百分表各一把;
(4)空压机密封件一套。

5.1.4　实训指导

1. 拆装要点

拆装工具及量具的选取、使用正确得当;拆装和测量程序正确;拆装工艺方法得当,符合技术规范;工具整理、放妥。

2. 拆装步骤(以图5-1-1所示的单级活塞式空压机为例)

(1)缸盖的拆装

切断电动机电源,关闭空压机与外部气管路有联系的阀门,并将放气阀打开放掉气缸和管系中的存气,将电动机的接线脱开,在联轴节处做好记号,拆除电动机地脚螺栓,将电动机与空压机脱开,放掉机体内的冷却水,拆卸进、排气管,冷却水管,冷却器,气水分离器

及仪表，拆卸空气滤清器，再按照由两边向中央分2~3次逐步松开螺母，卸螺栓时要对称地松卸，不要将螺母一下子都拿掉，要对称地留几个，逐步拿去，然后取下缸盖，取出一级进、排气阀。

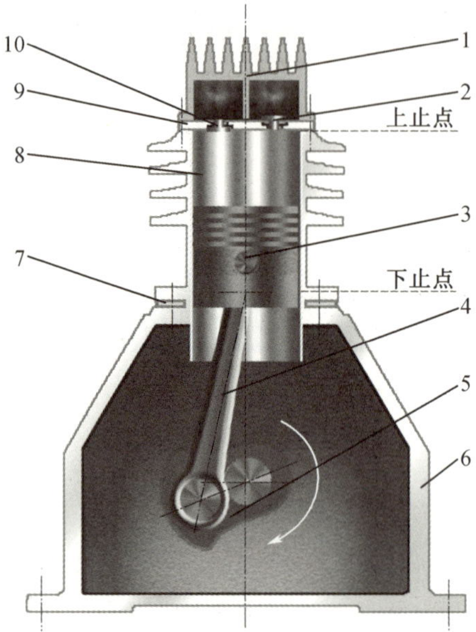

1—缸盖；2—排气阀；3—活塞组件；4—曲柄连杆；5—曲轴；6—机体；7，9—垫片；8—气缸；10—吸气阀。

图5-1-1　单级活塞式空压机

（2）活塞的拆卸

打开曲轴箱道门，拔掉连杆大端螺母开口销，做好标记，松开连杆大端的螺母、螺栓，盘车将曲柄销转到上止点，在活塞顶部拧入吊环，吊出活塞连杆组件，拿掉活塞销挡圈，取出活塞销，将活塞与连杆分开，注意活塞和气缸套不能相互碰撞或和其他部件碰撞，拆下后用柴油清洗干净并擦干。

（3）气阀的检查与气阀阀片的研磨

①准备好研磨平台及研磨砂。

②在阀座和阀片磨损或擦伤不大的情况下，可用研磨的方法进行修复，先将阀座与阀片清洗干净，用油石或刮刀修平毛刺，研磨可先粗磨，粗磨可采用180~280号研磨砂作为研磨剂。研磨前，先把研磨平板的工作面清洁干净，然后在平板上涂上研磨剂，滴少量机油，把阀片研磨面合在平板上，在平板的表面以“8”字形的推磨方式研磨。研磨时用力要均匀，并周期性地将研磨件转180°或90°进行研磨，这样可防止研磨面偏斜，研磨到平整光滑为止。然后进行精磨，精磨用400~600号研磨膏，每隔数分钟将零件擦净，用煤油清洗后检查，一直研磨到完全平整光滑为止。

③阀座和阀片经研磨修复后，其阀片升程应符合规范要求，然后再进行气密检查。具体清洗方法是将洁净的煤油灌入组装好的气阀孔道中，若无明显的渗漏，说明气密性良好，若煤油很快漏完，则说明气密性差，必须重新研磨，直至符合要求。

(4)冷却器清洗

清洗时先疏通后用水进行冲洗。空气冷却器在使用一段时间后就应拆开清洗,清除水腔内积垢,以保证主冷却器有最大的工作效率。以图5-1-2所示的空压机空气冷却器为例,具体清洗方法是:拆卸冷却器的两端盖,用藤条疏通散热芯子的铜管,再用水冲洗,清洗完成后安装端盖应注意密封垫床完好,保持平整和位置正确,否则将造成水漏入气中,导致机械设备发生故障。

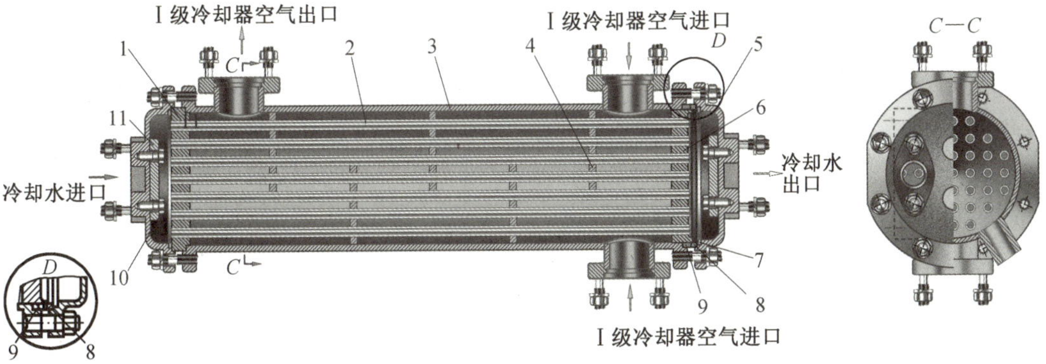

1—固定管板;2—冷却管;3—壳体;4—隔板;5—右端盖;6—活动管板;7—橡胶垫圈;8—压环;9—铅质密封环;10—防蚀锌板;11—左端盖。

图5-1-2 66-10型空压机的Ⅰ级空气冷却器

(5)活塞的检查

①检查有无裂纹,方法是用目测法或借助放大镜观察表面有无裂纹。

②检查活塞有无划伤和结瘤情况,这是指活塞因某种原因在气缸中被卡住,使活塞表面产生划伤和结瘤现象,可用手工修磨方法消除。

(6)活塞和气缸套的间隙测量

①用塞尺法测量

活塞和气缸套的间隙应符合要求,检查方法是将不带活塞环的活塞连杆组件装入气缸中,按要求装好连杆大端轴承,转动曲轴使活塞分别处于上、下止点位置,用塞尺分别测量活塞头部和裙部与气缸套壁之间的前后左右间隙,做好记录。如果配合间隙超过磨损极限,应更换部件,配合间隙以说明书为准。

②测量结果要准确,测量时一定要做好记录,不得有错。

(7)曲轴销轴承间隙测量

①用压铅丝或塞尺测量:首先将主轴承上盖拆下,选择合适的软铅丝,其直径一般为被测规定间隙的1.5倍,截取三段能包住轴颈横截面外圆150°圆心角对应弧长的软铅丝,用机械凡士林将软铅丝轴向等距粘于连杆大端轴承盖中;然后把轴承盖装好,把螺栓上紧到规定的扭矩,再拆下轴承盖,取下软铅片并清洁,在每道软铅片上选取3个测量点用外径千分尺测量铅丝片厚度,做好记录;最后根据测量值得出平均值,即为轴承间隙。

②测量的间隙误差只能允许小于0.2 mm。

(8)气缸套的检查与测量

①先用布擦干净气缸套的表面。

②检查气缸套表面有无裂纹、划伤,具体方法有:

a. 目测法,直接用肉眼或放大镜来观察表面裂纹;

b. 超声波探伤法;

c. 粉剂显痕法,就是用煤油白粉法,先用浸透煤油的毛巾擦拭被推测有裂纹的部位,再用布擦去表面的煤油后立即涂上白粉,若有裂纹时,则裂纹中的煤油就会渗透到白粉上面显现出裂痕。

③气缸套的测量:用量缸表或内径千分尺来测量气缸内径,测量位置选择在气缸套纵向上下两个位置并做好记录。气缸允许的最大磨损量以空压机的使用说明书为准。气缸或气缸套内圆因磨损而使其圆度和圆柱度超过磨损极限值时,可进行镗削或研磨修理。镗削某一级气缸时,另一级气缸必须镗削同样的厚度,以使级差式活塞所有级都能与气缸很好的接触。

(9)活塞及活塞环的测量

①活塞圆度和圆柱度测量

用外径千分尺测量活塞的圆度和圆柱度,测量位置选择在活塞纵向上下两个位置(与气缸套相对应),每个位置应沿平行于曲轴中心线的方向和垂直于曲轴中心线方向进行两次测量,并做好记录。活塞圆度和圆柱度应符合规定。

②活塞环搭口间隙测量

将活塞环放到气缸内(应放在气缸套中部位置),使环面与气缸轴线垂直,用塞尺测量气缸搭口间隙,将测量值与规定的值进行比较,如超过其极限值时应换新,新活塞环搭口间隙过小时,可用锉刀修锉搭口平面进行调整。

③活塞环轴向间隙测量

将清洁过的活塞环依次装入清洁后的各道环的环槽中(注意不可将上下面颠倒)。用塞尺沿圆周取 3 ~4 个位置测取轴向间隙的平均值。

(10)余隙容积高度的测量

在活塞顶部三个以上的位置上放上铅丝,装好缸盖,转动曲轴使活塞经过止点,再打开缸盖,测量铅丝厚度,即为余隙容积高度。具体余隙高度要求值以空压机的说明书为准。

(11)安装

①把组装好的曲轴组件从大端孔水平穿入,安装好再装入轴承座盖和飞轮等部件。

②将活塞销把连杆和活塞联结在一起,并装好挡圈。

③将曲轴转到上止点位置,在曲柄销和缸壁涂上润滑油,然后把组装好的活塞连杆组件吊入气缸内。此时注意,活塞环搭口应互相错开。

④装上连杆大端盖,连杆螺栓,按规定上紧螺母并装上开口销。

⑤盘车数圈,检查空压机转动是否灵活。

⑥经检查一切完好后,清理曲轴箱内部,然后盖上曲轴箱道门。

⑦装复气缸盖和气阀组件及空气过滤器。注意,进、排气阀不能装反。

⑧装好进、排气管,冷却水管,油管及仪表。

⑨连接好电动机，最后进行试车。

5.1.5　实训步骤

按照拆装步骤拆卸活塞式空压机，清洁缸盖、活塞、气阀、气缸套、冷却器、曲柄销轴承等部件的情况，测量相关数据后装复空压机，并将检查和修理情况填入表5－1－1中。

表5－1－1　活塞式空压机检查记录表

<table>
<tr><td>测量者</td><td></td><td colspan="2">测量日期</td><td colspan="2"></td><td colspan="4">主要部件名称及作用</td></tr>
<tr><td colspan="2">活塞式空压机型号</td><td colspan="4"></td><td colspan="2">名称</td><td colspan="2">作用</td></tr>
<tr><td rowspan="2">活塞环间隙测量</td><td>搭口间隙</td><td colspan="4"></td><td colspan="2" rowspan="2"></td><td colspan="2" rowspan="2"></td></tr>
<tr><td>轴向间隙</td><td colspan="4"></td></tr>
<tr><td rowspan="6">气缸套活塞测量</td><td></td><td>测量点1</td><td colspan="2">测量点2</td><td>测量点3</td><td>测量点4</td><td colspan="2">测量点5</td><td>测量点6</td></tr>
<tr><td>活塞外径</td><td></td><td colspan="2"></td><td></td><td></td><td colspan="2"></td><td></td></tr>
<tr><td>气缸套内径</td><td></td><td colspan="2"></td><td></td><td></td><td colspan="2"></td><td></td></tr>
<tr><td></td><td colspan="4">最大圆度</td><td colspan="4">最大圆柱度</td></tr>
<tr><td>活塞</td><td colspan="4"></td><td colspan="4"></td></tr>
<tr><td>气缸套</td><td colspan="4"></td><td colspan="4"></td></tr>
<tr><td rowspan="3">曲轴销轴承间隙测量</td><td></td><td colspan="2">测量点1</td><td colspan="2">测量点2</td><td colspan="2">测量点3</td><td colspan="2">平均值</td></tr>
<tr><td>铅丝1</td><td colspan="2"></td><td colspan="2"></td><td colspan="2"></td><td colspan="2"></td></tr>
<tr><td>铅丝2</td><td colspan="2"></td><td colspan="2"></td><td colspan="2"></td><td colspan="2"></td></tr>
<tr><td rowspan="2">余隙容积高度测量</td><td></td><td colspan="2">铅丝1</td><td colspan="2">铅丝2</td><td colspan="2">铅丝3</td><td colspan="2">铅丝4</td></tr>
<tr><td>高度</td><td colspan="2"></td><td colspan="2"></td><td colspan="2"></td><td colspan="2"></td></tr>
</table>

5.1.6　思考题

1. 空压机的组成部件有哪些？

2. 安装时有哪些注意事项？

5.1.7　相关知识点

1. 活塞式空压机解体过程中的注意事项

(1)预先准备好拆卸工具。

(2)卸螺栓时要对称地松卸，不要将一个螺母一下子拿掉，要对称地留几个，逐步拿掉。

(3)停车后不要立刻拆卸，否则会使润滑油遇到高温高压气体而产生火花，引起缸内残余气体着火爆炸事故。

(4)当卸吸、排气阀盖时，要对称地留两个螺母，先用螺丝刀或扳手将压盖撬开一点，在证明气缸内没有压力后再将螺母全部卸去。

(5)拆卸时应先卸外部附件，后拆内部部件，从上到下依次拆卸组合件，再拆零件。

(6)各零部件拆卸后应妥善保存,不得产生撞伤及其他损伤现象,尤其是零部件的配合面,基准面和定位孔要严加保护,螺栓、螺钉、螺母拧下后应按原来位置配套拧上,以免丢失。

(7)拆卸要为装配创造条件,对成套或不能互换的零件,拆卸前要看准标记和做好记号。

2. 气缸套和活塞的安装间隙

气缸套和活塞的安装间隙应符合表5－1－2的规定,当超过使用极限时,应更换活塞或气缸套,或两者都换新。

表5－1－2　气缸套和活塞的安装间隙　　单位:mm

气缸直径	安装间隙	极限间隙
≤60	0.08～0.15	0.3
>60～120	0.15～0.25	0.5
>120～180	0.25～0.35	0.7
>180	0.35～0.50	1.0

3. 气缸与活塞的圆度和圆柱度

当气缸(气缸套)工作表面有严重拉毛、伤痕,以及因磨损使其圆度和圆柱度超过表5－1－3规定极限值时,可采用车、镗、磨等机械加工方法修理,缸径的增大量大于1%时,应进行液压强度试验。

表5－1－3　气缸与活塞的圆度和圆柱度　　单位:mm

气缸直径	安装数值	极限数值
≤50	≤0.008	0.025
>50～120	≤0.010	0.050
>120～260	≤0.015	0.080

4. 活塞环的安装间隙

活塞环的开口间隙与环槽的轴向间隙应符合表5－1－4的规定,或按该机的说明书或要求选取。

表5－1－4　活塞环的安装间隙　　单位:mm

气缸直径	开口间隙		轴向间隙		径向间隙
	安装	极限	安装	极限	安装
≤60	0.2～0.3	0.5	0.02～0.05	0.10	0.50
>60～120	0.3～0.5	1.0	0.02～0.06	0.10	0.50～0.75
>120～180	0.5～0.8	1.5	0.03～0.09	0.12	0.75
≥180	0.8～1.0	1.5	0.03～0.10	0.12	1.00

5. 主轴颈与曲柄销的圆度和圆柱度

主轴颈与曲柄销的圆度和圆柱度应符合表 5－1－5 的规定，当其误差超过极限值，允许采用机械加工方法或采用金属喷涂、电刷镀、镀铬等方法进行修理。

表 5－1－5　主轴颈与曲柄销的圆度和圆柱度　　单位：mm

轴颈直径	安装数值	极限值
≤50	≤0.005	0.020
>60～120	≤0.006	0.025
>120～260	≤0.008	0.030

6. 活塞销的圆度和圆柱度

活塞销的圆度和圆柱度应符合表 5－1－6 的规定。

表 5－1－6　活塞销的圆度和圆柱度　　单位：mm

活塞销直径	安装数值	极限值
≤30	≤0.003	0.010
>30～50	≤0.005	0.015
>50～80	≤0.008	0.020

7. 曲柄销与连杆轴承的配合间隙

曲柄销与连杆轴承的配合间隙应符合表 5－1－7 的规定。

表 5－1－7　曲柄销与连杆轴承的配合间隙　　单位：mm

曲柄直径	径向间隙		轴向间隙	
	安装	极限	安装	极限
≤50	0.040～0.077	0.12	0.20～0.30	0.50
>50～80	0.050～0.090	0.15	0.30～0.50	0.75
>80～120	0.060～0.110	0.18	0.50～0.75	1.00

8. 曲柄销与主轴颈的圆度和圆柱度

曲柄销与主轴颈的圆度和圆柱度应符合表 5－1－8 的规定。

表 5-1-8　曲柄销与主轴颈的圆度和圆柱度　　单位:mm

轴径直径	安装数值	极限值
≤50	≤0.005	0.020
>50~120	≤0.006	0.025
>120~260	≤0.008	0.030

9. 活塞销与连杆衬套的配合间隙

活塞销与连杆衬套的配合间隙应符合表 5-1-9 的规定。

表 5-1-9　活塞销与连杆衬套配合间隙　　单位:mm

活塞销直径	安装间隙	极限间隙
≤30	0.040~0.064	0.100
>30~50	0.050~0.077	0.120
>50~80	0.060~0.090	0.150

项目六

锅炉附件的拆装

实训任务6.1　锅炉排污阀和给水止回阀拆装、研磨

6.1.1　实训目的

(1)熟悉锅炉排污阀的拆装;
(2)熟悉锅炉给水止回阀的拆装;
(3)熟悉阀密封面研磨的方法。

6.1.2　实训内容

解体锅炉排污阀、锅炉给水止回阀,阀门密封面研磨后组装。

6.1.3　实训工具、仪表和备件

(1)常用开口扳手、梅花扳手一套;
(2)研磨砂一盒;
(3)阀门填料及密封件一套。

6.1.4　实训指导

1. 拆装要点

工具的选取,使用正确得当;拆卸或装配程序正确;拆装工艺方法得当,符合技术规范;工具整理、放妥。

2. 拆装步骤

(1)拆卸

①拆除阀盖螺丝。

②将阀盖与阀体脱开。如阀盖与阀体配合过紧,可用螺丝刀在四周缝隙内撬动,并旋下阀杆,阀盖就易被顶起。

③松开填料压盖螺帽和手轮螺帽。

④将阀杆从阀盖中旋出。

⑤对于截止阀，由于阀杆端部与阀盘之间采用螺纹连接，要板平防松垫片，松开固定螺母，才可旋出阀盘。对于止回阀，可直接将阀盘从阀体中取出。

⑥取出填料函中填料。

所有拆下的零部件要认真仔细清洗，以备检查。

(2)装复

阀的装复按拆卸解体相反顺序进行，即后拆的先装，先拆的后装。

①密封垫床必须换新。

②更换新填料时，尺寸和质量要符合要求。

③填料压盖上紧要适宜，一般用手能转动手轮。

④在阀盘处于开启状态下，将阀盖和阀杆的组合件装入阀体中。

⑤螺栓应对角逐次均匀上紧。

6.1.5 实训步骤

按照拆装步骤拆卸锅炉排污阀和给水止回阀，清洁检查各主要部件，将检查情况填入表6－1－1中。

表6－1－1 排污阀、给水止回阀检查记录表

操作者		拆装日期	
排污阀型号		给水止回阀型号	
阀杆检查状况			
阀芯检查状况			
阀座检查状况			
阀体检查状况			
密封件检查更换状况			

6.1.6 思考题

1. 如何判断截止阀与止回阀？
2. 锅炉给水阀的组成有哪些？

6.1.7 相关知识点

1. 锅炉本体阀的拆卸方法

(1)首先停止锅炉工作，在电气控制箱上挂好“设备检修，严禁操作”的警示牌。

(2)待锅炉负荷下降时打开下排污阀，排除部分炉水，使炉内水位低于给水阀位置。

(3)待锅炉中已无蒸汽压力时，打开空气阀。

(4)待锅炉冷却后，拆除给水阀的连接法兰螺栓，将给水阀拆下，准备解体。

2. 船用阀门知识

(1)截止阀

截止阀的启闭件是塞形的阀瓣,密封面呈平面或锥面,阀瓣沿流体的中心线做直线运动。根据阀杆的运动方式,常见的截止阀有升降杆和旋转杆两种形式。截止阀开启时,阀瓣的开启高度为公称直径的 25% ~30% 时,流量达到最大,表示阀门已达全开位置。所以截止阀的全开位置,应由阀瓣的行程来决定。

截止阀的种类按阀杆螺纹的位置分为外螺纹式、内螺纹式。按介质的流向分,有直通式、直流式和角式。截止阀按密封形式分,有填料密封截止阀和波纹管密封截止阀。

施工安装要点如下:

①安装位置、高度、进出口方向必须符合设计要求,连接应牢固紧密。

②安装在保温管道上的各类手动阀门,手柄均不得向下。

③阀门安装前必须进行外观检查,阀门的铭牌应符合现行国家标准《通用阀门 标志》(GB 12220—2015)的规定。对于工作压力大于 1.0 MPa 及在主干管上起到切断作用的阀门,安装前应进行强度和严密性能试验,合格后方准使用。强度试验的试验压力为公称压力的 1.5 倍,持续时间不少于 5 min,阀门壳体、填料无渗漏为合格。严密性能试验的试验压力为公称压力的 1.1 倍;试验压力在试验持续的时间应符合《通风与空调工程施工质量验收规范》(GB 50243—2016)要求,以阀瓣密封面无渗漏为合格。

④手轮、手柄及传动机构,不允许作起吊用。

⑤介质的流向应与阀体所示箭头方向一致。

(2)截止止回阀

截止止回阀是兼有截止阀和止回阀功能的多用阀门。它的结构形式与截止阀相似,但阀杆与阀瓣不是固定连接。当阀杆下降将阀瓣紧压在阀座上时,起截止阀作用;阀杆上升后,则起止回阀作用。在同时需要安装截止阀(或闸阀)和止回阀的管道上(如水泵的出口端),或在安装位置受到限制的场所(如船舶),使用截止止回阀可节约安装费用和空间位置。

(3)阀件选用步骤

①根据介质特性、工作压力和温度,选择阀体材料。

②根据阀体材料、介质的工作压力和温度,确定阀件的公称压力级别。

③根据公称压力、介质特性和温度,选择密封面材料。

④根据管道的管径计算值,确定适用的阀件公称直径。一般情况下,阀件的公称直径采用管子的直径值。

⑤根据阀件的用途和生产工艺条件,选择阀件的驱动方式。

⑥根据管道的连接方法和阀件的公称直径,选择阀件的连接形式。

⑦根据阀件的公称压力、介质特性和工作温度以及公称直径等,选择阀件的类别,结构形式和型号。

(4)与阀门管道相关的概念

①公称通径 DN:公称通径又称平均外径。

②螺纹、压配、承插焊或对接焊的管道元件,可用 NPS(公称管子尺寸)、OD(外径)、ID

(内径)或G(管螺纹尺寸标记)等标识的管道元件。

③公称压力PN(MPa):与管道系统部件耐压能力有关的参考数值,为便于使用,通常取R10系列的优先数。公称压力是指管材20 ℃时输水的工作压力。

④工作压力是指给水管道正常工作状态下作用在管内壁的最大持续运行压力,不包括水的波动压力。

⑤设计压力是指给水管道系统作用在管内壁上的最大瞬时压力,一般采用工作压力及残余水锤压力之和。

三者的关系:公称压力≥工作压力;设计压力=1.5×工作压力;工作压力由管网水力计算而得出。

(5)安全阀

①公称压力表示安全阀在常温状态下的最高许用压力,高温设备用的安全阀不应考虑高温下材料许用应力的降低。安全阀是按公称压力标准进行设计制造的。

②开启压力,也叫整定压力,是安全阀阀瓣在运行条件下开始升起时的介质压力。

③排放压力,阀瓣达到规定开启高度时进口侧的压力。

④回座压力,安全阀排放后,阀瓣重新压紧阀座,介质停止排出时的进口压力。回座压力是表征安全阀使用品质的一个重要参数,一般要求它至少为工作压力的80%,上限以不产生阀瓣频繁跳动为宜。

⑤启闭压差,开启压力和回座压力之差。

实训任务6.2　锅炉水位计解体，更换密封床垫后组装

6.2.1　实训目的

(1)熟悉锅炉水位计的结构及拆装方法；
(2)熟悉锅炉水位计解体和组装方法；
(3)熟悉锅炉水位计密封床垫的更换方法。

6.2.2　实训内容

拆卸解体锅炉水位计,检查密封面,更换密封床垫后组装。

6.2.3　实训工具、仪表和备件

(1)常用开口扳手、梅花扳手、套筒扳手一套；
(2)水位计密封件一套。

6.2.4　实训指导

1.拆装要点

拆装工具的选取、使用正确得当;拆装程序正确;拆装工艺方法得当,符合技术规范;工具整理、放妥。

2.拆装步骤

水位计是指示锅炉内水位高低的仪表,它在保证锅炉安全工作方面起着重要作用。锅炉上通常在左、右侧各装有一只水位计。常用的锅炉水位计有玻璃管式和玻璃板式两种。

(1)解体

①首先进行停炉操作,并在电气控制箱上挂好“设备检修,严禁操作”的警示牌。

②待锅炉负荷下降时打开下排污阀,放掉部分炉水使炉内水位低于水位计。

③待锅炉内已无蒸汽压力时,打开空气阀。

④待锅炉冷却后,拆卸水位计上的玻璃管或玻璃板组件。

⑤拆卸通汽阀、通水阀和冲洗阀。

⑥将拆卸的组件分别解体、清洁、放妥。

(2)检查

①汽、水和冲洗通道应畅通。

②通气阀、通水阀和冲洗阀阀杆处密封性要良好,阀杆出现轴向划痕应修磨,填料应换新。

③阀配合密封面出现密封不良时应修磨或换新。

④玻璃管最好有备用成品,如需自己配制,应留有一定的膨胀余地,管口要平整。

⑤玻璃管密封填料压盖的松紧程度要合适,太松会漏,太紧易伤玻璃管。

⑥玻璃管内外要清洁。

⑦水位计本体平面要清洁,旧垫床必须清除干净,表面不可有凹陷、划痕等缺陷。

⑧玻璃板两侧垫床要完好无损,不可有折断、厚薄不均等缺陷。垫床安装时两面涂上薄薄一层石墨粉或白铅油。

⑨上玻璃板紧固螺丝时,应由中间到两边对称均匀逐次上紧。

(3)装复

①首先装好通汽阀、通水阀和冲洗阀,再装玻璃管或玻璃板组件。

②水位计装复后,应按操作规程点火升压,检查水位计安装情况,注意各连接处的密封情况。按水位计冲洗工艺冲洗水位计数次。

6.2.5 实训步骤

按照拆装步骤拆卸锅炉水位计,清洁检查各主要部件,将检查情况填入表6-2-1中。

表6-2-1 锅炉水位计检查记录表

操作者		拆装日期	
通气阀、通水阀、冲洗阀检查状况			
玻璃管及密封件检查状况			
玻璃板及密封面检查状况			

6.2.6 思考题

1. 锅炉水位计拆卸前的准备工作有哪些?

2. 锅炉水位计检修后在安装时应进行哪些检查?

6.2.7 相关知识点

1. 玻璃管式的水位计用于工作压力低于0.8 MPa的锅炉;

2. 耐热钢化玻璃靠水一侧有沟槽(清晰显示水位);压力高的锅炉在平板玻璃近水一侧加衬云母片(保护不受水的腐蚀)。

实训任务6.3　喷油嘴解体、检查，雾化片研磨、组装

6.3.1　实训目的

(1)熟悉锅炉燃烧器喷油嘴的结构及拆装方法；

(2)熟悉喷油嘴雾化片检查和研磨的方法。

6.3.2　实训内容

拆卸解体喷油嘴，检查雾化片，研磨后组装。

6.3.3　实训工具、仪表和备件

(1)常用开口扳手、梅花扳手、内六角扳手一套；

(2)研磨砂一盒。

6.3.4　实训指导

1. 拆装要点

拆装工具的选取、使用正确得当；拆装程序正确；工艺方法得当，符合技术规范；工具整理、放妥。

2. 拆装步骤

(1)解体

①停炉并挂警示牌；

②关闭喷油嘴进出口阀；

③拆除接管与喷油嘴的连接管；

④将喷油嘴从锅炉火口处拆下；

⑤拆卸滤器盖，取出滤器；

⑥拧下雾化片锁紧螺帽，取出雾化片。

(2)检查

①清洗时先用柴油浸泡，再清除积炭；

②发现喷孔磨损过大，表面裂纹时应换新；

③雾化片切向槽增大，可研磨使槽深变浅；

④雾化片与喷嘴体配合密封面上有轻微划伤，研磨消除。

(3)装复

①各零部件符合要求，做好清洁；

②将雾化片装上喷嘴体，拧紧锁紧螺帽；

③装上滤器和滤器盖；

④将组装好的喷油器伸入锅炉火口处，装妥；

⑤装妥喷油器及连接油管；

⑥打开喷油器进回油阀，进行点火试验。

6.3.5 实训步骤

按照拆装步骤拆卸锅炉燃烧器喷油嘴，清洁检查各主要部件，将检查情况填入表6-3-1中。

表6-3-1 锅炉水位计检查记录表

操作者		拆装日期	
喷孔检查状况			
雾化片检查状况			
喷油嘴体密封面检查状况			

6.3.6 思考题

1. 锅炉喷油嘴拆卸前的准备工作有哪些？
2. 锅炉喷油嘴检修后在安装时应进行哪些检查？

6.3.7 相关知识点

1. 喷油嘴的组成

喷油嘴由喷嘴螺母、雾化片、喷嘴体、筒体、接管、滤器等组成。

2. 目前广泛使用的锅炉喷油嘴的形式种类

压力机械式喷油嘴和回油式机械喷油嘴两种。压力式机械喷油嘴由筒体、喷嘴体、雾化片、喷嘴帽和过滤器等部分组成。燃油的工作压力也不应低于0.7~1.0 MPa。喷油量的大小，由喷孔的直径决定，孔大喷油量多，孔小喷油量少。雾化板的喷孔直径常为0.5~1.2 mm；回油式机械喷油嘴与压力机械式喷油嘴的主要区别是：前者在油压和雾化板都不改变的情况下，利用回油办法来改变喷油器的喷油量，并保证燃油的雾化质量。

实训任务6.3 锅炉燃烧器的结构

模块二 船舶动力设备操作

绪论

动力设备操作规范

1. 实训目的

【知识目标】

(1)通过本实训的练习,使学生强化和巩固船舶主副机及系统的工作原理。

【技能目标】

(1)熟练操作船舶主副机及系统;
(2)能够初步判断船舶设备及系统的简单故障,能对船舶设备进行维护。

【能力目标】

(1)培养团结协作的精神及吃苦耐劳的工作作风;
(2)培养勤于思考的习惯和解决问题的能力。

2. 实训评估内容

(1)船舶主柴油机操作管理。
①船舶主柴油机备车操作;
②船舶主柴油机动车后的参数监测和调整;
③船舶主柴油机定速后的管理;
④船舶主柴油机完车操作。
(2)船舶辅锅炉冷炉点火的操作与管理。
①辅锅炉点火前的准备工作;
②辅锅炉点火升汽;
③辅锅炉运行管理;
④辅锅炉停火操作。
(3)发电柴油机的操作与管理。
①发电柴油机起动;
②发电柴油机的运行管理;
③发电柴油机停车操作。
(4)活塞式空压机操作与管理。

(5)分油机操作与管理。

(6)油水分离器操作与管理。

(7)造水机的操作与管理。

(8)液压甲板机械操作管理。

(9)泵系操作。

①压载水系统;

②舱底水系统。

(10)空调系统相关操作。

3. 评估办法

(1)评估考核形式及内容

①评估考核形式:现场操作。

②评估考核内容(本评估项目的组题办法):船舶主柴油机操作管理、船舶辅锅炉操作管理、发电柴油机操作管理各出一道题,空压机与分油机、油水分离器与造水机、甲板机械及泵系抽取两道题。

(2)成绩评定

一套评估试卷总分100分,成绩60分及以上者为及格,成绩60分以下者为不及格。

(3)评估时间

每人次不超过60分钟。

项目七

船舶主柴油机的操作与管理

实训任务7.1　船舶主柴油机备车的操作

7.1.1　实训目的

(1)熟悉主柴油机暖机操作;
(2)熟悉主压缩空气系统操作;
(3)熟悉主柴油机备车时滑油系统操作;
(4)熟悉主柴油机备车冷却系统操作;
(5)熟悉主柴油机备车燃油系统操作;
(6)熟悉主柴油机转车与冲车操作;
(7)熟悉主柴油机起动与试车操作。

7.1.2　实训内容

柴油机起动前各系统的准备工作以及柴油机转车、冲车、起动与试车操作。

7.1.3　实训要求

(1)按规范安全操作;泵机起动前须确认各步骤到位,在征得指导教师的同意后方可起动。

(2)工作时注意力集中,应与旋转件保持一定距离,如电机、皮带轮等;积极互动交流。

(3)做好工作场地的清洁与设备的保养工作。

7.1.4　实训指导

1. 操作要点

(1)主柴油机暖机操作

采用正确暖机方法进行暖机;采用加热装置或起动滑油泵加热循环暖机;正确掌握暖机时油、水温度和压力;正确起动循环水泵和滑油泵。

(2)主压缩空气系统操作

空压机起动前准备;卸载起动;运转检查;气瓶正确充气。

(3)主柴油机备车时滑油系统操作

曲轴箱润滑油循环柜油位检查及补油;正确起动滑油循环泵、调整油压和油量;增压器循环滑油油位检查、调整油压和油量;油冷式活塞循环柜油位检查及补油;气缸润滑强力油箱油位检查及补油。

(4)主柴油机备车冷却系统操作

冷却系统装置检查(系统各阀开闭状况检查);膨胀水箱液位检查及补水;冷却水泵起动、加热循环并驱气;水冷却活塞循环柜水位检查及补水;起动活塞冷却水泵并驱气;喷油器冷却水循环。

(5)主柴油机备车时燃油系统操作

油位检查(轻油及重油柜油位);用分油机分油及补油(分油加热温度合适);重油沉淀柜补油并放残;重油加热;起动低压燃油泵系统驱气。

(6)主柴油机转车与冲车操作

接转车机、检查有无阻碍物;向各需注油处注油,特别是气缸注油;打开示功阀;转车、检查有无异响;冲车、观察缸内有无异物冲出。

(7)主柴油机起动与试车操作

起动前准备(检查:转车机脱开、示功阀关闭、暖机情况、轴系无阻碍、系统处于启动状态);起动试验(检查起动系统各阀是否正常);换向试验(换向系统正常);试车起动后,低速短时间运转、检查各主要部分工作是否正常;试车完毕,待命状态操作。

2.操作步骤

(1)主柴油机暖机操作

①检查主机冷却系统(膨胀水柜、活塞冷却水柜、油头冷却水柜)的水位,起动循环泵驱气;

②开启主、副机冷却水联通阀,将正在运行中的副机冷却水系统中的热淡水输入主机冷却水系统进行加热保温;水温可保持在40 ℃左右或更高些;

③水冷活塞冷却系统、油头冷却系统也加热循环;

④检查主机润滑系统(循环柜)的油位;

⑤开启主机滑油循环柜蒸汽加热进口阀,加热滑油至38 ℃左右,再开动滑油泵使滑油在系统中循环,或开启滑油分油机对滑油进行加温。

(2)主压缩空气系统操作

①起动前的准备

a.检查曲轴箱的油位是否在油尺(或油位观察孔)两刻线之间;

b.检查空压机排出端管路上(直到空气瓶)的截止阀是否开启并处于全开位置;

c.手动盘车数转检查运动部件是否灵活,有无卡阻现象。

②开启冷却水系统管路上的进、排阀,并开缸头出水管路上的放气阀,检查供水压力0.15~0.25 MPa,进出口温差不超过12 ℃。

③如无自动卸载装置的空压机,起动前应开启手动卸载阀或中间冷却器和气液分离器的泄放阀。

④接通电源，起动空压机；待机器达到额定转速后，关闭手动卸载阀或中间冷却器和气液分离器上的泄放阀；观察压力表有无读数，以判断气路是否畅通，压力表有无损坏；仔细倾听空压机有无不正常响声。

⑤将两只空气瓶补足到规定压力上限(3 MPa)；并注意放掉空气瓶残水。

⑥开启空气瓶出口阀(备用空气瓶不开)、主起动阀前的截止阀。开启空气瓶通往驾驶台汽笛的阀门。开启机舱动力设备控制系统用气(一般为0.7 MPa)。

(3)主柴油机备车时滑油系统操作

①检查油位，检查主机滑油循环柜、透平油柜、轴系油位(艉轴承和中间轴承)以及气缸注油器，及时补油；

②开启滑油分油机，并加热滑油，开启滑油循环泵，检查并调整油压至规定值；

③主机有轴带滑油循环(增压)泵时，应开启主机备用滑油循环(增压)泵进行油压的检查和调整；

④对于独立润滑系统的增压器，还应起动透平油泵；

⑤对于油冷式活塞，当滑油循环泵起动后，要注意观察各缸活塞冷却油的回油情况和温度；

⑥柴油机冲车前的盘车过程中，应摇动气缸注油器(约50次)以润滑气缸表面；

⑦各非压力润滑点的润滑油杯，应加注润滑油或润滑油脂，如气阀机构和气阀传动机构、油门调节杆和调速器传动轴。

(4)主柴油机备车冷却系统操作

①检查海水系统情况，包括高地位海底门的转换，试运转海水泵，检查海水压力是否正常；

②检查主机膨胀水柜、活塞冷却水柜(水冷式活塞)、主机喷油器冷却水柜的水位，水量不足时应补充到规定的水位；

③提前15～30 min起动主机淡水(循环)泵，并驱除系统内气体。检查主机淡水(循环)泵、主机海水泵阀门是否开启，并调整好水压；

④对于水冷式活塞，应开启活塞冷却水泵，同时注意观察各缸活塞冷却水的流动情况(45 ℃)；

⑤开动喷油器冷却泵，必要时可进行加温预热冷却水。

(5)主柴油机备车燃油系统操作

①检查燃油日用柜、沉淀柜的油位，检查柴油柜和柴油日用柜的油位，放掉底部残水；

②起动燃油分油机净化并加热燃油；

③检查轻重油转换阀启闭状态，备车时应开启柴油阀，关闭重油阀；

④提前数小时预热各油柜，温度要在规定的范围内(沉淀柜75 ℃，日用柜80 ℃)；

⑤起动低压燃油输送泵，驱除系统空气，检查并调整油压在规定范围之内。

(6)主柴油机转车与冲车操作

①主机的暖机、各系统准备完毕后，检查主机各缸示功阀是否开启；

②检查缸盖、飞轮、轴系各处有无障碍物；

③合上盘车机，手摇气缸注油器30～50转向气缸壁表面注油润滑，起动按钮盘车10～15 min，注意查看盘车机电流表读数是否正常、轴系回转是否正常；

④盘车结束后脱开盘车机；

⑤通知值班驾驶员并征得同意后，将油门置零位，按下起动按钮(手柄)冲车(各种机型不同，操纵方式也不同)，使柴油机转动 2 ~4 s，将气缸中的杂质、残水和积油等物从示功阀处吹出。同时观察主机、增压器的转动是否平稳，有无杂音。

(7)主柴油机起动与试车操作

①经过备车、各系统准备正常，并经过盘车、冲车后，检查确认转车机脱开、示功阀关闭、暖机情况正常、轴系无阻碍、系统处于启动状态；

②关闭示功阀，准备试车。

试车操作要领如下：

a. 摇车钟“微速前进”去驾驶台，得到回令后起动操作，确认正常起动并运转正常后，摇车钟“停车”去驾驶台，得到回令后停车。

b. 摇车钟“微速后退”去驾驶台，得到回令后进行“换向”(至倒车位)，然后倒车起动，确认正常起动并运转正常后，摇车钟“停车”去驾驶台，得到回令后停车。

c. 确认主机正、倒车运转正常后(尤其是发火声音)，用电话告诉驾驶台主机备车完毕。将车钟应置于“停车”位：表示驾驶台可随时用车，值班轮机员不应再离开操纵台；如果通过冲试车发现一些问题，此时车钟应置于“备车”位，表明机舱主机还没有备妥，待主机备妥后置车钟于“停车”位。

d. 主机备妥后，会同值班驾驶员、电机员去舵机房试舵。

7.1.5 实训步骤

按照主柴油机备车要求，起动辅助设备，检查确认各系统的运转情况，参照主柴油机起动程序起动柴油机，并将检查情况填入表 7 –1 –1 中。

表 7 –1 –1 主柴油机备车情况检查记录表

<table>
<tr><td>操作者</td><td></td><td colspan="2">主机型号</td><td></td></tr>
<tr><td>额定转速/(r/min)</td><td></td><td colspan="2">试验转速/(r/min)</td><td></td></tr>
<tr><td>额定功率/kW</td><td></td><td colspan="2">试验时间/min</td><td></td></tr>
<tr><td rowspan="2">燃油系统检查情况</td><td colspan="2">压力/MPa</td><td colspan="2">温度/℃</td></tr>
<tr><td colspan="2"></td><td colspan="2"></td></tr>
<tr><td rowspan="2">滑油系统检查情况</td><td colspan="2">压力/MPa</td><td colspan="2">温度/℃</td></tr>
<tr><td colspan="2"></td><td colspan="2"></td></tr>
<tr><td rowspan="2">淡水冷却系统检查情况</td><td colspan="2">压力/MPa</td><td colspan="2">温度/℃</td></tr>
<tr><td colspan="2"></td><td colspan="2"></td></tr>
<tr><td rowspan="2">海水冷却系统检查情况</td><td colspan="2">压力/MPa</td><td colspan="2">温度/℃</td></tr>
<tr><td colspan="2"></td><td colspan="2"></td></tr>
</table>

表 7-1-1(续)

操作者			主机型号		
增压器检查情况					
缸头水温/℃	No. 1	No. 2	No. 3	No. 4	No. 5	No. 6
排烟温度/℃	No. 1	No. 2	No. 3	No. 4	No. 5	No. 6

7.1.6　思考题

1. 柴油机备车的作用是什么?
2. 开启循环泵的作用是什么?

7.1.7　相关知识点

1. 暖机定义和目的

暖机是指首先加热主机冷却系统和润滑系统中循环液(冷却水和润滑油),然后开动冷却水循环泵和滑油循环泵,使水、油在机器中循环以提高机身温度和向各运动摩擦表面供应滑油的过程。

2. 暖机时的注意事项和其他方式

利用主辅机冷却水暖机过程容易导致副机冷却水温短时间内急剧下降,这时应适当调节副机淡水冷却器的旁通阀,副机冷却水温度保持在合适的范围内;

暖机的其他方式:还可以通过开启蒸汽加热器阀加热冷却淡水,或开启电加热器加热冷却淡水进行暖机。

3. 滑油的工作压力要求

滑油压力一般应保持在 0.15 ~ 0.4 MPa。滑油的压力应高于海水和淡水压力,以防止冷却器泄漏时冷却液漏入滑油中。滑油的压力可由滑油泵的旁通阀来调节。滑油的压力过高时,滑油会向四处飞溅,接合面易漏油,在曲轴箱中容易受热氧化变质,也增加了滑油的消耗。滑油压力过低时,将会因轴承供油不足而使机件磨损增加,严重时,会发生重大机损事故和安全事故。

4. 滑油的工作温度要求

滑油温度过低,黏度增大,摩擦阻力损失增大,同时滑油泵耗功增加;滑油温度过高,黏度降低,润滑性能变差,零部件磨损增大,同时滑油易氧化变质。通常,滑油进口温度应保持在 40 ~ 55 ℃(中高速机取上限);最高温度不允许超过 65 ℃(中高速柴油机为 70 ~ 90 ℃);进出口温差一般为 10 ~ 15 ℃。滑油的温度一般可通过滑油冷却器的旁通阀来调节。

5. 柴油机中润滑的作用

柴油机中润滑的作用包括减磨、冷却、清洁、密封、防腐、降低噪声、传递动力。

6. 燃油系统的五个基本环节

这五个基本环节是指加装和测量、贮存、驳运、净化处理、供给。

7. 燃油黏度要求

重油进入喷油泵时其黏度应降低到 12 ~ 25 mm^2/s。在根据此雾化黏度确定雾化加热器的预热温度时，还应再提高 10 ~ 15 ℃，以抵偿喷油压力及散热对黏度的影响。为避免加热后迅速积垢，预热温度不得超过 150 ℃。

8. 重油系统各段加热油温调整

重油系统各段加热油温可按下列参数调整：

(1)燃油大舱，15 ~ 20 ℃；吸入口：35 ~ 40 ℃。

(2)重油沉淀柜，50 ~ 70 ℃。

(3)重油分油机进口，85 ~ 95 ℃。

(4)重油日用柜，70 ~ 80 ℃。

(5)重油进机黏度，12 ~ 25 mm^2/s，温度 100 ~ 150 ℃。

9. 如何根据燃油流经滤器前后的压力差来判断滤器的工作情况

若压力差增大超过正常值，表明滤器已变脏堵塞，需立即清洗；若无压力差或压力差变小，则表明滤网破损或滤芯装配不对，需立即拆卸检查。

10. 船舶柴油机轻重油的转换

现代大型二冲程柴油机在日常进出港时不需要换油操作。在长时间停航时，需要在停机前换油。由重油换为轻油时：首先关闭燃油雾化加热器的加热阀，关掉黏度计，随后切断燃料油，同时接通柴油。由轻油换为重油时：首先，必须将燃料油日用柜加热至使用状态，同时略为开启燃油雾化加热器使柴油温度上升至 40 ℃以上，随后再切断柴油，接通燃料油。

11. 气缸套冷却水的循环路线

气缸套冷却水泵出口的淡水由气缸套水进口总管进入各气缸套下部，沿气缸套→气缸盖→增压器路线进行冷却。各缸出水管汇总后，一路经造水机和淡水冷却器冷却，重新进入气缸套冷却水泵进口；另一路进入淡水膨胀水箱。在淡水膨胀水箱和气缸套冷却水泵之间设有平衡管用于给系统补水并保持淡水泵吸入压头。

12. 高置膨胀水箱的作用

(1)膨胀，使系统中的淡水受热后有膨胀的余地。

(2)补水，补充系统中因蒸发和漏泄而损失的水量并保证淡水泵有足够的吸入压头；排放系统中的空气。

(3)投药，可在此投放化学药剂以对冷却水进行化学处理。

(4)加热，可对冷却水加热以暖缸。

13. 中央冷却水系统的特点

新型的柴油机冷却系统，即近代的中央冷却系统。这种冷却系统的基本特点是使用不同工作温度的两个单独的淡水循环系统：高温淡水(80 ~ 85 ℃)和低温淡水(30 ~ 40 ℃)闭式系统。前者用于冷却主机，后者用于冷却高温淡水和各种冷却器。

14. 柴油机淡水冷却水系统压力要求

淡水压力应高于海水压力，防止冷却器泄漏时海水漏入淡水中，引起其变质。

15. 柴油机淡水温度对柴油机的影响，淡水温度的规定及调节方法

淡水出口温度过低(造成热损失增加、热应力增大、低温腐蚀)或过高(使缸壁滑油膜蒸

发、气缸壁磨损加剧、冷却腔内发生汽化、气缸套密封圈迅速老化)。对于中高速柴油机,一般出口温度可控制在 70 ~ 80 ℃(不烧含硫重油时),低速柴油机出口温度可控制在 60 ~ 70 ℃;进出口温差不大于 12 ℃。一般淡水出口温度以接近允许上限温度为宜。

海水出口温度不应超过 50 ℃,以免盐分析出而沉积成垢,影响传热。

可以利用海水管路上的旁通阀调节进入淡水冷却器的海水量,或者利用淡水管路上的旁通阀调节进入淡水冷却器的淡水量或调节海水温度来调节淡水温度。现代新建的船舶多装设淡水和滑油温度自动调节装置,它们的调节阀多装在淡水和滑油的管路中,以控制进入冷却器的淡水量和滑油量。

调整冷却水流量,应调整淡水泵的出口阀,同时注意调节速度应尽量缓慢。淡水泵的进口阀应始终处于全开位置上。气缸冷却水压力波动而调节无效时,通常是由系统中有气体存在造成。

16. 柴油机冷却水水质要求

定期(最好每周一次)检查冷却水质量,检测水处理添加剂(如缓蚀剂)的浓度(应在其说明书规定范围内)、pH 值(在 20 ℃时应为 7 ~10)和氯化物浓度(不大于 50ppm①)。

17. 活塞式空压机润滑要求

油勺飞溅润滑时,以曲轴在下止点油勺浸在油中 20 ~30 mm 为宜,油勺应离曲轴箱底 2 ~3 mm;低压级气缸采用滴油润滑时,起动前滴油杯中的油位不应低于1/3,并将滴油量调至每分钟 1 ~2 滴。

18. 活塞式空压机的排温规定

当第一级进气温度为 50 ℃,冷却水温度为 30 ℃(海水)或 40 ℃(淡水闭式冷却),最终排气压力为额定排汽压力时,各级排气温度不得超过 200 ℃。

19. 活塞式空压机的自动控制装置

空压机可带下列自动控制装置:自动开停车;自动卸荷;自动泄放;气、油、水压力监控;气、油、水温度监控。

20. 活塞式空压机的排出压力

当排气控制阀全部关闭后,空压机的排气压力上升至额定排气压力的 112% ~118% 时,最后级安全阀必须开启,并保证空压机的排气压力不再上升;级间安全阀的起跳压力应不超过该级排气压力的 120%。安全阀应装在各级冷却器之后或冷却器上。

21. 活塞式空压机的主要部件

其主要部件包括:气缸体、气缸套、气缸盖、曲轴箱、活塞、活塞销、连杆、连杆螺栓、曲轴、活塞杆。

22. 活塞式空压机气阀密封性的检查方法

气阀在组件装配后,应进行严密性试验。向阀内注入煤油后,工作压力不超过 6 MPa 的气阀,每分钟滴漏不得超过 10 滴;工作压力大于 6 MPa 的气阀,每分钟滴漏不得超过 5 滴。

23. 空压机及动力设备对操作人员的要求

要求操作人员做到四懂(设备性能、结构、原理、故障判断),三会(保养、修理、操作)。

---

① $1\text{ppm}=10^{-6}$。

24. 空压机起动前的准备工作

起动前准备工作：清除机器周围无关物品，用手转动皮带轮，检查有无卡阻；检查各连接部位和紧固件安装是否正确良好；检查皮带的松紧程度，用手指压在皮带中间时，皮带弯曲量以 10 ~ 15 mm 为宜；检查曲轴箱、排净沉淀水、加注润滑油至油尺规定刻线；检查起动箱的自动、保险装置和空压机及空气瓶的安全阀是否良好；打开空压机上的放气阀，使其在空负荷下起动。

25. 空压机运转中操作注意事项

空压机起动后，检查传动机构有无打滑或皮带断脱；检查润滑油压力是否正常，有异常应停机检查。空压机在运转中，应经常检查空气系统有无泄漏，压力表显示读数是否正确，安全阀是否良好；检查润滑系统有无渗漏，机器有无发热和异常响声；运转中如遇非修不可故障时，必须停机修理，严禁在机器运转过程中拆、修；运转中注意放掉空气瓶内的积油积水。

26. 空压机停机操作

停机操作：切断电源，关闭空气瓶进气阀和空压机出气阀，放掉空压机内余气；有离合器者，应使离合器脱开。

27. 柴油机转车的目的

目的是检查机器各运动部件和轴系的回转情况以及各气缸内有无大量积水。大型柴油机要求正倒车共转车 10 ~ 15 min。

28. 冲车操作及其目的

冲车是利用起动装置供给压缩空气（不供燃油）使主机转动的操作过程。目的是将气缸中的杂质、残水或积油等从开启的示功阀冲出。在冲车过程中可以判断起动装置和主机工作是否正常。

29. 船舶柴油机的起动转速

起动转速的范围是：高速柴油机为 80 ~ 150 r/min；中速柴油机为 60 ~ 70 r/min；低速柴油机为 25 ~ 30 r/min。

30. 试车的目的

目的是检查起动系统、换向系统、燃油喷射系统、油量调节机构及调速器工作状态。

31. 船舶主机操作方式

操作方式：用一个操纵手轮来实现主机的起动、停车、换向、运转等全部操作；由起动手柄专管起动；由换向手柄（车钟手柄）兼管换向和车钟回令；由燃油调节手柄起限制燃油量作用；由调速旋钮起调速作用；起动只有一个手柄，该手柄兼有起动和调速的功能，正车和倒车都是向前推进的，换向是由车钟完成的。

32. 起动、换向操作时的注意事项

（1）暖机不充分，备车程序没有完成，应严禁动用主机。

（2）主机起动时，应限制油门，以防止爆燃和轴系超负荷。

（3）主机停车、螺旋桨停转后，方能反向起动：非紧急情况，不得采用紧急换向制动的方法操车，否则会造成机损事故。

（4）主机起动发火后，常常会超过驾驶台所要求的“前进一”或“后退一”车速，这时应将油门减小稍许。

(5)起动时,一旦听到主机发火声音,应立即松开起动手柄(或按钮),切断压缩空气。

(6)主机的负荷只能缓慢地增加。柴油机在冷态下,自慢车至全负荷过渡时期,约需 45 min,在热状态下亦需要 15 ~20 min;否则会造成主机超负荷及产生热应力,致使气缸套、缸盖出现裂纹。

(7)起动操作时,应快速越过主机的临界转速禁区。

(8)起动操作时,应及时补充空气瓶中的压缩空气,并放出残水。

(9)要特别注意刚检修过的机件,如查看经过调整或更换过的轴承、链条等的工作情况是否良好。

(10)主机操纵时,要注意滑油、冷却淡水、冷却海水的压力和温度调节。特别是滑油压力常因主机转速变化而发生很大波动,应及时将其调整至规定值。机动操纵时间久了,油温、水温也变化很大,应及时启闭主机海水泵。

(11)要注意主机各重要部件的工作情况,如增压器、起动阀(泄漏否)、调速器、示功阀等。

(12)起动操纵结束,关闭压缩空气截止阀。

33. 四冲程柴油机的主要组成

四冲程柴油机主要由运动部件、固定部件以及一些系统组成。运动部件主要包括:活塞组件、连杆组件、曲轴组件、飞轮等。连杆小端与活塞销相连,大端与曲轴的曲柄销相连,活塞组件在气缸中做上下往复运动,构成曲柄连杆机构。

固定部件主要包括:机座、机体、气缸盖、气缸套、主轴承等。机座支承柴油机所有部件的质量,并与船体上的基座相固定;气缸盖、气缸套及活塞组件三者组成燃烧室和工作空间;机体上装有各种附件,缸体内装有气缸套,上平面与气缸盖由螺栓固联在一起;主轴承正置在机座上或倒挂在机体下面或装在机体下部的隧道中用以支承曲轴的旋转;气缸盖上装有进排气阀及其传动机构、喷油器、示功阀、空气起动阀等。

柴油机主要系统有:配气系统(由气阀及其传动机构、滤清器、进排气管等组成)、燃油系统(由高压油泵、油管、喷油器、输油泵等组成)、冷却系统、润滑系统以及起动、调速、换向等系统。

34. 二冲程柴油机的主要组成

以低速大型十字头式二冲程柴油机为例,其主要部件组成如下。

运动部件主要包括:活塞、活塞杆、十字头、连杆、曲轴等。活塞杆与活塞和十字头紧固在一起,连杆小端与十字头销铰联,连杆大端与曲轴的曲柄销铰联。

固定部件主要包括:机座,主轴承、机架、导板、气缸体、气缸套、气缸盖、扫气箱等。导板承受由十字头滑块传来的侧推力。

配气系统:二冲程柴油机不管是哪种扫气形式,都设有专门的扫气泵或增压器供给扫气空气。气阀 - 气口直流扫气形式柴油机只有排气阀及其传动机构;弯流扫气和气口 - 气口直流扫气形式柴油机没有气阀,但在某种弯流扫气形式柴冲机中设有排气回转阀及其传动机构。

35. 二冲程柴油机与四冲程柴油机的特点对比

(1)在柴油机结构参数和运转参数基本相同的非增压情况下,理论上二冲程柴油机的作功能力为四冲程柴油机的 2 倍,但由于二冲程柴油机存在由气口引起的冲程损失和扫气损失，使其实际作功能力为四冲程柴油机的1.6~1.8倍。

（2）二冲程柴油机换气质量不如四冲程柴油机完善，耗气量也大。

（3）在功率相同情况下，二冲程柴油机燃烧室周围部件的热负荷比四冲程柴油机的高，因此给高增压带来困难。

（4）四冲程柴油机的高压喷油系统工作条件比二冲程柴油机好。这是因为在同样转速下，四冲程柴油机每两转供油一次，因此高压油泵柱塞速度较低，喷嘴热负荷较低，可减少喷孔堵塞。

（5）二冲程柴油机由于省去了进气阀或进、排气阀及其传动机构，使维护、保养变得简单。

（6）二冲程柴油机曲轴转一转就有一个工作冲程，因而回转比四冲程柴油机均匀并可减少飞轮尺寸。

（7）二冲程柴油机在低负荷低转速情况下，由于排气能量不足，增压器供给的空气流量和压力不足，所以满足不了扫气要求，使燃烧恶化，导致柴油机性能和经济性下降。

一般船用大型低速柴油机为了得到较大的单缸功率都采用二冲程。这种柴油机由于转速很低，所以换气质量和燃油系统的工作条件均能得到保证。高中速大功率柴油机大多数为四冲程，这主要是因为四冲程柴油机的热负荷低，易实现高增压。但随着二冲程柴油机的不断发展，逐步改善零件热负荷、换气质量以及增压系统等，高中速大功率二冲程柴油机有可能得到较快的发展。

36. 压缩空气系统的要求

（1）供主机起动用的空气瓶（主空气瓶）至少应有2个，其总容量应在不充气的情况下，保证每台可换向的主机能从冷车连续起动不少于12次，试验时应正倒车交替进行；对每台不能换向的柴油机能从冷车连续起动不少于6次。

（2）用压缩空气起动的主机至少应设2台空压机，其中一台应为独立驱动，其总排量应在1 h内使空气瓶由大气压力升至连续起动所需要的压力。对于无限航区的船舶，还应设置一台应急空压机，以保证对空气瓶的初始充气。

（3）应在空压机、空气瓶、大型低速柴油机的起动总管上安装安全阀和其他相应的阀件。

空压机安全阀的开启压力不应大于工作压力的1.1倍。每台空压机的排出管应直接与每个空气瓶连接。在空压机与空气瓶之间应安装油气分离器或过滤器，用以分离并泄放压缩机排气中所含的油和水。

柴油机起动总管上的安全阀开启压力为最高起动压力的1.1倍。在通往柴油机的起动空气管路上装有截止止回阀，用以保护压缩空气管路不受缸内爆炸气体的影响。缸径大于230 mm的柴油机，其起动空气系统应安装火焰阻止器。对于直接换向的柴油机，每一起动阀处安装一个火焰阻止器；对于不可换向的柴油机则只在起动空气管上装一个火焰阻止器。

空气瓶是压力容器，其排出阀为止回阀，以防当一只空气瓶压力低时，另一只压力高的空气瓶在开启时空气倒灌入压力低的瓶内。空气瓶应设残油、水的泄放设备。空气瓶上安全阀的开启压力不超过工作压力的1.1倍。如在空气进气管上或空压机上装有安全阀，且在充气时能防止瓶内压力超过设计压力时，则可不安装安全阀，但应装易熔塞，熔点约为100 ℃，其尺寸应保证失火时能有效地放出空气。

实训任务7.2　船舶主柴油机动车后的参数监测与调整

7.2.1　实训目的

(1)熟悉柴油机冷却水系统温度和压力的调整操作;

(2)熟悉柴油机燃油系统、滑油系统温度和压力调整操作;

(3)了解增压器增压压力、温度检查。

7.2.2　实训内容

柴油机起动后,对柴油机冷却水系统、燃油滑油系统、增压器等运转状况进行检查,并做适当的调整。

7.2.3　实训要求

(1)按规范安全操作;各系统进行参数调整之前,在征得指导教师的同意后方可操作。

(2)工作时集中注意力,应与旋转件如电机、皮带轮等,保持一定距离;小组成员之间积极互动交流。

(3)做好工作场地的清洁与设备的保养工作。

7.2.4　实训指导

1. 操作要点

冷却水温度、压力检测调整方法和要求;燃油温度、压力检测调整方法和要求;滑油温度、压力检测调整方法和要求;增压器增压压力、温度检测调整方法和要求;排气温度检测及调整方法。

2. 操作步骤

(1)主机冷却淡水的温度、压力检查与调整

检查主机膨胀水箱的水位是否在规定范围内;查看膨胀水箱的透气管是否有大量气体出来,气体是否有烟气味;检查冷却淡水的压力,并要求其压力略高于冷却海水的压力;及时开启主机海水泵。通过海水泵的进、出口阀来调节其流量和压力;主机在港口或浅水道航行时应使用高位海底阀,船舶进入深水区后应换用低位海底阀;经常对主机冷却淡水进行化验。

(2)燃油系统、滑油系统的温度、压力检查

检查燃油的压力值,定期给燃油沉淀柜、燃油日用柜和柴油日用柜放残水;补充日用柜的柴油或燃油;检查喷油泵和喷油器的温度,用手触摸,检查高压油管的脉动情况;检查并记录好燃油流量表的读数;根据需要进行燃油与柴油的转换;检查主机系统润滑油的压力:检查主机润滑系统的滑油温度;经常检查主机滑油循环柜的油位;滑油泵的压力和滤器前后的压差;对于油冷却活塞,要注意活塞的回油情况是否稳定;长时间低速运行,为了防止

气缸油过量，对于供油量可调的气缸注油器，应将油量调低，待定速运转后再恢复正常供油量；经常用手摸曲柄箱道门；要适时开启滑油分油机；还应经常检查推力轴承、中间轴承，以及艉轴管的工作状态。

(3)透平油润滑系统的油压、油位和温度检查

三个参数应在规定的范围之内；检查增压器的转速、增压压力值；检查增压器运转的平稳性，仔细倾听有无不正常的声音；检查空冷器的冷却状况，注意扫气温度应略高于机舱温度2 ℃；检查压气机端消音滤网和空冷器前后压差；检查增压器涡轮端冷却水的进出口温度。尽量使增压器冷却水进口温度保持在60～65 ℃；检查废气涡轮增压器后的排气温度。

(4)主机排气温度的检查与调整

各缸压缩压力的差值不超过±2.5%；各缸爆压的差值不超过±4%；各缸排温的差值不超过±5%；各缸指示功率的差值不超过±2.5%。

7.2.5 实训步骤

按照主柴油机机动用车的要求，检查确认各系统的运转情况，检查辅助设备的运转状况，并将检查情况填入表7-2-1中。

表7-2-1 主柴油机动车后的参数检查记录表

操作者			试验日期			
主机型号			额定转速/(r/min)			
试验转速/(r/min)			额定功率/kW			
扫气压力			推力轴承温度/℃			
燃油系统检查情况	压力/MPa			温度/℃		
滑油系统检查情况	压力/MPa			温度/℃		
淡水冷却系统检查情况	压力/MPa			温度/℃		
海水冷却系统检查情况	压力/MPa			温度/℃		
增压器检查情况						
缸头水温/℃	No. 1	No. 2	No. 3	No. 4	No. 5	No. 6
排烟温度/℃	No. 1	No. 2	No. 3	No. 4	No. 5	No. 6
爆发压力/MPa	No. 1	No. 2	No. 3	No. 4	No. 5	No. 6

7.2.6　思考题

1. 机动航行时是用高位还是低位海底阀？

2. 重油换轻油时是先关重油阀还是先开轻油阀？

7.2.7　相关知识点

1. 船舶柴油机机动用车的情况

用车情况：靠离泊、进出港口、狭窄水道、交通密集航道、雾航等。

2. 大型主机冷却水出口温度要求

冷却淡水出机温度应在 65 ~ 80 ℃（一般以说明书规定的上限作为参考值），进出口温差应不大于 12 ℃。主机刚起动时，由于负荷不大，水温尚较低，不必开启主机海水泵；而当长久运行之后，则水温升高，此时应开启主机海水泵，用海水冷却淡水，并可通过淡水冷却器旁通阀来调节水温。海水出口温度不应超过 50 ℃，以免盐析出而沉积成垢影响传热。

3. 大型船舶柴油机重油进入高压油泵的黏度要求

重油进入喷油泵的黏度应控制在 12 ~ 25 mm^2/s；对中速柴油机要求上限不超过 20 mm^2/s。

4. 燃油自清滤器的前后压差要求

滤器前后的压差正常值约为 0.02 MPa，当压差达到 0.04 MPa 以上时，应立即转换并清洗滤器。

5. 低速柴油机的滑油压力要求

低速柴油机的滑油压力一般为 0.25 ~ 0.4 MPa，滑油压力应高于海水压力。

6. 大型低速柴油机的滑油出口温度控制范围

大型低速柴油机的滑油出口温度应控制在 45 ~ 60 ℃，最高不得超过 65 ℃，进出口温差一般为 10 ℃左右。

7. 推力轴承的温度要求

推力轴承的温度通常应不大于 70 ℃。

8. 增压器空气滤清器及空冷器的正常压降要求

空气滤器压降超过 0.98 kPa，空冷器压降超过 1.96 kPa 时需要清洗。

9. 运行中应记录的主要运行参数

运行中应记录如下主要运行参数：各缸排烟温度，涡轮前后温度，增压器转速，空冷器和空气滤汽器压降，扫气压力，空冷前后的温度与冷却水的进出口温度，轴承润滑的油位、温度、压力。

实训任务7.3　船舶主柴油机定速后的管理

7.3.1　实训目的

(1)熟悉柴油机定速后冷却水系统的检查内容及方法;
(2)熟悉柴油机定速后滑油系统的检查内容和方法;
(3)熟悉柴油机定速后燃油系统的检查内容和方法;
(4)熟悉柴油机定速后压缩空气系统的检查内容和方法;
(5)了解柴油机定速后辅助设备的检查内容和方法。

7.3.2　实训内容

柴油机定速后,对柴油机冷却水系统、燃油滑油系统、压缩空气系统、辅助设备等运转状况进行检查和管理。

7.3.3　实训要求

(1)按规范安全操作;发现柴油机及其他设备运转异常时,需及时报告指导教师并进行调整。

(2)工作时集中注意力,应与旋转件,如电机、皮带轮等保持一定距离,小组成员之间积极互动交流。

(3)做好工作场地的清洁与设备的保养工作。

7.3.4　实训指导

1. 操作要点

(1)底层巡回检查:活塞冷却回流液情况、曲柄箱工作情况;推力轴承、中间轴承艉轴密封;冷却水泵、油泵、循环水柜、滑油柜。

(2)机舱中层巡回检查:凸轮轴、注油器;扫气处、冷却器;燃油柜、空气瓶。

(3)机舱高层巡回检查:气缸盖、增压器;高压油泵、排气阀、膨胀水箱。

2. 操作步骤

当接到驾驶台通知定速或重复2次“FULL AHEAD”命令后,机舱进行换油和换用低位海底门。主机在定速运行时应做好下述四个方面的工作:

(1)执行驾驶台的命令,保证主机转速在船长和轮机长商定的转速下工作,同时按照要求认真填写轮机日志和车钟。

(2)调整并保持主机的各种运行参数在规定的范围内,及时处理好主机运行时所出现的问题和故障。

(3)做好主机的日常管理工作,定期向人工加油部位,如气缸油注油器、中间轴承等加油、补油；定期疏放燃油日用柜、沉淀柜、扫气箱及空气冷却器的残水；做好燃油的驳运、净化，滑油的净化工作。

(4)按时进行巡回检查，每班至少两次

①底层巡回检查

a.检查滑油循环柜油位，若油位发生变化应及时查明原因并排除故障。油冷式活塞的回油应保持稳定。

b.检查推力轴承的油温，各中间轴承油位、油温，艉轴重力油柜液位、油温，首尾密封装置油柜和循环器油位。每3～4个月取样化验一次，不得超过6个月。

c.检查各冷却水泵、油泵运转情况，及进排出压力等，检查循环水柜、滑油柜的水位、油位。

②机舱中层巡回检查

a.凸轮轴、注油器：运转中确保凸轮轴和气缸注油器的工作正常。

b.扫气处、冷却器：冷却系统的自动温度调节器应始终保持正常工作状态。

c.燃油柜、空气瓶：检查燃油柜油位油温并放残，检查空气瓶压力并放残。

③机舱高层巡回检查

a.气缸盖、增压器：冷却水出口温度应符合说明书规定，温差应符合要求；检查各缸排温符合说明书要求，温差在规定范围之内；检测增压器的转速、润滑和冷却情况及增压空气压力；压气机流道和废气流道应按说明书规定的时间间隔喷水冲洗。压气机流道每天冲洗一次。主柴油机累计运行300 h冲洗废气流道。

b.高压油泵、排气阀、膨胀水箱：注意主、副机膨胀水箱、喷油器冷却水柜液位变化并注意水量的消耗；检查沉淀柜、日用柜油位和油温，按时放残水；检查高压油泵、喷油器的工作状态和高压油管的脉动情况。

7.3.5 实训步骤

按照主柴油机定速的要求，检查确认各系统的运转情况，检查辅助设备的运转状况，并将检查情况填入表7－3－1中。

表7－3－1 主柴油机定速后的参数检查记录表

<table>
<tr><td>操作者</td><td colspan="2"></td><td colspan="2">试验日期</td><td></td></tr>
<tr><td>主机型号</td><td colspan="2"></td><td colspan="2">额定转速/(r/min)</td><td></td></tr>
<tr><td>实际转速/(r/min)</td><td colspan="2"></td><td colspan="2">额定功率/kW</td><td></td></tr>
<tr><td>扫气温度/℃</td><td colspan="2"></td><td colspan="2">扫气压力/MPa</td><td></td></tr>
<tr><td>空冷器前后压差</td><td colspan="2"></td><td colspan="2">推力轴承温度/℃</td><td></td></tr>
<tr><td rowspan="2">燃油系统检查情况</td><td colspan="3">压力/MPa</td><td colspan="2">温度/℃</td></tr>
<tr><td colspan="3"></td><td colspan="2"></td></tr>
<tr><td rowspan="2">滑油系统检查情况</td><td colspan="3">压力/MPa</td><td colspan="2">温度/℃</td></tr>
<tr><td colspan="3"></td><td colspan="2"></td></tr>
</table>

表 7-3-1(续)

淡水冷却系统检查情况	压力/MPa			温度/℃		
海水冷却系统检查情况	压力/MPa			温度/℃		
增压器检查情况						
缸头水温/℃	No. 1	No. 2	No. 3	No. 4	No. 5	No. 6
排烟温度/℃	No. 1	No. 2	No. 3	No. 4	No. 5	No. 6

7.3.6　思考题

1. 主机定速航行时巡回检查要注意什么?
2. 主机定速航行时各缸的运转状态可以通过哪些参数来检查判断?

7.3.7　相关知识点

1. 主机定速航行巡回检查的内容

按时进行巡回检查,每班至少两次。

(1)液位的检查:膨胀水箱水位检查,不足时应补水;燃油日用柜油位检查,不足时应起动燃油分油机分油;燃油沉淀柜油位检查,低位时起动驳运泵驳油;滑油循环柜油位检查,过低时应考虑补油,油位不正常升高或降低时,应查找原因;摇臂油箱油位检查,不足时应补充;调速器油位检查,不足时应补充;增压器油位检查,不足时应补充;传动齿轮箱油位检查,不足应补充。

(2)压力的检查:主机滑油压力、摇臂润滑油压力、传动齿轮箱润滑油压力、主机气缸套冷却水压力、高温海水压力、低温海水压力、喷油器冷却油压力、增压空气压力、燃油进机压力、控制空气压力、空气瓶压力等的检查与调整。大型低速柴油机主滑油循环泵出口压力一般为 0.15 ~ 0.4 MPa。

(3)温度的检查:主机滑油、冷却水各测量点温度检查与调整,手动调整时可通过淡水冷却器和滑油冷却器的旁通阀来进行;喷油器冷却油温度检查与调整,手动调节时可通过冷却器旁通阀来进行;主机增压空气温度的检查与调整,手动调节时可通过空气冷却器的旁通阀来进行;主机各缸排气温度的检查;燃油系统各测量点温度检查与调整,手动调节时可通过调整蒸汽进口阀开度开进行;增压器滑油温度检查;调速器滑油温度检查。通常大型低速柴油机的冷却水出口温度为 65 ~ 70 ℃,海水出冷却器的温度为 50 ~ 55 ℃。空冷器出口的扫气温度不得低于 25 ℃,不得高于 45 ℃。滑油冷却器前温度为 50 ~ 55 ℃,不超过 60 ℃,冷却器前后温差为 10 ~ 15 ℃。高、中速柴油机滑油压力与温度值均稍高些。

(4)转速的检查:主机转速与增压器转速检查,过高或过低均应查找原因。

(5)检查各运转设备工作情况,有无异常响声、气味、振动、漏泄等情况时应及时排除。

(6)燃油日用柜、沉淀柜、空气瓶放残水,冷却水系统放空气,各需要人工注油润滑点注油。

实训任务7.4　船舶主柴油机完车的操作

7.4.1　实训目的

(1)熟悉船舶主柴油机完车后冷却水系统的操作;

(2)熟悉船舶主柴油机完车后滑油系统的操作;

(3)熟悉船舶主柴油机完车后燃油系统的操作;

(4)熟悉船舶主柴油机完车后的暖机操作。

7.4.2　实训内容

柴油机完车后,对柴油机冷却水系统、燃油滑油系统、压缩空气系统、辅助设备等进行相关的操作。

7.4.3　实训要求

(1)按规范安全操作;需在老师的指导下进行相关设备的操作。

(2)工作时集中注意力,应与旋转件,如电机、皮带轮等保持一定距离;小组成员之间积极互动交流。

(3)做好工作场地的清洁与设备的保养工作。

7.4.4　实训指导

1. 操作要点

关闭起动空气系统;接盘车机、打开示功阀;停燃油、滑油及冷却水泵;打开扫气箱、增压器放残阀;接通辅发动机冷却水系统暖机。

2. 操作步骤

接到驾驶台完车指令,机舱做好如下工作:

(1)车钟置在“停车”位置,检查并确认主机燃油操纵杆已在停车位置。

(2)打开各缸示功阀,征得驾驶台的同意后按下起动手柄(不供油)冲车,将气缸内残存的油气冲出。

(3)关闭空气阀、主起动系统供气阀及管路中间截止阀(锁定主起动阀,关闭操纵系统空气及泄放管内残气)。

(4)停燃油低压输送泵。

(5)停主海水泵,关闭其进、出口阀。

(6)接上盘车机,盘车 10 ~ 15 min,同时手摇气缸注油器向气缸壁注油润滑。

(7)打开扫气箱、涡轮端排出管等处放残阀阀门并放残。

(8)关掉温度、压力警报器及其他不使用的开关。

(9)喷油器冷却泵及透平油泵应继续循环一段时间后停掉。

(10)让主机滑油泵、主机淡水冷却泵、活塞冷却水(油)泵继续循环一段时间(一般为20~30 min,大功率低速柴油机可达6~8 h)后停机。

(11)应趁水温未降低前停掉主机淡水冷却水泵,打开主辅机暖机管路上的暖缸(联通)阀。

(12)最后应检查并确认主机及机舱情况正常,防止遗漏事项。

7.4.5 实训步骤

按照主柴油机完车的要求,依次停止柴油机各系统及各辅助设备,并将完车情况填入表7-4-1中。

表7-4-1 主柴油机完车检查记录表

操作者		试验日期	
主机型号		额定转速/(r/min)	
实际转速/(r/min)		额定功率/kW	
燃油系统停止时间		滑油系统停止时间	
海水系统停止时间		淡水系统停止时间	
扫气箱放残阀状态		涡轮增压器放残阀状态	
主空气瓶截止阀状态		暖机状态	

7.4.6 思考题

1. 完车操作的主要程序是什么?
2. 完车程序中转车的目的是什么?

项目八

船舶辅锅炉冷炉点火的操作与管理

实训任务8.1　辅锅炉点火前的准备工作

8.1.1　实训目的

(1)熟悉辅锅炉本体各附件及其作用;

(2)熟悉辅锅炉给水系统、蒸汽系统、凝水系统及排污系统的检查和操作;

(3)熟悉辅锅炉燃油系统的检查和操作;

(4)熟悉辅锅炉供风系统的检查和操作。

8.1.2　实训内容

辅锅炉点火前给水系统、蒸汽系统、凝水系统、燃油系统的检查和准备工作,锅炉供风装置检查运转,自动报警装置检查,锅炉点火操作等。

8.1.3　实训要求

(1)按规范安全操作;各系统运转之前检查系统的完整性及相关阀件开关状态。

(2)工作时集中注意力,锅炉点火前要充分预扫风;小组成员之间积极互动交流。

(3)做好工作场地的清洁与设备的保养工作。

8.1.4　实训指导

1. 操作要点

锅炉本体检查;给水、蒸汽、凝水、排水系统的状态检查;给水泵试运转;油泵、风机试运转;燃油、供风系统状态检查;自控、报警、安全系统检查;水位计冲洗的正确操作;给水的正确操作。

2. 操作步骤

(1)锅炉本体检:检查锅炉各部分(如锅炉本体、燃油系统、燃烧装置、风道烟道等)及附件(如水位计、压力表、给水阀、停汽阀、空气阀、安全阀等);

(2)给水、蒸汽、凝水、排水系统的状态检查,给水泵试运转,全开空气阀、压力表阀和水位计的通汽阀和通水阀，关闭其他阀门和人孔门、手孔门。锅炉停汽阀在关紧后应再回1/4～1/2转，以免升汽后阀杆受热膨胀将阀盘顶死在阀座上；

(3)检查自动调节系统和报警系统是否正常；

(4)检查燃油系统及设备，油泵试运转；检查锅炉日用油柜的油位、油温，排除油柜中的残水；

(5)检查供风系统，开启风机试运转；

(6)检查并试验安全阀强开装置；

(7)水位计冲洗操作

①通汽路：开冲洗阀，关通水阀，如听见汽流声很大，表明汽路畅通；如不畅通，可连续开关通汽阀几次，利用蒸汽冲击力将污物冲走。

②通水路：关通汽阀，开通水阀，如听见水流声很大，表明水路畅通；如不畅通，可连续开关通水阀几次，利用水流冲击力将污物冲走。

③叫水：关冲洗阀、通水阀，随即缓慢开启通水阀予以"叫水"，此时通汽阀关闭，若炉水一直升至水位计顶部，表明情况正常；否则，表明锅炉已处于"失水"危险状态，应立即采取措施，开通汽阀，以显示锅炉内水位。

(8)给水操作：对于火管式辅锅炉，应上水到水位计最高水位处。对于水管式辅锅炉，应上水到水位计最低水位稍高一点处。对于强制循环式辅助锅炉，冷炉水位应在水位计的较高处。

8.1.5 实训步骤

按照辅锅炉点火前准备工作的要求，检查锅炉本体及其附件，依次检查辅锅炉各系统，并将检查情况填入表8－1－1中。

表8－1－1 辅锅炉点火前检查记录表

操作者		试验日期	
锅炉型号		蒸发量	
锅炉本体检查状况		锅炉附件检查状况	
给水系统检查状况		燃油系统检查状况	
供风系统检查状况		排污系统检查状况	
凝水系统检查状况		安全阀状况检查	

8.1.6 思考题

1. 热水井有哪些作用？
2. 锅炉有哪些主要附件？

8.1.7　相关知识点

1. 锅炉的主要性能指标

锅炉的主要性能指标有：蒸发量、蒸汽参数、锅炉效率、受热面积、蒸发率及炉膛容积热负荷等。依据锅炉说明书，在各种参数中，辅锅炉侧重于蒸发量和蒸汽参数；废气锅炉则侧重于受热面积和蒸汽工作压力。

实训任务 8.1 锅炉安全阀和实训任务

实训任务 8.1 锅炉水位计结构与“叫水”操作

2. 锅炉的最低工作水位的规定

水管锅炉最低工作水位应高出最高受热面不少于 100 mm（汽包下降管应视为受热面）；横烟管锅炉应高出燃烧室或烟管顶部不少于 75 mm，多回程的可适当减小；竖烟管锅炉应不低于 1/2 烟管高度；混合式锅炉应高出热水管不小于 50 mm。当船舶横倾 4°时，最低工作水位应仍能符合上述要求。锅炉隔热层外表面在与水位表相邻处应设置最高受热面标志。锅炉给水温度应与锅炉本体温度相差在 30 ℃以内。

3. 锅炉水位计的要求

锅炉上至少装有两只水位计，分别布置在左、右两侧。水位计有玻璃管式、玻璃板式。水位计玻璃的内面割成三角形的数条纵向槽沟，光线自外部射入，在水中的玻璃因为光线的折射，水的部分成黑色，蒸汽部分则全部反射而成白色及二色式等三种。正常情况下，通常每 4 h 至少冲洗一次水位计。

4. 锅炉“叫水”的步骤

“叫水”步骤如表 8－1－2 所示。

表 8－1－2　辅锅炉“叫水”步骤

操作目的	操作顺序	结果	处理意见
通汽路	1. 开冲洗阀，关通水阀，冲洗后关闭通汽阀	汽流声甚大，表明汽路通畅	如不通畅，可连续开、关通汽阀或通水阀数次，利用汽水冲击力将污物冲走
通水路	2. 开通水阀，冲洗后关闭	水流声甚大，表明水路畅通	
“叫水”	3. 关冲洗阀，慢慢开启通水阀予以“叫水”	因此时通汽阀关闭，所以如水位高于水连通管，则水位一直升到水位计顶部	可进行第 4 步操作
		如无水出现，则炉水已位于水连通管以下，锅炉已处于“失水”危险状态	如明确知道数分钟前水位仍处于正常位置，则可加大给水量，迅速恢复水位；如失水时间不清楚，应立即熄火，停止供汽

表 8-1-2(续)

操作目的	操作顺序	结果	处理意见
开通汽阀,恢复到通水、通汽阀全开、冲洗阀全关状态	4. 开通汽阀	水位下降至水位计中段,表明情况正常	可投入工作
		如水位下降至水位计玻璃以下,表明炉水少,但水位仍在水连通管以上	加大给水量,迅速恢复正常水位
		如水位仍在顶部不降下来,表明锅炉已处于满水状态	首先停止供汽,并开启上排污阀放水于满水状态,水位恢复正常

5. 锅炉"叫水"时注意事项

为防止玻璃骤然变热而破裂,水位计冲洗时应特别注意通水阀和通汽阀同时关闭的时间要尽量短。另外在换新玻璃管(板)时,也应先稍开一点通汽阀,让玻璃暖一下,再开大通水阀和通汽阀。

6. 锅炉安全阀的有关规定

每台锅炉本体上应装设两个安全阀,通常组装在一个阀体内。蒸发量小于 1 t/h 的辅锅炉可仅装一只。装有过热器的锅炉,过热器上亦应至少装一只安全阀。锅炉安全阀的开启压力可为大于实际允许工作压力 5%,但不应超过锅炉设计压力。过热器安全阀的开启压力应低于锅炉安全阀的开启压力。安全阀开启后应能通畅地排出蒸汽,以保证在蒸汽阀关闭和炉内充分燃烧的情况下,烟管锅炉在 15 min 内,水管锅炉在 7 min 内蒸汽压力的升高值不超过锅炉设计压力的 10%。

7. 直接作用式安全阀(图 8-1-1)的结构及部件的作用

转动调节螺钉 3 即可调节弹簧压板 4 的位置,从而改变弹簧的张力以调整安全阀的开启压力。安全阀阀盘 2 的外缘直径加大形成唇边 5,它的作用是使阀能急速开启,并且维持升程的固定。

安全阀的关闭压力要低于开启压力,这一压力差值称为降低量。阀座上装有调节圈 7,调节圈升高时,阀开启后唇边外沿蒸汽通流面积缩小,作用在唇边上的附加上顶力就大,从而使阀的升程和关闭时的压力降低量加大。一般锅炉安全阀的最小降低量约为额定工作压力的 2%。平时一般每月手动强开安全阀一次,以防止长期不起跳而咬死。

8. 锅炉燃烧器的组成部件

燃烧器是将燃油喷射雾化并与空气良好混合燃烧的装置,主要由喷油器、配风器及电点火器等部件组成。一般装在锅炉前端或顶部,正对着炉墙上的喷火口。

9. 喷油器分类

(1)压力式喷油器喷油量的调节有三种方法:改变喷油压力;变换使用喷孔直径不同的喷嘴(或喷油器);改变投入工作的喷嘴(或喷油器)数目。

(2)回油式喷油器,喷射压力固定时,喷油量由回油压力来控制,回油压力高则喷油量大。其调节幅度可以达到 3~5,可以连续调节喷油量。

(3)蒸汽式喷油器,调节幅度可达 10 以上。

(4)旋杯式喷油器,调节方便(只需改变进油量),调节幅度大(可达 10)。

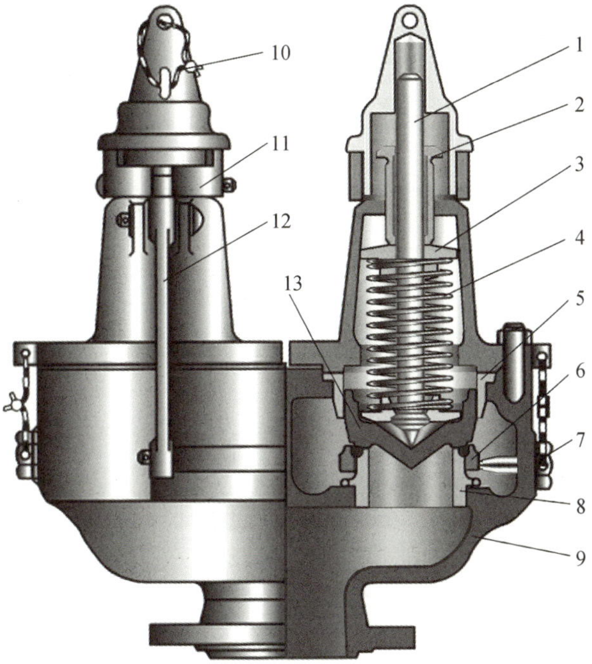

1—弹簧;2—阀盘;3—调节螺钉;4—弹簧压板;5—唇边;6—套筒;7—调节圈;
8—调节圈固定螺钉;9—阀杆;10—手动强开杠杆;11—铅封。

图 8－1－1　直接作用式安全阀

10. 配风器作用,点火电极的装调方法

配风器是供给燃油锅炉合适的空气过剩系数,一般为 1.05 ~ 1.20。空气过剩系数可用风门的开度来调节。点火器多为电火花发生器,两极端部离开一定距离(3.5 ~ 4.0 mm),顶端发火部分伸至喷油器前方稍偏一些(2 ~ 4 mm)。

11. 锅炉给水阀的类型及安装方法

每条给水管紧靠锅炉处装有一个截止阀和一个截止止回阀。截止阀必须装在锅炉与截止止回阀之间,以便在修理给水管路和设备时将锅炉隔断。其安装方向应注意能在必要时将其关闭,更换阀杆填料,而炉水不至溢出。

12. 船舶辅助锅炉的作用

在内燃机船上,满足日常生产和生活的要求,如船员日常生活中的热水、取暖、厨房蒸饭以及暖机和燃油、滑油的加热和消防等,都需要一定的蒸汽;为提高船舶动力装置的经济性能,一般内燃机船舶,除有辅助锅炉外,还装设废气锅炉,利用柴油机排汽的余热来产生蒸汽。船舶航行时柴油机的排气量大,温度高(250 ~ 400 ℃),它产生的蒸汽,足够全船使用。所以辅助锅炉一般只是在停泊期间或进出港时才投入使用。

13. 船舶锅炉汽水系统图(图 8-1-2)

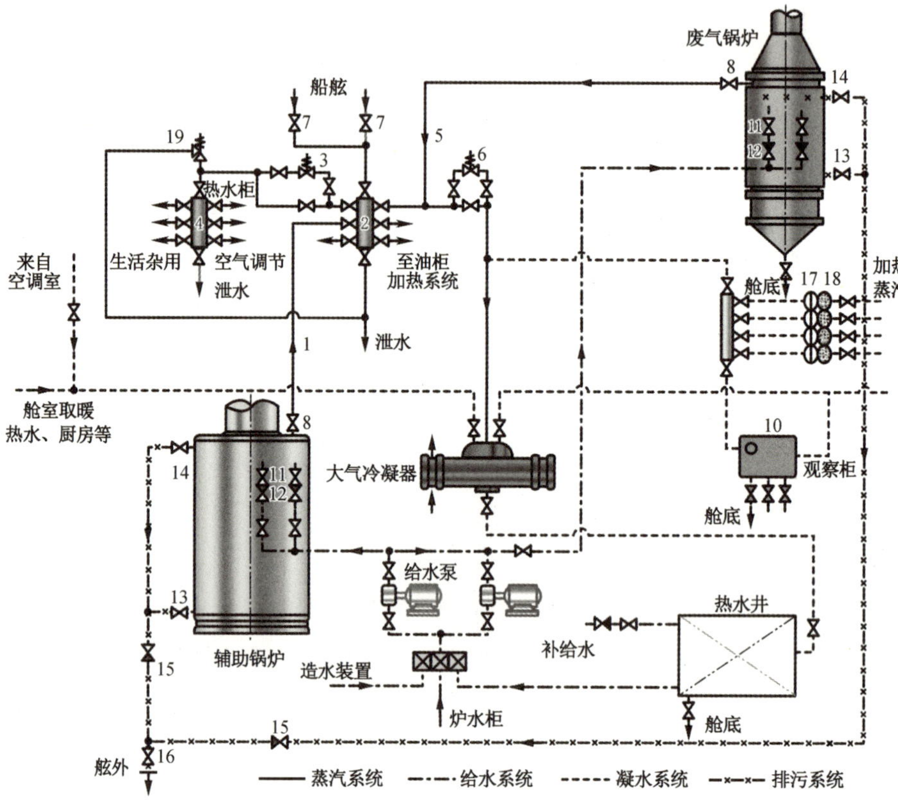

图 8-1-2　船舶锅炉汽水系统图

14. 辅助锅炉程序控制框图(8-1-3)

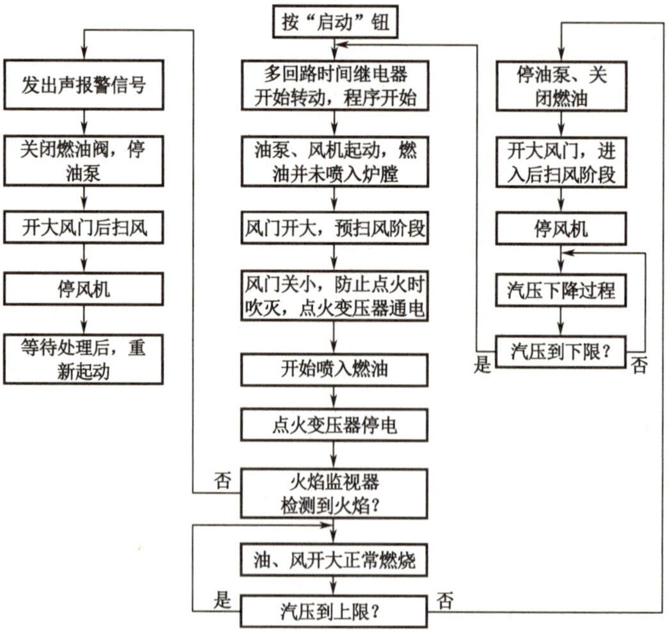

图 8-1-3　辅助锅炉程序控制图

15. 表面排污的作用及排污注意事项

上排污主要是去除水面上的油污、泡沫和悬浮物，以及调节炉水碱度和含盐量。在进行表面排污时，先将炉水加至接近最高水位再开始排污，当水位降至浮渣盘高度时即停止排污。上排污尽量在投药前进行，以免药物损失；排污水量和次数视炉水化验结果而定。

16. 底部排污的作用及注意事项

下排污主要是去除沉积在锅炉底部的泥渣。底部排污可定期在投放除垢药物后过一段时间进行。通常要求在熄火后半小时或锅炉负荷较低时，阀全开时间不超过 30 s，每次排污量可按 1/3 ~ 1/2 水位表高度考虑。需调节排污流量，应在管道上另装一调节阀。在开阀时，应先全开排污阀，后开调节阀；关闭时，先关调节阀，再关排污阀，以防排污阀遭水流冲蚀损害其密封性。

实训任务8.2　辅锅炉点火升汽

8.2.1　实训目的

(1)熟悉辅锅炉点火程序;
(2)熟悉辅锅炉升汽操作步骤及注意事项。

8.2.2　实训内容

辅锅炉点火前预扫风操作,按照说明书要求对辅锅炉间断点火并升汽操作,锅炉排污操作,水位计冲洗操作。

8.2.3　实训要求

(1)按规范安全操作;工作时集中注意力,锅炉点火前要充分预扫风。
(2)严格按照说明书要求对锅炉间断燃烧升汽,小组成员之间积极互动交流。
(3)做好工作场地的清洁与设备的保养工作。

8.2.4　实训指导

1. 操作要点

预扫风;点火前各控制开关、报警系统开关正确位置的操作;点火时,风、油大小的正确操作;间断燃烧的操作;升汽过程中对空气阀、压力表阀、水位计的操作;供汽过程的正确操作。

2. 操作步骤

(1)先预扫风 5 min 以上,将炉内积存的油气彻底吹净。如果点火失败,再次点火前仍要进行预扫风至少 3 min。

(2)人工手动点火:开始燃烧不要太猛,也不要连续燃烧,一般烧 0.5 ~ 1.0 min,停 10 ~ 15 min,锅炉从冷炉点火至额定压力供汽,火管式辅锅炉需 2 ~ 3 h,水管式辅锅炉在 30 min 左右。

(3)空气阀有蒸汽出来后应关闭,并关闭压力表泄放阀。

(4)在点火升汽过程中,应随时注意水位的变化,以防因底部排污阀或给水阀泄漏而失水。

(5)当蒸汽压力达到 0.3 ~ 0.4 MPa 时,对停炉检查时曾拆卸过的螺栓、人孔和手孔再拧紧一次。

(6)在升汽过程中应多次(2 ~ 3 次)冲洗水位计。

(7)在蒸汽压力达到工作压力的 80% ~ 90% 时,由人工手动强行开启安全阀,以冲洗阀座上的杂物等,防止漏汽。当蒸汽压力达到额定工作压力后,再冲洗一次水位计,并人为地把蒸汽压力提高到安全阀开启压力以检查其灵敏性,再进行表面排污。

(8)当蒸汽压力达到额定压力后应进行上排污一次,并冲洗水位计。

(9)缓慢开启供汽阀并暖管,暖管时间一般不应少于15~20 min。

(10)开蒸汽系统泄水阀,当有大量蒸汽冲出时关闭,此时再慢慢全开主停汽阀,开始正式供汽。

8.2.5 实训步骤

按照辅锅炉点火升汽工作的要求,对辅锅炉进行间断燃烧升汽、冲洗水位计、安全阀及排污操作,并将操作情况填入表8-2-1中。

表8-2-1 辅锅炉点火升汽操作记录表

操作者		试验日期	
锅炉型号		额定压力/MPa	
控制开关检查情况		报警系统检查情况	
燃烧器燃烧情况		锅炉水位情况	
安全阀检查情况		排污系统情况	

8.2.6 思考题

1. 锅炉升汽过程应注意什么?
2. 锅炉安全阀的选用有什么要求?

8.2.7 相关知识点

1. 冷炉点火升汽时的点火方式

冷炉点火升汽时,锅炉各部分的温度变化很大。为了避免各部分冷热不均所产生的过大的热应力,一般均以人工手动点火为宜。

2. 辅助锅炉的结构部件

锅炉整体的结构包括锅炉本体和辅助设备两大部分。锅炉中的炉膛、锅筒、燃烧器、水冷壁过热器、空气预热器、构架和炉墙等主要部件构成产生蒸汽的核心部分,称为锅炉本体。

3. 锅炉程序控制主要过程

(1)首先对炉膛进行预扫风,防止炉膛内积存可燃性气体而产生爆炸事故,预扫风时间视炉膛大小而定,小型锅炉15~20 s,较大的锅炉通常超过30 s。

(2)电点火器通电产生电火花,发火时间一般为5~10 s。

(3)燃油电磁阀动作,喷油器喷油并被点着。

(4)燃料燃烧产生蒸汽满足工作需要。当蒸汽压力超过设定值上限时,喷油器的燃油电磁阀断电,燃烧停止,但送风机仍运转一段时间(称为后扫风),将炉膛内残余的可燃气体赶出后,才停止运转。程序控制器又回到初始状态。

程序控制的核心是对时间控制及对火焰的监视。

实训任务8.3　辅锅炉运行的管理

8.3.1　实训目的

(1)熟悉辅锅炉运行中应检查的内容;
(2)熟悉辅锅炉炉水化验及处理方法;
(3)熟悉如何判断辅锅炉燃烧状况。

8.3.2　实训内容

辅锅炉运行中检查各附件的工作状况及燃烧器的燃烧情况,检查锅炉水位并冲洗水位计叫水,取炉水水样化验分析并进行投药或排污操作。

8.3.3　实训要求

(1)按规范安全操作;工作时集中注意力,取炉水水样注意防止水汽烫伤。
(2)严格按照说明书要求进行炉水水样化验,小组成员之间积极互动交流,分析化验结果并处理。
(3)做好工作场地的清洁与设备的保养工作。

8.3.4　实训指导

1. 操作要点

锅炉本体及附属装置漏泄的检查;系统、附件、凝水柜等工作状态检查;汽压、油压、油温、风量、水位等检查;水位计冲洗过程;排污操作;燃烧情况判断及调整;炉水化验的主要指标;安全阀工作状态的检查。

2. 操作步骤

(1)检查锅炉本体是否有渗漏现象:检查水位计、安全阀、给水阀、排污阀和取样水阀等附属装置是否有渗漏现象。
(2)经常检查燃油、蒸汽、给水、凝水和排污等系统工作是否正常,不应有漏油和明显的漏汽漏水。
(3)经常检查和观察汽压、油压、油温和水位各仪表所指示的参数是否正确;检查油泵油压、预热器的加热温度和喷油器的工作状况,调节好风压和风量。燃油系统中的油压、油温和风压稳定在规定的数值。经常关注滤器前后的油压差,一般超过 0.05 MPa 时要及时换洗滤器。
(4)检查锅炉水位,水位应保持在 1/2 ~ 2/3 水位计高度处,且不停地波动。
(5)按时依正确的操作程序进行排污。
(6)注意观察火焰和排烟的颜色以判断燃烧情况并进行必要而正确地调整。
(7)注意给水的温度和水的质量,观察凝水系统或热水井是否有油,定时进行炉水化验和投药处理。炉水化验主要指标是炉水的硬度、碱度和含盐量，硬度控制在0.25°H[①]以下，酚酞碱度控制在3.0~6.0 N[②]·10^{-3}，含盐量小于20 mg/L。

(8)密切注意安全阀的工作状态，当其开启后，在规定的时间内蒸汽压力仍超过标准，则应立即停炉，查明原因并排除；蒸汽压力降低量超过规定值时，安全阀仍不能关闭，也应停炉检查原因并排除；当蒸汽压力超压时还没有自动打开，则应强制打开安全阀。

8.3.5 实训步骤

按照辅锅炉运行管理工作的要求，检查锅炉本体及附属装置，冲洗水位计，进行排污操作，判断及调整燃烧情况，化验炉水，检查安全阀工作状态，并将检查情况填入表8-3-1中。

表8-3-1 辅锅炉运行中检查情况记录表

操作者		试验日期	
锅炉型号		额定压力/MPa	
锅炉本体及附件情况		水位计冲洗情况	
锅炉水位		蒸汽压力	
燃油温度		燃油压力	
炉水化验及投药情况		锅炉排污情况	
锅炉燃烧检查情况		安全阀工作情况	

8.3.6 思考题

1. 简述锅炉叫水的步骤。
2. 锅炉出现假水位的原因是什么？

8.3.7 相关知识点

1. 表面排污在什么时机进行

先将炉水加至接近最高水位再开始排污，当水位降至浮渣盘高度时停止排污；表面排污可在需要时(含盐量高、碱度太大、汽水共腾、炉水进油或大修后初次使用等)随时进行，但一般应在投药前，以免药物在起作用前损失。底部排污的次数随水质的好坏而定，通常要求在熄火停炉或锅炉负荷较低时进行。

2. 锅炉燃烧器燃烧良好的标志

燃烧器燃烧良好时火焰呈橙黄色，炉腔内略显透明，依稀可见炉膛的后壁，烟囱排烟呈浅灰色。如果炉内火焰发白，炉膛内极透明，烟色太淡几乎看不见，则表明空气量太多；如果发现火焰呈暗红色，火焰伸长跳动并带有火星，炉内模糊不清，烟色加深直至浓黑，则表明空气量太少或燃油雾化不良，与空气混合不好。

3. 锅炉水控制的主要项目

---

① °H为德国硬度单位，表示水中含10 mg/L CaO时的水硬度，1°H = 1.79×10^{-1} mmol/L。

② N为当量浓度，1 N = 0.5 mol/L。

(1)硬度:水中 Ca^{2+} 和 Mg^{2+} 的浓度,单位是毫克当量/升(记作 $N \cdot 10^{-3}$),或德国硬度°H,1°H = 10 mg/L(CaO) = 0.36 $N \cdot 10^{-3}$。它表明水在锅炉中的结垢能力。低压锅炉一般要求将硬度控制在 0.25°H 以下。常用的方法是在炉水中加入磷酸钠($Na_3PO_4 \cdot 12H_2O$,也称磷酸三钠)或磷酸二钠($Na_2HPO_4 \cdot 12H_2O$)。

(2)碱度:使水带碱性的 OH^-、CO_3^{2-}、HCO_3^-、PO_4^{3-} 的浓度(毫克当量/升)。将炉水控制在适当的碱度范围内(相当于 pH 值为 10 ~ 12),有利于抑制电化学腐蚀。

(3)含盐量:通常由氯离子浓度来反映含盐量的多少,单位为 mg/L(NaCl)。含盐量太大会引起汽水共腾,恶化蒸汽品质,加剧管路设备腐蚀。这时可以用表面排污、加强补水的办法来降低。

4. 炉水化验的规定

蒸发量较大、工作压力较高的锅炉应每天化验一次;蒸发量小、工作压力较低的辅助锅炉,可 2 ~ 3 天化验一次。取出水样后,应冷却至 30 ~ 40 ℃方可化验。进行一次性投药的船舶,应在投药 4 h 后取样。

其步骤是:

(1)取样前首先将取样阀打开 2 ~ 3 min,排除管路中的残水后,再进行取样,以保障所取样水能代表锅炉中使用的水;

(2)取样应在投药后 4 h 进行;

(3)取样器皿应用样水冲洗 2 ~ 3 遍,如果取样水管路上没有冷却器,样水应装入玻璃瓶中;

(4)水样冷却至 30 ~ 40 ℃方可化验,冷却期间应将器皿盖好,防止水样污染。

5. 炉水处理剂

(1)碱性处理剂、软化剂

①磷酸三钠($Na_3PO_4 \cdot 12H_2O$):是碱性药剂,能将形成硬度的钙、镁盐沉淀为松软泥渣,是目前最佳软化水的药剂。

②磷酸氢二钠($Na_2HPO_4 \cdot 12H_2O$):其碱性较磷酸三钠弱。在炉水碱度已达指标而硬度达不到指标时投放,或炉水碱度太大时,用其代替一部分磷酸三钠。

③碳酸钠(Na_2CO_3):是碱性物,也能除去一部分硬度。

④氢氧化钠(NaOH):是强碱性药剂,主要目的是防腐蚀。

(2)除氧剂

①亚硫酸钠(Na_2SO_3):能吸收水中溶解氧,防止锅炉腐蚀。

②丹宁:有减少锅内水面泡沫,防止汽水共腾作用,也是一种防垢剂。

③联氨(N_2H_4):有极强的还原性。但太多会对铜有腐蚀作用。

6. 锅炉的自动控制项目

程序控制【程序起动和停止】、自动调节【燃烧自动控制 - 蒸汽压力,对燃油和空气的位式调节或比例调节;给水自动控制 - 采用双位调节或比例调节】、自动安全保护【点火失败(喷油点火若干秒内火焰不着)和运行中熄火保护;最低危险水位保护;低风压保护;低油压保护;低油温保护;高油温保护】以及一些操作连锁和信号等。

7. 锅炉运行中紧急停炉

当发生以下情况时需要紧急停炉:安全故障或损坏;水位计全部损坏或冲洗水位计后仍不见水位;安全阀开启后,蒸汽压力仍然上升;不能供水;炉体损坏;锅炉周围发生大火;热水井发现大量油污;炉内受热面烧塌、变形、裂开等。

8. 燃烧不良的原因

油温过低，油压过低，风量不足，油雾与空气混合不佳，喷油嘴技术状态不佳，雾化片喷孔直径过大等都会导致燃烧不良。

9. 汽水共腾及防止措施

汽水共腾是当炉水含盐量达到某一极限时，炉水表面会形成很厚的泡沫层的现象。

防止措施：减弱燃烧，减轻锅炉负荷；进行表面排污；开蒸汽管道、汽水分离器上的疏水阀，放去残水；保持高负荷时的低水位。

实训任务8.4　辅锅炉停火的操作

8.4.1　实训目的

(1)熟悉辅锅炉重油转换为轻油的操作方法;
(2)熟悉辅锅炉停炉的操作方法;
(3)熟悉辅锅炉停炉后的保养方法。

8.4.2　实训内容

辅锅炉停炉前重油转换为轻油;锅炉上排污操作;停炉操作及停炉后下排污操作;停炉后锅炉保养操作。

8.4.3　实训要求

(1)按规范安全操作;工作时集中注意力;重油转轻油操作程序正确。
(2)严格按照要求进行停炉和排污操作,小组成员之间积极互动交流,停炉后要充分扫风。
(3)做好工作场地的清洁与设备的保养工作。

8.4.4　实训指导

1. 操作要点

关供汽阀并改自动控制为手动控制;手动给水至高水位后,进行表面排污;再给水让锅炉自然冷却的正确操作;泄压后打开空气阀的操作。

2. 操作步骤

(1)停炉之前,将自动改为手动操作,并将重油换为柴油。
(2)关闭燃油预热器加热阀、喷油器的进口阀,并停止燃油泵。
(3)通风机继续运行 2 min 左右,吹净炉内的油气后再停机,并关闭锅炉风门。
(4)炉顶停汽阀关闭,隔断与废气锅炉的联系。
(5)上水,提高炉内水位。
(6)熄火后应使锅炉自然冷却,当蒸汽压力降到 0.1 MPa 左右时,方可进行底部排污。紧急情况时蒸汽压力降到 0.3 MPa 以下时,可底部放空炉水。
(7)待锅炉内无压力显示时,打开空气阀,以免炉内产生真空。当炉水温度降到 50 ℃以下时才许放空。

8.4.5　实训步骤

按照辅锅炉停炉的要求,进行锅炉重油转换为轻油、停炉后充分扫风、停炉保养等操作,将操作情况填入表 8－4－1 中。

表 8－4－1　辅锅炉停炉操作记录表

操作者		试验日期	
锅炉型号		额定压力/MPa	
锅炉燃油转换情况		锅炉停炉状况	
停炉后扫风情况		停炉后保养情况	

8.4.6　思考题

1. 什么时候进行表面排污的操作？
2. 什么时候进行底部排污的操作？

8.4.7　相关知识点

1. 停用封存锅炉的保养的方法

停用封存锅炉有干燥保养与满水保养两种方式。干燥保养分为普通密闭保养和干燥剂密闭保养两种，使用干燥剂密闭保养可以维持半年以上。干燥剂若用无水氯化钙，用量约为 1 kg/m^3，若用硅胶，用量为 4 kg/m^3。干燥剂应盛在开口容器内，不得与锅炉钢板直接接触。

2. 锅炉清洗的目的及方法

清洗的目的一是清除水垢、泥渣和烟灰，二是检查锅炉内各处有无腐蚀、裂纹和变形。水垢清洗的方法有机械清洗法、碱洗法和酸洗法。烟灰的清除可采用吹灰器法、机械法和水洗法。吹灰器的使用方法为：自炉膛内下方开始，顺序向上向外吹灰。但吹灰器很难彻底清除积灰和灰渣，所以仍须定期停炉，用机械方法和水洗方法清除。

3. 锅炉检验的内容

检验的内容包括：锅炉本体，主要部件、附件和指示仪表（水位计、安全阀、压力表）等。检验的目的不仅是找出可能存在的腐蚀、裂纹、变形和漏泄等，确定是否要修理和修理的范围，而且还要研究其产生的原因和以后如何妥善地维护管理。

根据规定，设计压力大于 0.35 MPa 且受热面积大于 4.65 m^2 的锅炉，船龄在 8 年以内者，每两年要进行一次检验，超过 8 年时，每年检验一次。由专职的验船师进行检验。

4. 抵港前对辅锅炉进行保养的方法

（1）拆出燃烧器对喷油嘴进行清洁，同时清洗点火电极外表的积炭，重新调整电极间距及相对位置。

（2）检查布风器的积炭情况，及时铲除积炭。

（3）检查炉膛内部，如有堆积炉灰也需及时清理。

（4）清洗燃油滤器和火焰探测器（电眼）的镜面。

（5）点火试验和警报功能测试，一切正常后，转入自动模式备用。

5. 锅炉的外部检验应包括的项目

（1）锅炉底座、绝缘、附件、防撞防摇装置、管系、燃烧装置、安全保护装置（包括应急切断装置）等，确认其处于良好工作状态；

（2）安全阀在工作压力下进行校核。

6. 锅炉内部检查前的准备工作

进入锅炉内部检查之前，如有其他并联的锅炉在使用，应隔断它们间的蒸汽管路和给水管路，用铁丝等将所关的截止阀绑住，并挂上告示牌，以防造成事故。锅筒内有人工作时，锅筒外应有人照应。进入锅筒之前，一定要对内部进行充分的通风以保证有足够的空气。锅筒内只允许使用电压不超过 24 V 的工作灯。出锅筒时要逐一对带入的工具和物件进行清点。

7. 锅炉水压试验方法

使用的锅炉在每次大修后，或在检验时发现有必要，以及经过长期停用，都要进行水压试验。水压试验时安全阀要用专用夹具锁紧，并取下所有不能承受超压的零件和仪表。试验前先打开空气阀，用手摇泵向锅筒内充水，检查确认排污阀和泄放阀无泄漏。待空气阀溢水后将其关闭，再分数次加压至试验压力，保压 5 min，如果压力不下降则为合格。

水压试验压力为 1.25 倍锅炉设计压力，如锅炉损坏经过重大修理后进行水压试验，试验压力为 1.5 倍锅炉设计压力。

8. 碱洗法锅炉水侧的步骤

对于较厚水垢，可用碳酸钠（每吨炉水 8 ~ 12 kg）和苛性钠（每吨炉水 0.4 ~ 0.6 kg）混合投入炉内。炉内水位保持在最高水位，加热升压至 0.3 MPa，然后慢慢降至零，又升至 0.3 MPa，再降至零。如此每隔 1 ~ 2 h 交替升降一次，以松动附着的水垢。

压力降至 0.1 MPa 时进行一次表面排污，并补水至原位。碱洗完毕，进行最后一次表面排污，然后停火并使锅炉自行冷却。

当压力降至 0.05 ~ 0.10 MPa 时，开启底部排污阀，放去碱水以及松脱的水垢。如水垢不多，则可用磷酸钠碱洗（每吨炉水 1 ~ 2 kg），但在排污后补充给水时，需补入磷酸钠（每吨炉水 0.75 ~ 1 kg）。以炉水中碱度不再下降为准。

9. 酸洗的步骤

酸洗是用热盐酸（或柠檬酸）水溶液来溶解水垢。酸的浓度视水垢厚度和性质而定。如水垢成分主要为碳酸盐，则盐酸浓度为 2%，温度为 20 ~ 40 ℃；如水垢成分主要为硫酸盐和硅酸盐时，浓度可大些，但不应超过 10%。

（1）酸洗时用泵强制循环酸溶液，直至酸度不变，表示酸洗已近结束，该过程 8 ~ 10 h；

（2）用淡水冲洗锅炉；

（3）浓度超过酸液浓度 3% 的热（80 ~ 90 ℃）碱水，中和残余酸液 6 ~ 8 h；

（4）用热淡水清洗一遍。

项目九

发电柴油机的操作与管理

实训任务9.1 发电柴油机的起动

9.1.1 实训目的

(1)熟悉发电柴油机起动前的准备工作;

(2)熟悉发电柴油机转车、冲车和试车操作;

(3)熟悉发电柴油机的起动操作。

9.1.2 实训内容

发电柴油机燃油系统、滑油系统、冷却系统、空气系统检查和起动操作,发电柴油机转车、冲车、试车、启动运转操作。

9.1.3 实训要求

(1)按规范安全操作;泵机起动前须确认各步骤到位,在征得指导教师的同意后方可起动。

(2)工作时集中注意力,应与旋转件,如电机、皮带轮等保持一定距离;小组成员之间积极互动交流。

(3)做好工作场地的清洁与设备的保养工作。

9.1.4 实训指导

1. 操作要点

(1)发电柴油机起动前的准备工作:冷却水系统检查准备;燃油系统检查准备;滑油系统检查准备;起动系统检查准备;手动泵注油润滑转车。

(2)发电柴油机的冲车、试车与起动:打开示功阀,检查确认无阻碍物;冲车操作;注意观察示功阀有无异物冲出;关闭示功阀进行试车操作;起动操作;起动后参数检查、关闭起动空气系统。

2. 操作步骤

(1)冷却系统检查

检查膨胀水柜的水位,不足则应补足;检查副机淡水泵的情况,如每机配置的独立式水泵应开启并调好压力;检查副机海水泵的运行情况,及其进、出口阀是否已开启;淡水冷却器和滑油冷却器的海水进、出口阀应暂时关闭,待柴油机运行后,油、水温度升高时再行开启和调节。

(2)燃油系统检查

检查轻油日用柜的油位,不足则补充,并打开放残阀直到残水放尽关好放残阀。检查出油阀是否已开启(常开),打开喷油泵上的放气螺钉,用燃油输送泵上的手泵驱除燃油管路中的空气,再旋紧放气螺钉。

(3)滑油系统检查

检查循环柜(或油底壳)、高压油泵凸轮轴室,气缸注油器(并非每种机型都有)、调速器、增压器和发电机轴承的油位与油质,应确保油位在规定范围之内;向所有的手动注油部位加油。

(4)空气系统检查

检查空气瓶压力是否正常,注意放残水,打开空气瓶至副机起动压缩空气截止阀。

(5)手动泵油润滑并转车

手摇气缸注油器若干转,往各缸注油润滑;用手摇滑油泵泵油,使其压力达到0.15~0.20 MPa,同时用撬棍盘车,注意各运转件是否转动灵活。

(6)打开机旁的起动空气截止阀

(7)冲车

油门置零位并确认盘车机已经脱开,示功阀已经打开。按下起动手柄,用压缩空气驱除气缸内的积油、积水和积炭。

(8)关闭各缸示功阀

(9)起动

将油门置于起动位,按下起动手柄,当听到气缸发火声音时,松开起动手柄或置于运转位(根据机型操纵方式),并关闭起动空气截止阀。起动后要注意观察柴油机转速、滑油压力(0.4 MPa左右)、燃油、扫气压力及冷却水压力和温度等参数指标。

(10)调速

调节油门先使柴油机在低速下运行一段时间。

9.1.5 实训步骤

按照发电柴油机起动要求,起动辅助设备,检查确认各系统的运转情况,参照发电柴油机起动程序起动柴油机,并将检查情况填入表9-1-1中。

表 9-1-1　发电柴油机起动情况检查记录表

<table>
<tr><td>操作者</td><td colspan="2"></td><td colspan="2">柴油机型号</td><td colspan="2"></td></tr>
<tr><td>额定转速/(r/min)</td><td colspan="2"></td><td colspan="2">试验转速/(r/min)</td><td colspan="2"></td></tr>
<tr><td>额定功率/kW</td><td colspan="2"></td><td colspan="2">试验时间/min</td><td colspan="2"></td></tr>
<tr><td rowspan="2">燃油系统检查情况</td><td colspan="3">压力/MPa</td><td colspan="3">温度/℃</td></tr>
<tr><td colspan="3"></td><td colspan="3"></td></tr>
<tr><td rowspan="2">滑油系统检查情况</td><td colspan="3">压力/MPa</td><td colspan="3">温度/℃</td></tr>
<tr><td colspan="3"></td><td colspan="3"></td></tr>
<tr><td rowspan="2">海水冷却系统检查情况</td><td colspan="3">压力/MPa</td><td colspan="3">温度/℃</td></tr>
<tr><td colspan="3"></td><td colspan="3"></td></tr>
<tr><td>增压器检查情况</td><td colspan="6"></td></tr>
<tr><td rowspan="2">缸头水温/℃</td><td>No. 1</td><td>No. 2</td><td>No. 3</td><td>No. 4</td><td>No. 5</td><td>No. 6</td></tr>
<tr><td></td><td></td><td></td><td></td><td></td><td></td></tr>
<tr><td rowspan="2">排烟温度/℃</td><td>No. 1</td><td>No. 2</td><td>No. 3</td><td>No. 4</td><td>No. 5</td><td>No. 6</td></tr>
<tr><td></td><td></td><td></td><td></td><td></td><td></td></tr>
</table>

9.1.6　思考题

1. 什么情况下需要起动发电柴油机?
2. 简述发电柴油机起动前的检查项目。

9.1.7　相关知识点

1. 发电柴油机冲车的注意事项

冲车后立即松开或将起动手柄拉回至停车位。在冲车时,若发现气缸内吹出大量的水雾则应特别注意仔细检查水的来源,切不可忽视。冲车时还要注意观察起动阀、分配器的工作是否正常,透平增压器的转子是否灵活。

2. 发电柴油机冷车起动时的注意事项

若柴油机已在起动前有暖机措施(如两台副机冷却水联通),应使其运行 10 ~ 15 min,而后逐渐加速至空载额定转速,当转速进入临界共振转速禁区时应快速越过;若无暖机措施,则应等待滑油冷却水的温度达到 35 ~ 40 ℃时,再调整转速至空载额定转速。

实训任务9.2　发电柴油机运行的管理

9.2.1　实训目的

(1)熟悉发电柴油机冷却水系统温度和压力的调整操作;

(2)熟悉发电柴油机燃油系统、滑油系统温度和压力调整操作;

(3)了解发电柴油机增压器增压压力、温度检查。

9.2.2　实训内容

发电柴油机运行过程中燃油系统、滑油系统、冷却系统、空气系统检查和调整操作;发电柴油机增压器检查;人工加油部位加油、补油操作。

9.2.3　实训要求

(1)按规范安全操作;发电柴油机各系统检查,若需对参数进行调整时,在征得指导教师的同意后方可操作。

(2)工作时集中注意力,应与旋转件,如电机、皮带轮等保持一定距离;小组成员之间积极互动交流。

(3)做好工作场地的清洁与设备的保养工作。

9.2.4　实训指导

1.操作要点

冷却水温度、压力检测调整方法和要求;燃油温度、压力检测调整方法和要求;滑油温度、压力检测调整方法和要求;增压器增压压力、温度检测调整方法和要求;排气温度检测及调整方法。

2.操作步骤

(1)冷却系统的管理及参数调整

①检查膨胀水箱:检查水位是否在规定的范围内,不足则应补充淡水;检查水量消耗是否正常;检查水柜的透气管中是否有气泡逸出来,气体是否有烟气味。

②检查和调整气缸套水温度:检查各缸的气缸套水温度是否在正常值之内;检查各缸的气缸套水的进出口温差是否控制在 12 ℃之内,冷却水温差过大或过小则可能会造成冷却过度或不足;用手触摸各缸体和缸盖表面的温度是否正常;用副机淡水冷却器的淡水旁通阀或海水节流阀来调节水温。

③检查和调整气缸套水压力:检查各管系及阀门连接处是否有泄漏;检查气缸套水压力表读数是否正常,通常其压力应高于海水压力。

④检查副机海水泵的工作情况:海水泵工作是否正常,轴封是否漏水过多,海水压力是否正常。

(2)滑油系统的管理及参数调整

①检查滑油循环柜(或油底壳):检查油位是否在规定的范围之内,若不足应补充,但不能超出上限;检查油位是否有不正常的升高或降低。

②检查和调整滑油压力:检查滑油压力是否在规定的范围之内;检查滑油过滤器前后压差是否正常。

③检查和调整滑油温度是否正常。

④其他检查:用手触摸各缸曲柄箱道门盖板的温度是否正常;检查气缸注油器工作是否正常,油位是否在规定的范围之内;检查透平增压器轴承的油位和油的颜色是否正常;检查发电机两端的轴承油位是否正常,不足则应补充到位;检查调速器的油位是否按规定保持在指示玻璃管高度的1/2处。

(3)燃油系统的管理及系统调整

①检查和调整燃油压力:检查燃油的压力值是否在规定的范围之内;检查燃油过滤器是否脏堵;对于带有调压阀的燃油输送泵,可通过此调压阀调整燃油压力;检查燃油压力是否波动。

②检查燃油日用柜:检查油柜油位是否需补足。要定期进行燃油净化工作,用分油机分杂和分水保证日用油柜有足够数量和高质量的净化油;定期把日用油柜的杂质和水分排出。

③检查和调整燃油温度;调节好燃油加热器的蒸汽阀开度以调节燃油温度。

④检查喷油设备(高压油泵、喷油器)的工作状态。

(4)增压系统的管理

①检查增压器冷却水温度,水温最高不得超过90 ℃。

②检查增压器的转速及扫气压力是否正常。

③检查增压器涡轮端的进口废气温度是否超过了规定值。

④检查增压器的运转是否平稳,仔细倾听有无不正常声响。

(5)其他方面的管理及注意事项

①注意各缸排烟温度是否正常和一致。排烟温度不要超过规范要求,各缸的排烟温差不得大于30 ℃。

②必要时打开示功阀,观察各缸燃烧情况;利用爆压表测取爆炸压力和压缩压力以判定工作状态是否良好。

③检查配电板相关参数,如电压、频率和负载等。

④检查增压柴油机进、排气管系的密封性。

⑤尽量避免柴油机在50%标定功率下即低负荷下长期运转。

⑥新机或大修后的柴油机,不宜开始就以标定功率工作,最初60 h内应在50%左右的标定功率下运转,以改善运动件的磨合情况,提高其使用寿命。

⑦定期向人工加油部位加油、补油。

9.2.5 实训步骤

按照发电柴油机管理要求，检查柴油机燃油系统、滑油系统、冷却水系统、增压器等运转情况，并将检查情况填入表9-2-1中。

表9-2-1 发电柴油机运转情况检查记录表

<table>
<tr><td>操作者</td><td colspan="2"></td><td colspan="2">柴油机型号</td><td colspan="2"></td></tr>
<tr><td>额定功率/kW</td><td colspan="2"></td><td colspan="2">实际功率/kW</td><td colspan="2"></td></tr>
<tr><td>额定转速/(r/min)</td><td colspan="2"></td><td colspan="2">扫气压力</td><td colspan="2"></td></tr>
<tr><td rowspan="2">燃油系统检查情况</td><td colspan="3">压力/MPa</td><td colspan="3">温度/℃</td></tr>
<tr><td colspan="3"></td><td colspan="3"></td></tr>
<tr><td rowspan="2">滑油系统检查情况</td><td colspan="3">压力/MPa</td><td colspan="3">温度/℃</td></tr>
<tr><td colspan="3"></td><td colspan="3"></td></tr>
<tr><td rowspan="2">淡水冷却系统检查情况</td><td colspan="3">压力/MPa</td><td colspan="3">温度/℃</td></tr>
<tr><td colspan="3"></td><td colspan="3"></td></tr>
<tr><td rowspan="2">海水冷却系统检查情况</td><td colspan="3">压力/MPa</td><td colspan="3">温度/℃</td></tr>
<tr><td colspan="3"></td><td colspan="3"></td></tr>
<tr><td>增压器检查情况</td><td colspan="6"></td></tr>
<tr><td rowspan="2">缸头水温/℃</td><td>No. 1</td><td>No. 2</td><td>No. 3</td><td>No. 4</td><td>No. 5</td><td>No. 6</td></tr>
<tr><td></td><td></td><td></td><td></td><td></td><td></td></tr>
<tr><td rowspan="2">排烟温度/℃</td><td>No. 1</td><td>No. 2</td><td>No. 3</td><td>No. 4</td><td>No. 5</td><td>No. 6</td></tr>
<tr><td></td><td></td><td></td><td></td><td></td><td></td></tr>
</table>

9.2.6 思考题

1. 发电柴油机运转过程中燃油压力过低的原因是什么？
2. 发电柴油机滑油压力、淡水压力和海水压力之间有什么关系？

9.2.7 相关知识点

1. 发电机在运行中对淡水温度的要求以及温度调整方法

淡水温度过高或过低时可用关小或开大淡水旁通阀，增加海水流量或减少海水流量的方法调节水温。一般用淡水冷却的副机，淡水出机温度应是60～80 ℃。若用海水冷却副机气缸套，则海水出机温度应是40～50 ℃，最高不得超过55 ℃，以防止盐分析出。冷却水温度应按说明书的要求进行调整。

2. 发电机运行中系统部件出现裂纹时的征兆

观察冷却回水视流器中有无气泡，如有气味不正，且气泡过多，表明气缸盖、气缸套可能有裂纹，应立即查找原因，采取措施；当水中夹杂气泡过多时，气缸套水泵的压力表指针也会产生较大波动。

3. 冷却水的压力调整方法

气缸套水压力过高或过低可通过副机淡水泵的出口阀来调节。气缸套水压力应按说明书的规定调整,不宜过高或过低。

4. 滑油油柜油位异常的判断与处理

滑油循环油柜油位下降很快,一般来说是由于滑油系统有漏泄或因活塞的刮油环装反或失效,滑油进入气缸内烧掉了或从滑油冷却器中漏入海水中。此时,应结合排烟是否发蓝,滑油冷却器出口海水是否有油花来分析判断。循环柜油位上升的原因,主要是冷却水漏入或燃油漏入,应结合膨胀水柜的水量消耗以及测定滑油的黏度一起判断,查明原因并加以消除。

5. 发电机滑油压力的正常范围及调整方法

发电机滑油压力调整可通过滑油泵上的调压阀来调节。滑油压力偏低,在调整之前应首先查明是什么原因导致,若是由机油漏泄引起,则应尽快找出漏泄之处。滑油进机压力一般为0.30~0.45 MPa,且高于海水压力。

6. 滑油滤器的工况判断方法

滑油滤器前后压差超过0.04 MPa 则应转换和清洗过滤器,对于刮片式滑油滤器则应每班旋转刮油一次。滑油滤器应定期清洗,清洗时要特别注意检查有无白合金碎屑,安装后要将油充满并放尽空气以备使用。如果滤器前后的压力都下降时,要特别注意是否有燃油或水漏入滑油中。

7. 滑油温度的要求

冷却器前的滑油温度为55~60 ℃,一般不超过65 ℃,冷却器后的油温为45~50 ℃。滑油温度的调整可通过滑油冷却器的滑油旁通阀来调节。开大旁通阀则油温升高,反之则降低。也可通过滑油冷却器的海水调节阀来控制温度,增大冷却水量油温下降,反之则升高。

8. 发电机燃油系统中滤器的维护方法

过滤器前后压差达0.04 MPa 时,应转换备用燃油滤器并清洗过滤器。安装滤器时要泵油驱气,以防止空气混入燃油系统甚至造成燃油中断。当在大风浪中航行时,由于船舶摇摆,沉淀的脏物又会重新浮起,燃油滤器很容易被阻塞。此时要特别注意前后的压差,及时清洗滤器。若燃油压力波动严重则说明系统中混入空气,可在燃油滤器处或高位处通过放气螺钉充油驱气。

9. 发电机燃油系统的检查与故障判断方法

检查高压油管脉动和温度是否正常,若高压油管发热,脉动增强,则说明喷油器堵塞。如果高压油管脉动微弱,而且排烟温度和爆压均低,则可能是由高压油泵漏泄太多使供油太少所造成。若高压油管脉动虽微弱,但排温增高,则可能是由于喷油器针阀和阀座密封不良而产生滴油。高压油管无脉动,泵体发热,则很可能是油泵柱塞咬死。

实训任务9.3 发电柴油机停车的操作

9.3.1 实训目的

(1)熟悉发电柴油机的轻重油转换及停车操作;

(2)熟悉发电柴油机停车后冷却水系统的操作;

(3)熟悉发电柴油机停车后燃油系统、滑油系统的操作;

(4)熟悉发电柴油机停车后的暖缸操作。

9.3.2 实训内容

发电柴油机换油停车,停车后按照要求分别停其冷却水系统、燃油系统、滑油系统,并对发电柴油机进行暖缸。

9.3.3 实训要求

(1)按规范安全操作;需在征得指导教师的同意后方可操作发电柴油机各系统。

(2)工作时集中注意力,应与旋转件,如电机、皮带轮等保持一定距离;小组成员之间积极互动交流。

(3)做好工作场地的清洁与设备的保养工作。

9.3.4 实训指导

1. 操作要点

换油;解列后空载运行 10 min 左右;慢慢降速(3 ~ 5 min)至怠速;停机;开示功阀,冲车;关冷却水,但保证气缸冷却水的循环暖机;注油,盘车。

2. 操作步骤

(1)正常情况下的停机操作

①先使其空载运行约 10 min。柴油机空载运行,将使其排气温度和气缸壁、活塞等零部件逐渐降温。

②然后逐步降低柴油机转速,过程应持续 3 ~ 5 min,而后将操纵手柄(油门)置于“停车”位。注意,应使柴油机完全停止运转后才能松开手柄(紧急停车手柄可能会复位)。

③打开示功阀,也可用压缩空气冲车,吹走气缸内的残物。

④关闭滑油冷却器的海水进、出口阀和油头冷却水阀。

⑤气缸套冷却水阀保持常开,利用正在运行的副机气缸套水循环暖机,以备随时起用。

⑥若柴油机使用每机单独配置的独立式海水泵、独立式淡水泵,则应停掉其独立式的海水泵,并关闭海水阀。而独立式的淡水泵则应继续运行一段时间(30 min 以上)方可

停泵。

⑦用撬棍盘车，并用手动滑油泵泵油数分钟，有的柴油机有自动滑油泵，这时自动滑油泵会起动。

(2)紧急情况下的停车操作

①对于并机运行的发生故障的柴油机，应用调速手柄迅速转移负荷，拉下故障机的合闸开关。对于单机运行的柴油机应先起动另一发电机组，并快速并车，再将故障机解列。

②当情况紧急非立即停车不可时，可立即将操纵手柄（紧急停车手柄）拉至停车位置，停车后，松开紧急停车手柄。

③紧急停车后，应对柴油机的故障部位做认真仔细的检查，并在排除故障之后并在确有把握时，才可按正常情况下的起动操作程序起动。

④在高负荷下停机或因高温停机，应特别注意不可急于通水冷却，以免急冷而产生过大的热应力损坏机体；也不能立即用压缩空气冲车，以免拉坏活塞和气缸。此时应立即手动泵油（气缸油和系统油），向轴承和气缸壁注油，同时慢慢地盘车，转动柴油机。待温度下来后（一般气缸套水温在 60 ℃以下），才允许再次冲车。

9.3.5 实训步骤

按照发电柴油机停车的要求，依次停止柴油机各系统及各辅助设备，并将停车情况填入表 9－3－1 中。

表 9－3－1　发电柴油机停车检查记录表

操作者		试验日期	
柴油机型号		额定转速/(r/min)	
额定功率/kW		滑油系统停止时间	
燃油系统停止时间		淡水系统停止时间	
海水系统停止时间		暖机状态	

9.3.6 思考题

1. 简述发电柴油机轻重油转换的程序。
2. 简述发电柴油机停车操作的主要程序。

项目十
活塞式空压机的操作与管理

实训任务10.1　活塞式空压机起动、运行、停车的操作与管理

10.1.1　实训目的

(1)熟悉空压机的起动操作;
(2)熟悉空压机的运行管理;
(3)熟悉空压机的停车操作。

10.1.2　实训内容

空压机起动前冷却水、滑油、相关阀件等检查;起动空压机;运行中各参数检查调整;空压机停车操作。

10.1.3　实训要求

(1)按规范安全操作;空压机起动前须确认各步骤到位,在征得指导教师的同意后方可起动。

(2)工作时注意力集中,应与旋转件,如电机、皮带轮等保持一定距离;小组成员之间积极互动交流。

(3)做好工作场地的清洁与设备的保养工作。

10.1.4　实训指导

1. 操作要点

起动前引入冷却水;滑油油位检查;卸载起动;运行过程中对空压机的管理;卸载停车;停车后放残与停冷却水操作。

2. 操作步骤

(1)空压机起动

①起动前的准备:检查曲轴箱的油位是否在油尺(或油位观察孔)两刻线之间。油勺飞溅润滑时,以曲轴在下止点油勺浸在油中 20 ~ 30 mm 为宜,油勺应离曲轴箱底 2 ~ 3 mm;低压级气缸采用滴油润滑时,起动前滴油杯中的油位不应低于 1/3,并将滴油量调至每分钟 1 ~ 2 滴;检查空压机排出端管路上(直到空气瓶)的截止阀是否开启并处于全开位置;手动盘车数转检查运动部件是否灵活,有无卡阻现象。

②开启冷却水系统管路上的进、排阀,并开缸头出水管路上的放气阀,检查供水压力 0.15 ~ 0.25 MPa,进出温差不超过 12 ℃。

③没有自动卸载装置的空压机,起动前应开启手动卸载阀或中间冷却器和气液分离器的泄放阀。

④接通电源,起动空压机,待机器达到额定转速后,关闭手动卸载阀或中间冷却器和气液分离器上的泄放阀;观察压力表有无读数,以判断气路是否畅通、压力表有无损坏;仔细倾听空压机有无不正常响声。

(2)空压机运行管理

①检查曲轴箱内滑油的油位和油质。

②查看滑油的压力和温度。当吸气温度不超过 45 ℃时,用水冷却的空压机滑油温度应不超过 70 ℃;用风冷却的应不超过 80 ℃。采用压力润滑的系统,滑油压力一般应不低于 0.1 MPa。

③观察各级气缸的排气温度,通常各级排气温度应不超过 160 ℃;水冷式空压机的排气温度应不超过进水温度加 30 ℃,风冷式应不超过环境温度加 40 ℃。

④采用水冷却的空压机冷却水进、出口温差为 10 ~ 15 ℃。

⑤检查高、低压级排出压力表上的读数,工作中各级排气压力是随排出容器中的压力升高而逐渐升高的。注意各级压力比分配是否均匀,工作压力有无超过规定值。

⑥定期开启冷却器和气液分离器下部的泄放阀,排除残油和水,以免其进入空气瓶。

⑦注意经常检查空压机与电动机的连接情况,查看地脚螺栓是否松动,以及压缩空气管路中的接头的紧密性;注意严禁在受压管路上或在空压机运转中紧固管系接头。

⑧空压机在运转中,遇有下列情况时应立即停车:

a. 空压机运转中出现不正常的冲击声和敲撞声;

b. 采用压力润滑的空压机油压低于允许值或油压表失灵;

c. 某一级的压力已显著超过规定的数值,并正在继续增高;

d. 某一级安全阀跳动或某一级的压力表失灵;

e. 冷却水供给中断或冷却水温差高于允许值;

f. 压缩空气管路中出现大量压缩空气泄漏;

g. 冷却器安全膜片破裂;

h. 有的部件过热或压缩空气温度高于允许值;

i. 能引起空压机事故的零件或部件损坏。

(3)空压机停车操作

①使空压机处于强制卸荷状态,按下停止按钮,切断电源,关闭排气截止阀。

②切断水泵电源,停止水泵工作,关闭压缩机进水截止阀;稍后排放气缸内的冷却水;在空气瓶处放一次残水;关闭滴油杯的油量控制阀。

10.1.5　实训步骤

按照活塞式空压机操作管理要求,起动空压机,检查各运行参数,并将检查情况填入表10－1－1中。

表10－1－1　活塞式空压机起动运转检查记录表

操作者		试验日期	
空压机型号		额定工作压力/MPa	
油底壳油位情况		冷却水压力/MPa	
冷却水进口温度/℃		冷却水出口温度/℃	
滑油压力/MPa		滑油温度/℃	
低压级排出压力/MPa		高压级排出压力/MPa	
海水系统停止时间		暖机状态	

10.1.6　思考题

1. 空压机要求卸载起动和卸载停车的原因是什么?
2. 空压机运行中的检查项目有哪些?

10.1.7　相关知识点

1. 空压机起动前的检查内容

(1)油——检查滑油位:曲轴箱油位是否在油尺规定刻度内,飞溅润滑,油勺在下止点浸油20～30 mm为宜,油勺离底2～3 mm。各油杯加油,油位在2/3左右,运行中不得低于杯高1/3,油杯滴油控制阀打开至适当开度,在起动和运行中保持滴油量为4～6滴,以保证低压吸气缸持续滴油润滑。油勺斜口正对运动方向,不能装反。

实训任务10.1活塞式空气压缩机的结构与原理

(2)水——检查冷却水:开空压机的冷却水进出口阀,引入冷却水。空气瓶放残水。运行中要定时泄水,空压机工作时,一般每隔2 h须泄水一次。没有自动泄水的空压机,可打开气液分离器泄放阀,放出的水应是水面上看到油渍,而手捻无油腻感,否则表明气缸滑油过多。

(3)气——风冷空压机应注意风扇的飞轮不要装反。

(4)电——检查电气设备,使之正常。

(5)阀——检查手动卸载阀,确认处于卸载位置,开空压机到空气瓶的各阀,开空压机的各泄放阀。

(6)机——检查空压机,务必确认处于适宜起动状态。

(7)盘——盘车1~2转。

(8)冲——点动压缩机1~2次,确认无异常。

(9)启——合上压缩机起动开关,当n等于$n_{额}$(空压机电流正常)停止卸载,由低至高关闭各级泄放阀,检查有无漏气、漏水情况。

2. 空压机运行中管理注意事项

(1)压——压力表读数不得超过额定值,检查高、低压缸,压缩比分配是否正常。压力式润滑油压力不低于0.1 MPa。

(2)温——各级气缸排温不得超过200 ℃,冷却水进出口温升10~15 ℃,冷却水压力在0.07~0.30 MPa,流速1~2 m/s,进空气瓶的空气温度一般要求60 ℃左右。如果空压机断水引起高温,必须立即停车,让其自然冷却,切忌在气缸很热时通入冷却水,以免“炸缸”。吸气温度不超过45 ℃时,水冷式空压机滑油温度不超70 ℃,风冷空压机滑油温度不超过80 ℃。

(3)荷——检查电压表、电流表、功率表、兆欧表,防止超负荷。

(4)转——观察压缩机转动情况,及时发现异常情况。

(5)声——注意倾听压缩机运转声音,及时发现异常情况。

3. 活塞式空压机停车时的注意事项

(1)卸载停车。

(2)停车后放残。

(3)装置温度降下来后方可停冷却水。

4. 活塞式空压机的重要部件及气阀故障的判断与检修

气阀、气缸、活塞及活塞环等是空压机的重要部件,在检修中要多加注意。其中气阀的维护特别重要,主要是注意阀与座的严密、升程大小和弹簧的强弱。

气阀漏泄的征兆:

(1)该阀温度显著升高,阀盖发热;

(2)级间气压升高(后级气阀漏)或偏低(前级气阀漏);

(3)该缸吸排气阀温度升高;

(4)流量降低。

检修时注意事项:

(1)气阀要研磨,组装好后要用煤油试漏,允许有漏状,但每分钟滴漏不超过20滴;

(2)吸排阀弹簧不要换错或漏装,自由状态弹簧高度允许误差+2~0.5 mm(高度≤20 mm),+2.5~0 mm(高度为21~40 mm),+3~−1.0 mm(高度为41~70 mm),连压三次,弹簧至各圈互相接触,其自由高度残余变形应小于0.5%,不合格者换新;

(3)气阀固定螺帽开口销不能太细,更不能漏装。气阀组装前应用螺丝刀拨动阀片检查,阀片有无卡阻。吸排阀不可互相装错,紫铜垫圈在安装前应加热退火。

(4)检查阀片升程,应符合说明书要求。

5. 活塞式空压机的重要的间隙

压缩机运动和磨损部件中的检修要点主要是注意各个配合间隙(活塞环间隙、主轴承和连杆轴承间隙、活塞与缸壁间隙、气缸余隙间隙),定期检修中需测量气缸、活塞销、曲柄销、曲轴曲颈圆度、圆柱度及磨损情况,当超过允许值时应修理或换新。

6. 活塞式空压机及空气系统的防火与防爆

压缩机着火最危险的是油在高温下分解的积炭沉淀物发生自燃,自燃的发生有时低于闪点,在180~200 ℃或更低时发生,自燃加剧了油的蒸发,空气中油的浓度达一定程度就可能爆炸。防火与防爆的措施有:

(1)选用抗氧化、安定性好的油;

(2)防止排温过高,压缩机必须保证工作温度低于闪点28 ℃;

(3)消除触发自燃因素,压缩机要接地;

(4)及时消除气道中积气、积油和积炭;

(5)空压机空转时间不可过长,并防止在低排气量下运转。

7. 活塞式空压机常见故障及故障原因

(1)流量降低

①转速不够,如皮带打滑。

②吸气阻力过大,如滤器脏堵、通道积炭、吸气阀弹簧过强。

③泄漏,如阀泄漏;阀变形;腐蚀不均;阀与阀座结合面不严;弹簧漏装或断裂或过弱;气缸活塞环磨损大、卡死;缸盖与缸体接触不严密。

④其他,余隙容积过大;气缸冷却不良、吸气温度过高等。空压机流量降低时,其检查步骤可以是:滤器—冷却器—气阀—活塞环。

(2)级间压力过高或过低

级间压力超过正常值一般是由后一级流量减少所致,而级间压力低于正常值则往往是因为级间气体的外漏或前一级流量减少。

(3)排气温度过高

①气阀泄漏;

②气缸或冷却器冷却不良;

③吸气温度过高;

④排气压力过高。

8. 空压机的实际工作循环与理想工作过程的主要差别

(1)有余隙容积:活塞在排气行程结束时,气缸内的剩余容积。

(2)有阻力损失:空气流经滤器、吸排气阀及管路时均有阻力损失,且与流速的平方成正比。吸入端的阻力损失,使吸气阀开启延迟和膨胀过程延长,并使吸气压力降低,气缸吸入的空气量将由于吸气过程缩短和吸入空气比容增大而减少。

(3)存在气流的惯性影响:由于活塞运动是非等速运动,故使气流产生惯性运动,所以流经气阀时的压力有所波动,而不是稳压的。

(4)压缩过程不可能是绝热的。

(5)空气与气缸壁有热量交换,并非是绝热过程。

(6)空压机内部有不可避免的泄漏损失。

空压机的实际排气量总是小于理论排气量,实际压缩耗功也总是大于理论耗功。上述各因素中,对空压机排气量影响最大的是余隙容积和吸入缸内的空气与缸壁的热交换。

9. 空压机在船舶上的应用

在船舶进出港口、锚地或窄水道时,主机起、停和换向较频繁,消耗压缩空气量较大,而气瓶的容积有限,万一空压机不能及时起动补充,气瓶压力降到不足以操纵柴油机的程度,会造成船舶失控的严重事故。而在船舶停泊或航行于开阔水面的大多数时间内,压缩空气耗量相对来说要少得多,但如长时间忽略补充,气瓶压力降到甚至不足以起动柴油发电机的程度,也可能造成严重的后果。因此,目前船舶空压机一般都采用自动控制。通常设有两台可以并联工作的空压机,或再添一台作为备用。

项目十一

分油机的操作与管理

实训任务11.1　分油机起动、分油、排渣、运行、停车的操作与管理

11.1.1　实训目的

(1)熟悉分油器起动前的准备工作;
(2)熟悉分油机的起动操作;
(3)熟悉分油机的分油操作;
(4)熟悉分油机的排渣操作;
(5)熟悉分油机运行中的管理;
(6)熟悉分油机的停车操作。

11.1.2　实训内容

分油机起动前滑油、制动器、紧固件、相关阀件等检查;起动分油机并分油;分油机运行中各参数检查调整;分油机排渣及停车操作。

11.1.3　实训要求

(1)按规范安全操作;分油机起动前须确认各步骤到位,在征得指导教师的同意后方可起动。

(2)工作时集中注意力,应与旋转件,如电机、皮带轮等保持一定距离;小组成员之间积极互动交流。

(3)做好工作场地的清洁与设备的保养工作。

11.1.4　实训指导

1.操作要点

起动前对制动器与紧固件检查;齿轮箱油位与油质检查;油柜、水柜的液位检查;油温、

水温检查;油、气、水系统各阀工作状态检查;自动控制设备工作状态检查;按实际机型说明书要求正确起动分油机。

2. 操作步骤

(1)起动前的检查

①检查各部件的灵活性;打开机盖,检查分离筒有否卡死现象,检查完后将机盖盖好并锁定;检查制动器是否已脱开,止动器是否已退出并锁紧;检查电动机轴转动是否灵活。

②检查齿轮箱的油位和油质。

③检查高置水箱的水位是否充足,各管路是否畅通,若滤器脏堵应及时清洗。检查控制阀是否处于"空位"。

④对于全自动排渣型分油机,还应检查分油机手动操作是否正常,并调整时间继电器,确定各个动作的时间。

⑤检查加热器,并在投入工作后察看油料是否加热到所需要的分离温度。

⑥第一次起动或在电气设备检修后,应检查电动机转向。

(2)起动操作

①首先起动供油泵,起动分油机加热器,然后起动分油机。分油机加速过程约需5 min,在此期间要注意观察分油机起动器上的电流表指针变化是否正常,应确保无不正常噪声或振动的发生。待分油机达到正常转速、油温加热到所要求温度后,进行后续操作。

②将工作水控制阀转到"密封"位置,当指示管有水流出时(即表示分离筒已密封),立即把控制阀转到"补偿"位置(若不及时变位,分离筒的密封就会被破坏)。可打开进水装置直通旋塞,引热水进分离筒,在分离筒注满水后关闭旋塞;在排渣口观察孔处观察,见排渣口水流逐渐减少,直至无水流出,即表明密封良好。

③打开引水阀将水封水引入分离筒内形成水封。排水管有水流出为标志,关引水阀。

④先开分油机出油阀,再缓开进油阀,将油引进分油机内直至所要求的分离量,这时开始分离工作。开始时应缓慢进油,避免流量过大冲破水封引起出水口"跑油"或造成溢流现象。

⑤排渣操作:首先关闭进油阀停止进油;开启引水阀,将热水引入分离筒内赶走剩油。当净油出口管中无油流出时表明剩油已尽,即可停止引水;将控制阀转到"开启"位置进行自动排渣,3 ~5 s 后,当听到排渣的冲击声时即排渣结束,然后再向分离筒内引进热水冲洗分离筒 5 ~15 s,将控制阀转到"空位"位置。

若油渣较多,可将冲洗、排渣过程反复几次使渣质排除干净,在排渣结束重新密封前应使控制阀在"空位"停留半秒钟左右,使滑块上腔的水排尽以利于重新"密封";排渣结束后把控制阀转到"密封"位置,再转到"补偿"位置,继续分油作业。

(3)运行管理注意事项

①应经常察看各油、水、渣观察孔,以便从观察镜监视液流情况。通过出水观察孔察看有无"跑油",或溢流观察孔有否溢流现象,如有,应及时调整并消除之。排渣口不应有油、水流出,否则说明分离筒密封不良,须停车检修。

②保持适宜的加热温度以降低黏度,各种油进分油机的适宜加热温度如下:

油料名称	柴油	重柴油	滑油(无添加剂)	燃料油
加热温度	40 ℃	40 ~ 60 ℃	65 ~ 75 ℃	75 ~ 95 ℃

对于含水量多的燃油,第一级分水时加热温度不允许超过 85 ℃,第二级分渣时可提高到 90 ~ 95 ℃。

③保持最佳分油量,一般多取分油机的额定分油量的 50% 为最佳分油量。有些制造厂家在实验的基础上,绘制了选择最佳分油量的图表以供参考(可在说明书中查到)。

④检查齿轮箱的油位和油质,如已变质应予更换。

⑤检查齿轮油泵填料函处的密封是否良好,有无漏油现象。

⑥查看分油机的转速是否正常。

⑦查看电动机的工作温度是否正常。

⑧查看分离筒运转是否稳定,有无异常振动或噪声,如有,应立即停车检查。

(4)停车操作

对半自动排渣型分油机,当分油作业完成后不可立即停止电动机转动,应按下列程序进行操作:

①关闭加热蒸汽阀和燃料油进分油机的截止阀。

②改用轻油冲洗和置换管路中的燃料油,以防停车后燃料油凝固在其中。当管路中充满轻油时再关闭轻油阀。

③开启引水阀进行赶油,赶油完成后关闭引水阀。

④把工作水控制阀转至"开启",进行排渣。排渣完成后再将工作水控制阀转到"空位",并切断工作水以防高置水箱水经配水盘流失。

⑤切断电源,停分油机。

⑥关闭分油机出油阀和水封水截止阀。

对于全自动排渣型分油机,只需按下控制箱上的"停车"按钮即可完成全部排渣程序,并自动切断电动机电源使分油机停车。

11.1.5　实训步骤

按照分油机操作管理要求,起动分油机,检查各运行参数,并将检查情况填入表 11 - 1 - 1 中。

表 11 - 1 - 1　分油机起动运转情况检查记录表

操作者		试验日期	
分油机型号		额定分油量	
齿轮油油位情况		紧固件检查情况	
高置水箱水位		制动器状况	
燃油加热温度/℃		运转时电流/A	
分油检查状况		排渣检查状况	
海水系统停止时间		暖机状态	

11.1.6 思考题

1. 分油机的主要部件及作用是什么?
2. 分离盘的作用及间隙要求有哪些?

11.1.7 相关知识点

1. 分油机根据用途不同的分类及结构特点

分油机可分为分水机和分杂机。当待分油中所含水分较多时,使用分水机,分离油中的水分及杂质;当待分油中所含水分较少时,使用分杂机,分离出的杂质和少量水分从排渣口排出。

实训任务 11.1 离心式分油机的结构原理

分水机和分杂机主要结构相同,差别是:

(1)分水机盘架有一圈分配孔,分杂机无孔;

(2)分水机有重力环和出油口、出水口,分杂机只有出油口,不需要重力环。

2. 影响分油机工作的因素

影响因素如下:油密度;油温度;油黏度;分油速度(流速)。

3. 加热温度和分油量的确定方法

(1)加热温度由燃油黏度确定。

(2)加热目的:降低黏度,扩大杂质、水与油的密度差,提高分离效果。

(3)最佳分油量的确定

①依据:分离温度、分油机类型;

②滑油:铭牌额定分油量的 1/3;

③燃油:铭牌额定分油量的 1/2(单台分油机常用分油量应大于船舶重油日耗量)。

4. 分油机主要故障及引起故障的原因

如图 11 - 1 - 1 所示为分离筒内部结构图。

(1)出水口跑油。出水口跑油原因有以下两类。

①第一类情况是水封未能建立或受到破坏:

a. 起动时水封水未加或加得太少;

b. 进油阀开得太猛,水封被破坏;

c. 油温太高,水封水被蒸发,水封被破坏;

d. 转速不足,使水封压力不够;

e. 分离盘片间脏堵。

②第二类情况是油水分界面外移至分离盘外:

a. 重力环内径过大;

b. 油未加热至要求值,密度大。

(2)排渣口跑油,这是由于排渣口未能封闭。排渣口跑油原因有以下几类。

①第一类是滑动圈不能上移堵死密封水腔泄水口:

a. 分离筒上小孔 M_1、M_2 堵塞，不能泄水；

b. 滑动圈下方弹簧失效；

c. 滑动圈上方塑料堵头失严。

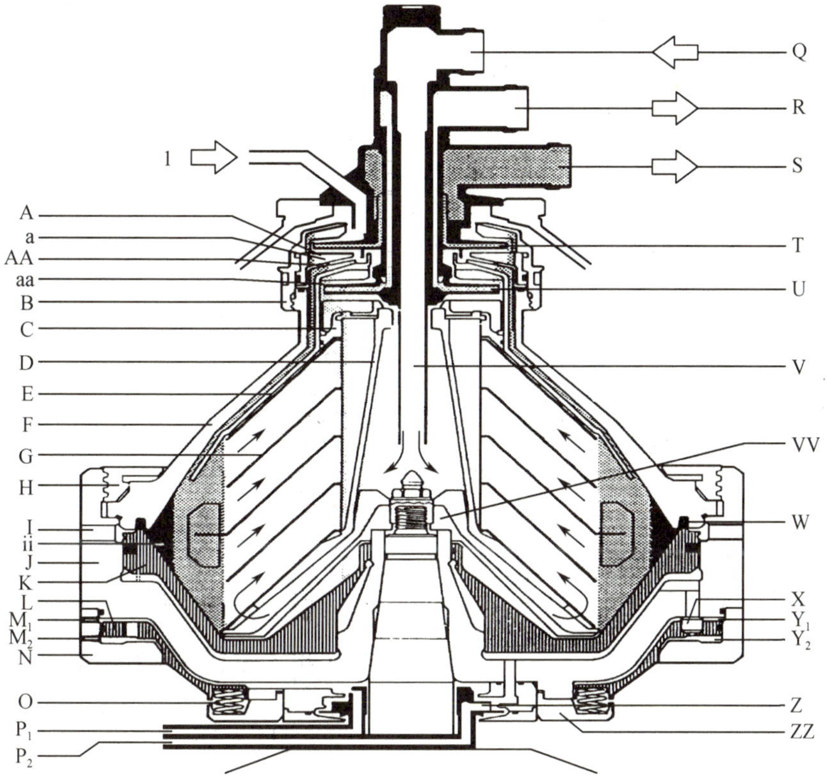

1—水封水/置换水进口；A—带翅套筒；a—水腔；AA—重力环或分杂盘；aa—油腔；B—小锁紧圈（带油腔盖）；C—液位环；D—配油器；E—顶盘；F—筒盖；G—分离盘组；H—大锁紧圈；I—排渣口；ii—渣空间；J—筒本体；K—滑动底盘；L—滑动圈；M_1、M_2—外泄孔；N—定量环；O—弹簧；P_1—开启工作水进口；P_2—密封和补偿水进口；Q—油进口；R—净油出口；S—水出口；T—向心水泵；U—向心油泵；V—进口管；VV—配油锥体；W—筒盖密封环；X—泄水阀；Y_1—开启水腔；Y_2—密封水腔；Z—配水盘；ZZ—弹簧座。

图 11-1-1 分离筒内部结构图

②第二类原因是滑动底盘下部缺密封水：

a. 高置水箱无水；

b. 工作水系统管道或控制阀堵塞或严重漏泄；

c. 滑动底盘周向密封圈失效漏泄。

③第三类原因是滑动底盘与分离筒盖不能贴紧，原因是：

a. 滑动底盘上端面主密封环失效；

b. 传动齿轮和轴承过度磨损使立轴下沉。

5. 如何选择比重环

应根据所分油密度正确选择比重环（根据燃油密度查图表得出），油的密度越大则所选重力环的内径越小。直接用重油分油机分轻油会造成分离效果差。

6. 新型分油机的特点

部分排渣分油机——分离高密度燃油分油机的特点：无重力环，依据净油中水分含量排渣（设置水分传感器），分离筒不需水封，分离筒内无滑动底盘，排渣时不需停止向分离筒供油。

7. 水封区及油水分界的确定及影响

（1）水封区由油水分界面决定。

（2）油水分界面内移，降低分离效果；油水分界面外移，出水口跑油。

（3）油水分界面的位置由重力环的内径确定（最佳位置为分离盘的外边缘）。

（4）选择重力环的原则：在不破坏水封的前提下应尽量选用内径大的重力环。

项目十二
油水分离器的操作与管理

实训任务12.1 油水分离器起动、运行、停车的操作与管理

12.1.1 实训目的

(1)熟悉油水分离器的起动操作;
(2)熟悉油水分离器运行中的管理;
(3)熟悉油水分离器停车操作。

12.1.2 实训内容

油水分离器起动前对泵浦工况、相关阀件及警报系统等检查;起动油水分离器并分离污油水;油水分离器运行中各参数检查调整;油水分离器停机及保养工作。

12.1.3 实训要求

(1)按规范安全操作;油水分离器起动前须确认各步骤到位,在征得指导教师的同意后方可起动。

(2)工作时集中注意力,应与旋转件,如电机、皮带轮等保持一定距离;小组成员之间积极互动交流。

(3)做好工作场地的清洁与设备的保养工作。

12.1.4 实训指导

1.操作要点

(1)油水分离器的起动操作:起动前分离筒充满清水的正确操作;打开出海阀;自动排油装置及监控设备应处于正确的备用位置;阀件处于正确的开关位置;供水起动。

(2)油水分离器的运行管理与停车;仪表读数的检测;检测装置与供液泵检查;避免分离器超负荷运行措施;停用前冲洗排除油水分离器内油污的措施;停加热器的操作;停供液

泵的操作;停油分浓度监测装置的操作。

2. 操作步骤

(1)起动之前的检查

各油、气、水阀开关位置检查;泵的工况检查(螺杆泵的卡滞、注水起动等);电源控制与报警箱的检查;在配电板上开启油水分离器电源(泵和电加热电源)。

(2)起动操作

①将排油方式旋钮转到“手动”。

②开启油水分离器上排污、下排污阀及放气阀;开启泄放阀。

③起动污水泵,此时海水按反冲系统由油水分离器下部进入内腔,压力表显示为正值 0.18 ~ 0.25 MPa。

④当下排污阀、上排污阀有水流出时关闭泄放阀。

⑤当泄放阀有水流出时,开启通往舷外排水阀及通往油分浓度监测装置的截止阀,关闭泄放阀,系统投入运行,压力表显示负值: -0.01 ~ -0.06 MPa(具体压力以实际设定为准)。

⑥开启油水分离器油分浓度监测装置对舷外排水实现自动监控。

⑦将排油方式旋钮转到“自动”,开始进行舱底水分离。

(3)运行管理

①注意观察各仪表读数是否正常。

②经常触摸泵轴承箱外表温度,观察泵运转是否平稳,声音是否正常。定期对泵各润滑部位加注润滑油。

③注意检查泵的进、出口压力,第一级滤器电接触真空表读数,第二级如投入使用,检查第二级精滤器电接触压力表读数及第二级乳化分离电接触压力表的读数是否在正常范围内。当泵的出口压力高于规定值时,应检查管路是否堵塞。否则应清洗或更换分离器滤芯(安全阀整定值 0.26 MPa)。

④污油黏度较大或寒冷季节使用油水分离器时,加热器电源控制开关切换到“自动”位置。在液体温度低于设定温度下限值时加热器自动接通。液体温度高于设定上限值时,加热器失电停止加热。加热温度上限设定应不超过 45 ℃。

⑤注意检查系统各密封处情况,吸入管系应保证密封,不得泄漏而影响泵的吸入性能。

⑥经常开启排水管上取样旋塞放水,检查排水情况。如需取样时,打开取样旋塞,先预放 1 min 再取样;取样瓶应用碱液或肥皂水反复清洗,再用清水冲洗干净,保证无油迹。

(4)停机操作

①当油污水处理完毕时,将泵的吸入口管路上的三通阀切换到清水(或海水)管系上,连续运行 15 min,以冲洗分离装置。

②将电气控制箱面板上的加热器电源控制开关切换到“手动”位置,停止加热。

③冲洗完毕后,按下电气控制箱面板上泵的停止钮,泵停止工作,指示灯熄灭。

④关闭分离装置所有的进出口阀(在长期间断使用时)。分离装置停止工作后,其内部应充满“清水”以备下次起动时使用。

12.1.5　实训步骤

按照油水分离器操作管理要求，起动油水分离器，检查各运行参数，并将检查情况填入表 12－1－1 中。

表 12－1－1　油水分离器起动运转检查情况记录表

操作者		试验日期	
油水分离器型号		额定排量	
反冲洗状况检查		三通阀状况检查	
第一级滤器压力/MPa		第二级滤器压力/MPa	
15ppm 监控状态		污油加热温度	
油水分离器开始运转时间		油水分离器停止运转时间	

12.1.6　思考题

1. 油水分离器的主要部件及作用是什么？
2. 油水分离器的工作原理是什么？

12.1.7　相关知识点

1. ZYFM 真空微滤式油水分离装置的基本原理

实训任务 12.1 油水分离器的原理

配套螺杆泵在一级分离装置排出口处抽吸处理后的排水过程中，使一级分离装置内产生真空，舱底水经粗过滤器和上部吸水/排油阀进入分离器内部扩散喷口，进行初步油水分离，大油滴浮至顶部，含有小颗粒油滴的污水向下进入特质的聚结器，在内部进行聚结分离，形成较大油滴，上浮至顶部集油室。一级处理后的污水则向下经分离器底部排出，流向底部进水三通阀，进入单螺杆泵吸入口，从泵的排出口流出再经过排水三通阀，一、二级转换阀（常开、常闭电磁阀）和一级排水截止止回阀排向舷外。

当一级分离器排出的水不合格时，油分报警记录仪发出信号，转换阀（常开、常闭电磁阀）动作，一级排放水进入二级乳化油分离器继续进行微滤分离处理。合格的排放水经二级排水电磁阀（二级排水截止止回阀）排向舷外，每隔 30 min 再回复至一级分离器处理，回复上述处理工况。当二级乳化油分离器处理性能失效，二级排放不合格时，油分报警记录仪再次发出信号，回舱电磁阀打开，处理水经此阀回舱底。当处理工况为二级微滤分离时，二级分离器中上部的排污调节阀为常开式，一部分带有细小固体悬浮物的油污水通过此阀回舱底以减少微滤器阻塞力，排污调节阀的开启量，通过观察流量计调节至额定的 1/2 排出水量。

分离后的污油在一级分离器的顶部集聚到一定程度时，油位检测器触发信号，气控型分离装置使一级处理电磁阀开启，压缩空气同时进入三只三通阀的顶部气缸，推动活塞向下，关闭常通口，打开常闭口，舱底水暂停进入分离器，分离后的水暂停排出。海水（清水）

由进水三通阀的常闭口进入泵吸入口，从泵的出口再通过排水三通阀的常闭口进入分离器底部，逆向经过聚结器进行反冲洗，并使分离器内部由真空变成压力状态。集聚在顶部的污油通过上部吸水/排油三通阀的常闭口排向污油柜。

2. 油水分离器的监控

油水分离器投入正常运行时，应接通油分浓度监测装置电源开关。

将监测装置取水样管路上的二位三通阀切换到分离装置处理水排放水管上仪器即投入运行，自动进行连续检测和控制。

当油水分离器停止工作后，将取样管路上的三通阀切换到“清水”位置冲洗几分钟，然后将阀关闭，切断监测装置电源。

3. 油分浓度监测仪器的报警及其作用

当检测值为15ppm时监测仪器报警，同时在电磁阀作用下，压缩空气将三通阀通向污水柜的阀打开，关闭通向舷外排水的通道；延时10 s后，监测仪器报警并停泵。

作用：

（1）检测油分浓度，监测报警。

（2）关闭油水分离器，关闭有关阀门及电源。

4. 油水分离器排油

如果油层厚度达到液面高度的20%时，此时泵前的三通阀在电磁阀的作用下，压缩空气将污油柜进口阀打开，并关闭舷外排水通道，停止向舷外排水；在排油过程中，靠海水将油压出，压力表应显示正压；当油层排光，三通阀在电磁阀的作用下，压缩空气将污油柜进口阀关闭，并开启舷外排水通道，污水柜的污水被继续吸到分离器内，系统又进入分离的正常运行状态，此时压力表显示负值，观察真空表的压力应在 -0.01 ~ -0.06 MPa（具体压力以实际设定为准）之间。

5. 油水分离器分离腔内温度控制

油水分离器由电接点式的温度表设定，加温范围在35~45 ℃（具体以实际设定为准），低于35 ℃加热器自动开，高于45 ℃时自动关闭，加温时有灯光显示。

6. 电接点式的真空压力表的作用

当真空压力表的压力低于 -0.01 MPa（具体压力以实际设定为准），污水柜已被吸空（空气进入），此时泵会自动停止运转。

7. 手动排油的功能

将排油方式旋钮转到“手动”，系统在电磁阀的作用下，使压缩空气控制三通阀按反冲系统工作，停止排水，开始排油，以海水将油压到污油柜。

8. 船舶机舱油水分离器的组成

船舶机舱油水分离器主要由油水分离装置、自动排油装置、油分浓度监控装置、报警和排放自动停止装置等组成。

9. 油水分离装置的主要分离形式

分离形式主要有重力－聚结组合式、重力－吸附组合式和真空式三种。

重力分离法：在重力场的作用下，利用油、水重度差使油上浮而与水分离。这种方法简单、方便，主要用于处理粒径在50~60 μm以上的较大油粒，对于更细小的，呈乳化状态的油粒则难以分离[静置分离法；流道分离法（或称机械分离法）]。

多孔介质分离法是让油污水通过多孔介质把分散的油粒从连续的水流中分离出来的一种方法。其过程分油粒迁移和附着两个方面(过滤分离法;聚合分离法;吸附分离法)。

10. 油分浓度监控装置的核心部分及基本原理

油分浓度监测装置核心部分是油分浓度计。其检测原理主要有光学浊度法、荧光法、红外吸收法及紫外吸收法等多种。船上应用的主要是结构相对简单、能直接测量油污水含油量的光学浊度法和荧光法。

11. 船用油水分离器的操作规范

(1)油水分离器工作之前,先要征得值班驾驶员的同意;

(2)接通油水分离器的电源;

(3)根据环境温度和该油水分离器的说明书的规定决定是否要接通油水分离器筒内的加热器;

(4)根据油水分离器的操作规程系统管路图打开有关阀门;

(5)打开油水分离器筒顶上的放气考克;

(6)给油水分离器充液,打开油水分离器的供给泵的进口阀,起动该泵,调节好泵的出口压力,用海水/清水清洗分离筒;

(7)当发现分离筒上的放气考克全是水出来时,关闭放气考克;

(8)若该油水分离器有 15ppm 浓度监测装置,那么清洗分离筒的同时,清洗 15ppm 浓度监测装置,一般为 10 min;

(9)等到筒内温度已加热到规定数值,清洗和放空气等工作都已完成后,把油水分离器供给泵的进口阀转为要分离的污水进口阀,调节好进口污水的流量和泵的出口压力;

(10)把报警装置打开处于工作位置进行分离;

(11)等分离结束后,要注意用海水/清水清洗分离筒和 15ppm 浓度监测装置,一般 30 min左右;

(12)相反过程关闭有关阀门和电源;

(13)在油类记录簿上做好记录。

12. 船用油水分离器在船舶港口国监督(PSC)检查中的注意事项

(1)是否张贴操作说明,操作说明是否同实际相符。

(2)管路、分离筒、进出口阀门、压力表、真空表、指示灯、放气考克、取样考克等部件的外表是否良好。

(3)排油电磁阀、排污电磁阀、旁通电磁阀工作是否正常。排油电磁阀一般通过接通继电器,然后听声音或触摸来判定是否动作;排污电磁阀、旁通电磁阀,一般通过人为使 15ppm 报警,检测是否动作。

(4)15ppm 浓度监测装置当分离出水浓度超过 15ppm 时是否能报警,报警时旁通电磁阀是否及时动作。

(5)供给泵出口压力安全阀工作是否正常,该安全阀一般位于泵出口管路上或分离筒上。

(6)供给泵工作是否正常(主要看该泵是否有吸真空能力)。

(7)是否有非法的旁通污水管路。

(8)有否配备油类记录簿,记录是否真实、规范;油水分离器工作时的船舶位置、分离器的工作状况是否满足 MARPOL 公约附则 I（《经 1978 年议定书修订的 1973 年国际防止船舶造成污染公约》附则 I）的有关要求；油类记录簿上记录的废油数量是否同存在污油舱内的数量相一致。

（9）重点检查：①对管路的布置和阀门的开启是否熟悉；②对排放要求是否熟悉。

项目十三

造水机的操作与管理

实训任务13.1　造水机起动、运行、停机的操作与管理

13.1.1　实训目的

(1)熟悉造水机的起动操作;

(2)熟悉造水机运行中的管理;

(3)熟悉造水机停机操作。

13.1.2　实训内容

造水机起动前对泵浦工况、相关阀件及警报系统等检查;起动造水机;运行中各参数检查调整;造水机停机及保养工作。

13.1.3　实训要求

(1)按规范安全操作;造水机起动前须确认各步骤到位,在征得指导教师的同意后方可起动。

(2)工作时注意力集中,应与旋转件,如电机、皮带轮等保持一定距离;小组成员之间积极互动交流。

(3)做好工作场地的清洁与设备的保养工作。

13.1.4　实训指导

1. 操作要点

造水机起动操作;调整造水机冷却水流量;造水机给水水位调整操作;造水机凝水抽出及凝水水位控制;造水装置加热水量的调整操作;造水机停止。

2. 操作步骤

(1)起动前的准备

①关闭蒸馏器真空破坏阀、底部泄水阀、凝水泵出口阀、给水调节阀和给水流量计旁通阀。

②开启冷凝器冷却海水进、出口阀,将海水引入冷凝器。

③开启蒸发器加热淡水进、出口阀,将主机气缸套冷却水引入蒸发器。

④开启冷凝器蒸发器的放气阀,直至流出整股水流后关闭。

(2)抽空与给水

①开启海水泵的吸入阀、喷射泵的舷外排出阀等。

②起动海水泵,将工作海水供入两个喷射泵,于是蒸馏器中开始出现真空。为了保证喷射泵正常工作,工作水压力应不低于0.35~0.40 MPa。

③开启给水调节阀,并根据给水流量计所指示的流量调节阀的开度,以保持适当的给水量。

(3)供入热水开始工作

①如图13-1-1所示当蒸馏器中的真空度达到93%左右时,将通向主机淡水冷却器的进水旁通阀6关小,使主机冷却水通过蒸发器。此时,在主机淡水冷却系统中因突然加入一"冷却器",淡水温度可能下降。所以在关小阀之后,应同时注意适当开大主机缸套水冷却器3的旁通调节阀2,以保持主机气缸套冷却水温度适宜。如主机冷却水系统设有自动调节温度的三通调节阀,管理即可简化。

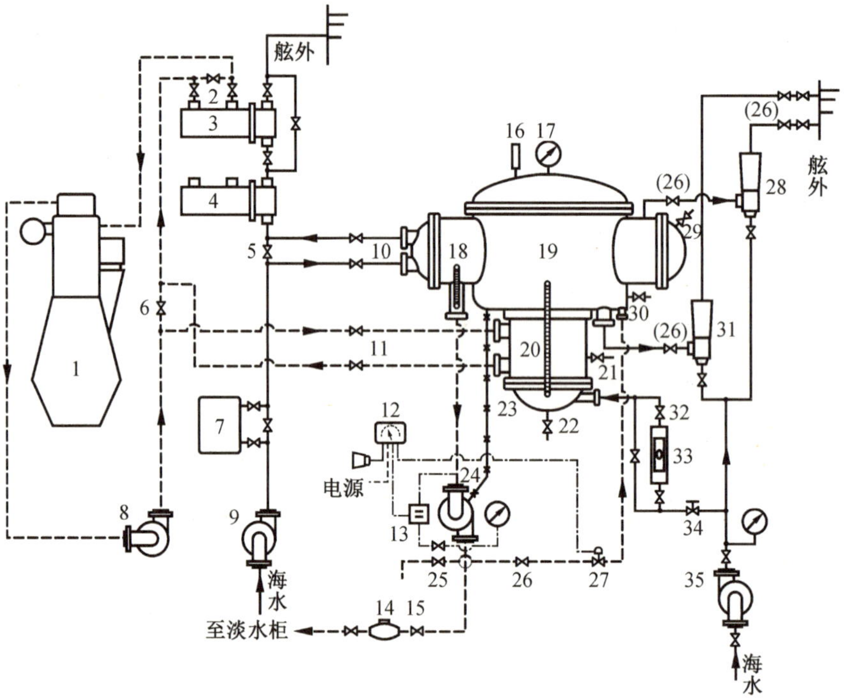

1—主柴油机;2—旁通阀;3—主机气缸套水冷却器;4—主机滑油冷却器;5—海水调节阀;6—加热水调节阀;7—主机空气冷却器;8—主机气缸套冷却水泵;9—主海水泵;10—冷却水进、出口阀;11—加热淡水进、出口阀;12—盐度计;13—盐度传感器;14—凝水流量计;15—凝水排出阀;16—蒸发温度计;17—真空压力表;18—水位计;19—蒸馏器;20—水位计;21—放气旋塞;22—泄水阀;23—凝水泵平衡管;24—凝水泵;25—取样阀;26—止回阀;27—回流电磁阀;28—真空泵;29—放气阀;30—真空破坏阀;31—排盐泵;32—给水调节阀;33—浮子式给水流量计;34—减压阀;35—造水机海水泵。

图13-1-1 带竖管蒸发器的真空沸腾式海水淡化装置系统原理图

②当主机的冷却水在蒸发器中循环后，其中的海水在低压下被加热即开始汽化。这时应注意通过阀6调节进入蒸发器的加热水流量，以保持适当的蒸发器负荷，防止因海水沸腾过于剧烈而导致淡水的含盐过高，质量下降。

③当蒸馏器产生蒸汽后，其中的真空度可能下降，这时应关小冷却海水调节阀5，以增加冷却水流量，从而保持合适的真空度。

④当淡水水位达到冷凝器水位计的半高时，即可起动疑水泵24，开凝水排出阀15，向淡水舱供水，同时接通盐度计的电源。

(4)运行管理

①控制给水量：调节给水调节阀，控制给水量。给水量应控制在造水量的3～4倍。而蒸发器中的水位则以指示在水位计半高处为宜。

②控制凝水水位：可适当调节凝水泵出口阀的开度，改变凝水泵的流量来予以调节；冷凝器凝水水位一般维持在水位计的1/3～1/2高度。

③控制造水量：关小加热水调节阀6，增大加热水的流量，则加热淡水流经蒸发器的温降就会减小(平均温度增加)，产水量提高；反之，则产水量就降低。通常，加热淡水流经蒸发器的温降为6～9 ℃。

④控制真空度。

(5)其他注意事项

要保持蒸发器热负荷稳定，适当控制加热介质流量使蒸发器有稳定的蒸发强度；经常检查观察冷凝器等的装配、连接质量和设备锈蚀等情况，防止发生泄漏，导致海水漏入淡水。

(6)停车操作

①停止加热。为此，应先开大加热水调节阀，然后关闭蒸发器的热水进、出口阀。当主机气缸套水冷却器没有温度自动调节装置时，尚应同时关小其淡水旁通阀，以免进入气缸套的冷却水温度升高。

②关闭凝水排出阀，停止凝水泵的工作。

③关闭给水流量计前的截止阀，停止海水泵。

④停止冷凝器的海水供应。

⑤打开真空破坏阀。如果停用时间较长，将蒸馏器中盐水经进水阀放空。

13.1.5 实训步骤

按照造水机操作管理要求，起动造水机，检查各运行参数，并将检查情况填入表13－1－1中。

表13－1－1 造水机起动运转检查情况记录表

操作者		试验日期	
造水机型号		额定造水量	
真空度		蒸发温度	
加热水进机温度/℃		加热水出机温度/℃	
冷凝器海水进口温度/℃		冷凝器海水出口温度/℃	
海水泵压力/MPa		凝水泵运转状况	

13.1.6 思考题

1. 造水机的主要部件及作用是什么?
2. 真空沸腾式造水机的工作原理?

13.1.7 相关知识点

1. 给水量对造水的影响

给水量的多少不仅关系到盐水的浓度,还影响着蒸发器的水位。盐水水位和含盐度过高会使所造淡水质量变差。然而水位过低又会影响装置的造水量。当给水量等于蒸发量和排盐量之和时,蒸发器水位保持稳定。如减小给水量,水位降低,蒸发量也会因加热面积减小而减小,排盐量减小,于是水位降到某较低位置后又会重新稳定;反之,如增加给水量,水位即会升高。

实训任务 13.1 沸腾式海水淡化装置

2. 凝水水位调整方法

凝水水位太高,冷凝器中被凝水浸没的管束过多,会降低冷凝能力。凝水水位过低,凝水泵的流注吸高太小,可能会产生气穴现象,甚至失吸。应该指出,凝水泵是不允许在无水情况下工作的,否则轴封可能因发热而损坏。凝水水位取决于冷凝器单位时间的凝水量和凝水泵的流量,当二者相等时水位便稳定。

3. 造水量控制方法

装置造水量主要靠进入造水机的加热水的流量来控制。当加热水进口温度降低时,为了保持造水量,可适当增大加热水的流量。海水温度对造水量也有影响。当海水温度升高到 30 ~ 31 ℃或更高时,往往难以使装置建立起足够的真空度。这时可加大冷却水流量,但不宜超过额定流量的 130%,冷却海水流经冷凝器的温升一般不宜小于 4 ℃。如采取以上措施后真空度仍较低,应减小加热水流量,降低造水量,维持真空度不致过低,以免沸点过高,结垢加剧。当海水温度较低时,为了真空度不致太高,可以减少冷却水流量。另外,稍开真空破坏阀使少量空气漏入,也是降低真空度的简便迅速的方法,这时不应该加大加热水流量使造水量超过设计值,以致造成盐水沸腾过于剧烈,汽流上升速度过快,使产水含盐量过高。

4. 真空度控制方法

船用真空蒸馏式造水机的蒸发温度(工作温度)控制在 39 ~ 45 ℃,相当于真空度为 94% ~ 90%。装置的真空度是通过调节冷凝器的冷却水流量来控制的。一般冷却海水流量控制在冷却海水温升为 5 ~ 6 ℃。真空度太低,海水沸点过高,会使结垢加剧,造水量减少;真空度太高,沸腾过于剧烈,会使产水含盐量增加。

5. 造水机停用

当船舶驶进港口,在离岸不超过 20 n mile 时,蒸馏装置应停止工作。因为这些地方海水容易受到油和细菌污染,使所产淡水不符合卫生要求,并污染造水机。

6. 造水机常见故障和处理方法

造水机常见的故障主要有：

(1)真空度建立不起来，导致造水量下降，甚至造不出水；

(2)蒸发器温度太高，导致已建立起的真空度下降，造水量也下降并且凝水盐度超标。

(1)真空度建立不起来的主要原因

①蒸发室漏气，主要是蒸发室和冷凝室结合处的主密封垫损坏或连接螺栓紧固时用力不均匀所致；

②真空破坏阀未关紧或阀面损坏；

③主喷射泵排出压力不足(一般为5 kg/cm^2左右)；

④真空喷射泵被异物阻塞，或泵前的单向阀卡阻，使真空喷射泵的效能受限；

⑤凝水泵填料处漏气，可通过对其灌水来排除。

(2)蒸发室温度太高的主要原因

①盐水蒸发器太脏或被结晶盐垢阻塞(片式蒸发器)，需解体清洗；

②冷凝器太脏或被海蛎壳阻塞，需解体清洗。

7. 影响制淡装置产水含盐的原因及应采取的措施

(1)产水含盐的原因

①真空度过高(蒸发温度过低)或加热水量过大，使沸腾过于激烈；

②排盐泵流量不足或给水泵过大使盐水水位过高；

③给水倍率太小以致盐水浓度过大；

④冷凝器漏泄。

(2)应采取的措施

①控制合适的真空度和热水流量，以保持适当的蒸发负荷；

②保持合适的给水倍率以维持合适的盐水水位与浓度；

③防止冷凝器漏泄。

8. 制淡装置产量下降的原因

(1)真空度不足；

(2)加热淡水的流量不足或温度太低；

(3)蒸发器加热水侧气塞；

(4)蒸发器管中结垢或外侧脏污；

(5)回流电磁阀关闭不严；

(6)给水倍率太大，热量损失过多。

9. 制淡装置起动步骤

(1)起动前先关闭真空破坏阀、泄水阀、凝水泵出口阀和给水阀等；

(2)开启海水泵，起动真空泵抽真空；

(3)当蒸发器内达93%的真空度时，向造水机内供水；

(4)供入加热水，产气后调节冷凝器的冷却水量，以保持合适的真空度；

(5)凝水水位至水位计半高时，起动凝水泵，并启动盐度检测装置，若淡水水质合格，则可打开凝水泵出口阀,向淡水舱供水。

10. 海水淡化装置的真空破坏阀的作用

海水淡化装置的真空破坏阀的功用是当冷却水温过低而使真空度过高时,稍开以保持合适的真空度,停用时打开,以便放空盐水。

11. 使制淡装置保持足够的真空度的条件

(1)应保持与蒸发量相适应的冷凝能力;

(2)应具有足够抽气能力的真空泵;

(3)装置的密封性要好。

项目十四

液压甲板机械的操作与管理

实训任务14.1　液压甲板机械的起动与停用

14.1.1　实训目的

(1)熟悉液压甲板机械起动操作;

(2)熟悉液压甲板机械运行中的管理;

(3)熟悉液压甲板机械停用操作。

14.1.2　实训内容

液压甲板机械起动前对泵浦工况、油位及相关阀件等检查;起动液压甲板机械;运行中各参数检查调整;液压甲板机械停用及保养工作。

14.1.3　实训要求

(1)按规范安全操作;液压甲板机械起动前须确认各步骤到位,在征得指导教师的同意后方可起动。

(2)工作时集中注意力,应与旋转件,如电机、皮带轮等保持一定距离;小组成员之间积极互动交流。

(3)完成工作场地的清洁与设备的保养工作。

14.1.4　实训指导

1. 操作要点

正确开关液压甲板机械有关阀件;操作程序正确无误;油泵油压、油量检查;检查系统及阀件有无泄漏现象;检查系统有无不正常噪声;液压甲板机械停用。

2. 操作步骤

(1)起动准备

①油:油位检查,油箱和兼作油箱的油泵壳体的油位应正常;油润滑部位检查,并在撞

杆、舵承等处适当布油或注压油脂;油路检查,消除跑冒滴漏污等现象与隐患。

②电:电机、电路、电开关的电器设备检查,消除绝缘低下等不正常现象。

③阀:阀件的启闭状态检查,确保启闭正确可靠。

④机:机器设备状态外观检查,确认其处于适于起动状态。特别注意舵角指示器等指示仪表仪器的情况,确认其指示正常。

⑤盘:盘动油泵,确认各运动部分无卡阻,固定部分无松动。

完成上述检查,证实各部件工作正常或消除故障后,方可接通油泵电源,使液压系统投入工作。泵在起动时若出现无输出或有异常响声时,应立即停机检查原因。

(2)运行管理

液压甲板舵机在运转期间必须加强巡视,做好以下方面检查:

①注意检查液压系统中各元件结合处是否有漏油现象。

②注意检查和倾听油泵、液压油缸(油马达)运转是否平稳,有无异常噪声。

③注意观察系统的各测压点压力是否在规定的范围内,压力是否稳定。

④注意保持系统中适当的油温。一般在 30 ~ 50 ℃内比较合适,最高不超过 60 ℃。环境温度较高时,规定最高工作温度不超过 85 ℃。

⑤经常注意油箱油位,避免油泵吸空,及时清洗滤器。

⑥注意电气控制或连锁的换向阀工作是否灵敏可靠。

⑦注意热交换器的工作性能。

(3)停用

①切断电源,对机械设备,电器设备、油泵机组和管路系统等进行全面检查,以观察有无因运行而引起的缺陷或故障,如有应及时排除。

②用干净的布擦拭液压缸外露的部位,清除污物和污油,然后在各摩擦部位涂上新润滑油。

③检查各固定螺帽和锁紧螺帽的紧固情况。

④注意清洁和防护电机和电气设备,勿使受潮。

14.1.5 实训步骤

按照液压甲板机械操作管理要求,起动液压甲板机械,检查各运行参数,并将检查情况填入表 14-1-1 中。

表 14-1-1 液压甲板机械起动运转检查记录表

操作者		试验日期	
舵机型号		液压油位	
液压泵油压/MPa		油马达运转情况	
液压油温度/℃		液压泵马达电流/A	
应急舵试验情况		舵角指示情况	

14.1.6　思考题

1. 液压舵机的主要部件及作用是什么?
2. 简述液压舵机的试验步骤。

14.1.7　相关知识点

1. 为保证船舶航行安全,任何舵机都必须满足的基本要求

(1)工作可靠。舵机在任何航行条件下,都能确保正常工作,即使在最大航速时,也能保证将舵转至最大舵角,并有足够的转舵速度;对于海船舵机,通常要求从一舷最大舵角转至另一舷最大舵角所需时间不超过 30 s。

(2)生命力强。舵机能够实现两处以上操纵,并能迅速换用备用操纵机构;此外还应设置备用动力和安全设施。

实训任务 14.1 液压舵机的基本组成与原理

(3)操作灵便。舵机在任何舵角下均能投入工作,而且能及时准确地把舵转至指令舵角,并能自动停舵,以防损坏设备。

此外,舵机还应工作平稳,噪声小,寿命长,便于维护管理,质量和尺寸小等。

2. 液压舵机的结构(图 14-1-1)

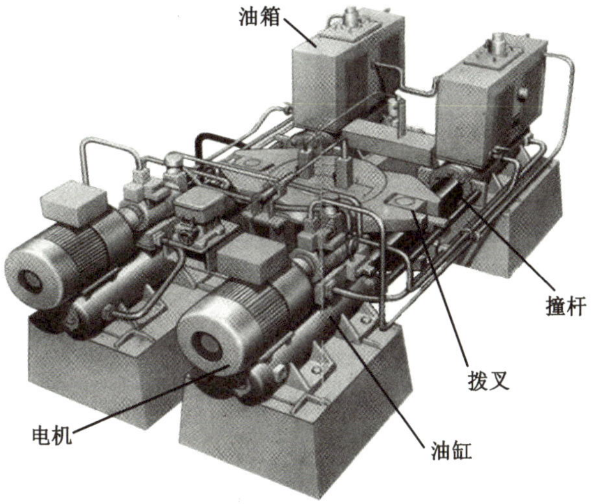

图 14-1-1　液压舵机结构图

液压舵机系统包括如下部分。

(1)转舵机构:对舵柱产生转舵力矩的机构,它分为往复、转叶两大类。

(2)液压系统:提供转舵动力;其作用是向舵机提供足够的液压能,并设置所需的保护与控制装置。液压系统包括液压油泵、控制阀件、转舵机构的液压执行部分以及管路等液压辅件。

(3)操舵控制系统:有机械、电力、液压三类。它包括操纵机构、比较环节和反馈机构。操纵机构又称远操机构,其作用是将驾驶台发出的指令舵角信号传递到舵机房受讯器;比

较环节的作用是将反馈机构输入的实际舵角信号与操纵机构输入的指令舵角信号进行比较运算放大，输出偏差控制量来对液压系统的供油量与供油方向进行控制，最终使实际舵角等于指令舵角，即偏差控制量为零；反馈机构的作用是将转舵机构的实际舵角反馈给比较环节。

3. 舵机防浪阀的作用

若舵叶停在某一位置不动，突然受到海浪或冰块等的冲击，就会使舵柱上负荷加大，油缸中的油压相应提高，严重情况下，可能损坏设备。为缓和冲击，保护设备安全，在主油路中装设了防浪阀。当油压超过阀定压力时，防浪阀就将在油压作用下，自动开启而使两缸油液旁通，消除额外负荷。当冲击负荷过去后，防浪阀通过浮动机构，又能将舵叶恢复到原来给定舵角的位置上。除防浪阀外，在同一阀箱中，还常设有手动旁通阀，以便在必要时（如充油）使两油路旁通。

4. 舵机储存弹簧动作原理

以图 14－1－2 所示泵控型液压舵机工作原理为例，当操舵运动因油泵达到最大行程后继续进行时，控制点 C 已受到限制，而反馈杆杆尚未进行浮动或浮动缓慢，使 B 点反力增大，并超过弹簧初张力，使储存弹簧受压变形，缩短自己的长度，保持操舵继续进行。这样，当舵轮转到最大舵角时，弹簧就会由于实际移舵角的落后而被压缩了一定的长度。这一长度就等于是给浮动运动预留的一段行程，即在弹簧恢复到原有的安装长度之前，由舵叶产生的浮动行程，被弹簧的伸长而补偿，而不会改变油泵变量机构的位置。因此，在这段时间内，油泵就会始终保持最大行程，从而以最大排量进行工作。当弹簧的压缩长度，原舵叶偏转所造成的不断浮动而延伸完毕后，浮动杆也就重新像刚性杆那样，带动 B 点，使油泵变量机构回到中央位置。

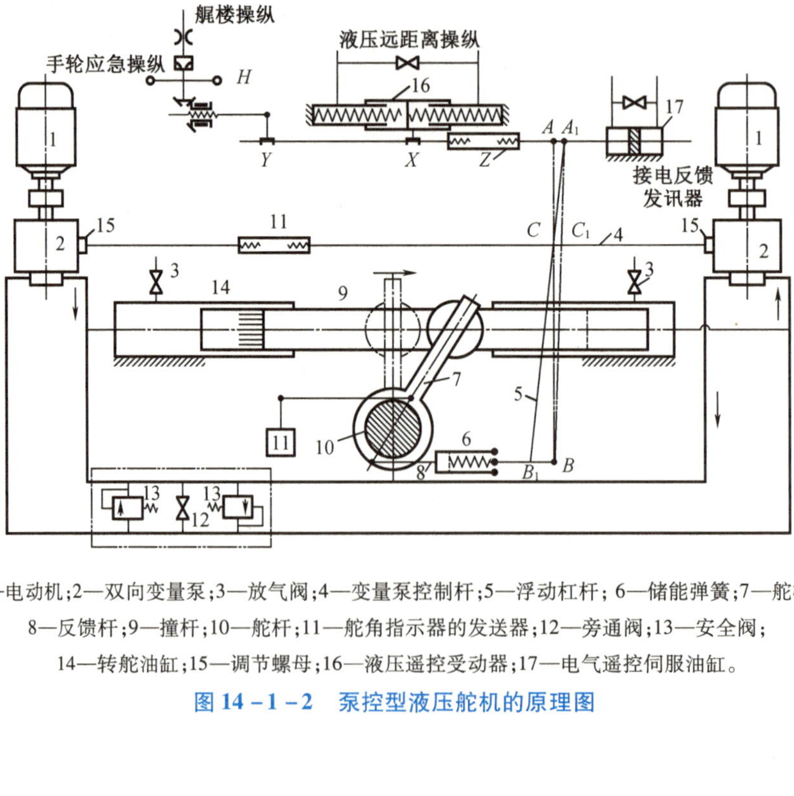

1—电动机；2—双向变量泵；3—放气阀；4—变量泵控制杆；5—浮动杠杆；6—储能弹簧；7—舵柄；
8—反馈杆；9—撞杆；10—舵杆；11—舵角指示器的发送器；12—旁通阀；13—安全阀；
14—转舵油缸；15—调节螺母；16—液压遥控受动器；17—电气遥控伺服油缸。

图 14－1－2　泵控型液压舵机的原理图

5. 舵不能转动原因

(1)遥控系统失灵——此时机旁操纵正常

对于电气遥控系统,可能是电路断路(保险丝烧断,接点脱焊或接触不良,电气元件损坏等)也可能是其中的机械传动部分有故障(例如导杆卡阻或应插的插销未插好等)。

如果控制系统具有伺服油缸,还可能是控制油源中断(例如辅泵损坏等)、伺服油缸旁通阀未关、溢流阀开启压力太低或换向阀不能离开中位等。

(2)主泵不能供油——可换用备用泵加以验证

如果是泵变量机构卡住,而两台主泵又是共用一套浮动杠杆机构,须先将坏泵的变量机构脱开,才能换用备用油泵。

如果油泵机组不能起动,应查明是否有电路故障,此时应注意有的装置有连锁保护,辅泵未起动则主泵即无法起动,还可用盘车的方法判断油泵是否有机械性卡阻。

如果油泵能运转但几乎没有油压,则在排除主油路旁通或泄漏的可能性后,即表明主泵没有供油。对于阀控型开式系统,可先检查循环油柜是否缺油,或吸入管是否堵塞;对于泵控型舵机,则应以机旁操纵方法,检查泵的变量机构能否正常移动。变量机构卡住,差动活塞控制油中断或油路堵塞,浮动杆机构销子断落或储能弹簧太软,则机旁操作也会无法使油泵离开中位,必要时可拆检泵的变量机构或泵本身,以判明工作部件是否损坏。

(3)主油路旁通或严重泄漏——此时主泵吸、排油压相近

主油路旁通可能是因备用泵锁闭不严(反转)、旁通阀开启、安全阀开启压力过低或被垫起,阀控型系统则也可能是因换向阀有故障不能离开中位所造成。

(4)主油路不通或舵转动受阻——表现为主泵排出油压高,安全阀开启

主油路不通的最大可能原因是泵阀、缸阀未开或主油路的液控锁闭阀打不开。

6. 只能单向转舵的原因

(1)遥控系统只能单向动作,如果改用机旁手动操舵则正常。这可能是由电气遥控线路故障(例如电磁换向阀一端线圈断路)或控制用伺服油缸一侧严重泄漏等造成。

(2)变量泵只能单向排油,如果换用备用泵则可正常工作。这往往是泵变量机构单向运行发生困难,例如单向卡阻或差动活塞某一油孔堵塞等。

(3)主油路单方向不通或旁通。这可能是某侧的安全阀开启压力过低或主油路锁闭阀之一在回油时不能开启。

7. 转舵时间达不到规定要求的原因

(1)主泵流量太小,如非选配不当,则多数是因磨损过度造成泵内泄漏严重,或者是泵局部损坏所致,有时也可能是变量机构行程太短或泵转速达不到额定值的缘故。

(2)遥控系统动作太慢,改用机旁操舵后转舵时间即可符合要求。工作正常时,浮动杆的操纵点 A 从一舷满舵位置移到另一舷满舵位置所需时间应在 22 ~24 s。如果上述时间明显增加,对于伺服电机式遥控系统,可能是电路有故障、激磁电流不足或反馈信号太强;对于伺服油缸式,则可能是提供控制油的辅泵流量不足或调速阀调定的流量太小,此外,也可能是因伺服油缸油路泄漏严重等造成的。

(3)主油路有旁通或泄漏,这往往同时会引起冲舵、跑舵或滞舵。除外部泄漏外,原因

可能是安全阀、旁通阀等关闭不严，或双作用油缸、转叶油缸内部密封损坏，或备用泵油路锁闭不严，或主油路换向阀泄漏严重等。

8. 滞舵——舵叶的转动滞后于操舵动作的原因

(1)主油路中混有较多气体，这时即使机旁操舵，滞舵现象也不会消除，且转舵时可从高压侧放气阀放出气体。原因可能是充液或检修后放气不够彻底，也可能是工作油箱油位太低或补油压力太低。对闭式系统，如系统有泄漏，则撞杆位移就不足以填补低压侧油缸中被吸走的油液容积，以致泵吸入侧压力太低而吸入空气。

(2)遥控系统动作迟滞。例如伺服油缸或控制油路中存有气体、控制系统机械传动部件的间隙太大等。

(3)泵控型系统主油路泄漏或旁通严重。在这种情况下，由于油泵在刚离开中位流量较小时，舵便可能不动或动得很慢。

9. 冲舵——舵转到指令舵角后冲转过头的原因

(1)泵变量机构不能及时或不能回中。这可能是变量机构卡住，控制油压变低或差动活塞油孔堵塞等所造成。

(2)遥控伺服油缸的换向阀或阀控型系统主油路的换向阀不能回中。这可能是阀芯在一端卡住，也可能是一端弹簧断裂，张力不足等。

(3)遥控伺服油路闭锁不严(油路泄漏或旁通)。这时，在舵转动后，由于受到浮动杆传来的作用力，伺服活塞就会在到达指令舵角后因油路锁闭不住而继续前移，于是油泵便无法回到零位，舵也就会继续冲转。

以上几种情况舵将一直冲到顶住机械舵角限位器为止。

(4)控制系统的反馈部分有故障。例如反馈系统的机械连接件松动、电气元件损坏、触头脏污或断路等。

(5)主油路锁闭不严。舵转到指令舵角时，如果控制系统工作正常，则转舵油缸停止就会进油，假如主油路存在泄漏或旁通，则在舵转动惯性大，特别是舵作用有负扭矩时，就会发生冲舵。但如果反馈机构正常，舵冲过指令舵角后仍会回到指令舵角。

10. 跑舵——稳舵期间舵偏离所停舵角的原因

这多半是因为主油路锁闭不严或遥控系统工作不稳定所致；此外，两台泵共用一套浮动杆控制的变量泵中位调节不一致或调好后松动，在双泵同时工作时也会产生舵停不稳的现象。

11. 舵机有异常噪声和振动的原因

(1)液体噪声。液体噪声是由工作油液中产生气穴所引起的。原因可能是闭式系统放气不彻底或补油不足；也可能是开式系统油箱中的油位太低，吸油滤器堵塞或吸油管漏气。此外当油温太低、油黏度太大时，也可能产生液体噪声。

(2)油泵机组异常噪声。原因可能是泵和电动机对中不良，轴承或泵内其他运动部件损坏。

(3)管路或其他部件固定不牢。

(4)转舵油缸柱塞填料过紧。

(5)某些形式的主油路锁闭阀在舵受负扭矩作用而转动较快时,也易产生敲击。

(6)舵杆轴承磨损或润滑不良。

12. 船舶操舵控制系统的几种形式和特点

船舶操舵控制系统一般有自动操舵(俗称电罗经或磁罗经操舵自动跟踪操舵仪)、随动操舵(俗称舵轮操舵,包括遥控操舵)和应急操舵(俗称手动操舵、手柄操舵)三种操作方式。

自动操舵是驾驶员设计好航向后,操舵仪根据内部算法控制舵叶,使船舶按照设定的航向行进的操舵方式。其根据自动控制的目标是船舶方向还是船舶航行轨迹,还可以分为航迹舵和非航迹舵。

随动操舵是水手按照驾驶员的指令,手操舵轮来控制舵叶,类似于汽车驾驶,使船舶处于驾驶员要求的航向上的操舵方式,根据舵手位置不同,还可分为驾驶台操舵和两翼遥控。

应急操舵是独立于以上两种操舵系统的最简易可靠的操舵方式。

简单地说,船舶在港内航行时,一般使用随动操舵;出港后在大洋航行时,一般使用自动操舵;当前两种都出现故障时,才使用应急操舵。

安全报警情况:失电、过载、断相、油箱低液位、油箱高温、滤油器堵塞、液压系统失油压。

13. 应急操舵的程序

应急操舵演习应该每三个月一次。

(1)驾驶台操舵转换为舵机间操舵

①船长发出指令(此时船先降速到最大营运航速的一半,但不小于 7 kn);

②当值驾驶员,将舵角的正舵位置由驾驶台和舵机旁进行校正,舵角取得统一后由驾驶台关闭伺服油泵,转入机旁应急操舵。

③被船长指派去舵机间执行应急操舵的驾驶员负责:

a. 到达舵机间后,起用人力油泵控制舵叶转动;

b. 使用专线电话报告驾驶台应急操舵准备完毕。

④随即开始应急操舵。

(2)舵机间操舵转换为驾驶台操舵

①船长发出指令。

②接到船长指令后, 在舵机间负责应急操舵的驾驶员负责:

a. 切断应急操纵管路;

b. 使用专线电话报告驾驶台应急操舵执行完毕。

③当值驾驶员负责:

a. 在驾驶台起动舵机和操舵仪;

b. 检查确认舵机和操舵仪正常。

④随即开始驾驶台操舵。

14. 电液舵机 F21－200/86 型舵角校正和调整

该型电液舵机的远操机构是将驾驶台的操舵信号经电力传递,然后再通过伺服油缸将油压放大,来控制舵机油泵的工作,实现左、右操舵的。首先,将舵角的正舵位置由驾驶台和舵机旁进行校正，舵角取得统一后由驾驶台关闭伺服油泵，转入机旁应急操舵，交替起动两台主油泵多次，调整泵与舵柱的连杆，直到舵角放正舵，起动任意一台主油泵时，油泵都不得有任何排量使舵角偏离，目的是为调正舵角量程范围做准备；保持两台泵的一致性，在使用双泵时，防止两台主油泵用力不一致造成机损。然后，拆掉两台伺服油缸的撞杆，在驾驶台起动一台伺服油泵，将舵角始终放在正舵的位置，这时在舵机上调整撞杆的长度并与脱开的部位连接好；用同样的方式，调整另一台伺服油泵的撞杆，此时驾—机两种操舵方式正舵是一致的。最后，进行舵角的范围调整，由驾驶台操舵到左满舵或右满舵，这时舵角可能会出现偏差，舵角超过 35°或达不到。左满舵时，如果舵角不在 35°，调整伺服油缸上的电力反馈装置与伺服油缸另一端的连接杆的长度，校正操舵范围角在 35°满意为止；用同样的方式调整右满舵及另一台伺服油泵。到此调整过程全部完成。当检修舵机不慎使舵角发生变化时，用此方法即可校正舵角。

15. 舵机试验

在轮机员做好舵机起动前准备后，在舵机房用电话通知驾驶台，会同驾驶员进行联合试舵（驾驶台操作由驾驶员完成）：

（1）将驾驶台操舵仪上操舵转换开关转到手动位置，按起动按钮起动一套油泵机组；

（2）将舵轮从正舵位置分别转到二舷 5°、15°、25°、35°处并稍停顿，然后舵轮回零，停止这套油泵机组。在此过程中，驾驶员和轮机员共同观察检查舵机及其操纵系统、舵角指示器是否可靠地工作，有无异常现象。轮机员应特别注意听声（机器声）、看表（电流表、电压表、功率表、油压表、舵角表）、察动（各机构的动作）、查漏（管接头与撞杆密封处）。

（3）起动另一套油泵机组，进行与（2）相同的操作与检查。

（4）再起动一套油泵机组（双泵工况），进行与（2）相同的操作与检查。

（5）将转换开关转至应急操舵位置，进行操作，检查应急操舵装置工作是否正常可靠。

16. 对舵的控制及舵角指示、限位的要求

（1）电气舵角指示器的指示舵角与实际舵角之间的偏差应不大于 ±1°，而且正舵时须无偏差。

（2）采用随动方式操舵时操舵器的指示舵角与舵停住后的实际舵角之间的偏差应不大于 ±1°，而且正舵时须无偏差。

（3）不论舵处于任何位置，均不应有明显跑舵（稳舵时舵偏离所停舵角）现象。在台架试验中，当舵杆扭矩达到公称值时，往复式液压舵机的跑舵速度不得超过 0.5°/min，转叶式液压舵机应不超过 0.4°/min。

（4）采用液压或机械方式操纵的舵机，滞舵（舵的转动滞后于操舵动作）时间应不大于 1 s，操舵手轮的空转不得超过半圈，手轮上的最大操纵力应不超过 0.1 kN。

（5）电气和机械的舵角限位必须可靠。实际的限位舵角与规定值之差不得大于 ±30′。

17. 如随动舵的实际舵角与指令舵角零位不符，舵角偏差超过 ±1°，操纵系统的调整

调整的基本原则是“调零优先，分段调整”。

（1）对于不设浮动杆式追随机构电气遥控系统，应检查和调节系统的各个环节。当舵轮处在零位时，操舵信号发送器的输出即应调整为零；当舵叶在零位时，反馈信号发送器的

输出也应调整为零;而在操舵轮位于其他舵角时,只有当舵叶转至相应舵角时反馈信号才应与操舵信号发送器给出的电信号抵消,这时电路中各相敏整流电路及放大器的输出也应该为零。

(2)对于设有浮动杆机构的控制系统,则应首先使遥控系统在舵机室的执行元件以及变量油泵和舵叶三者同时处于中位:转为机旁操纵,使执行元件处于中位;起动左舷泵,若舵停止并不在零位,松开泵变量机构拉杆的锁紧螺帽,转动调节螺套,使变量机构动作,舵叶停在零位;换用右舷泵,用同样方法调整;锁紧螺帽锁紧,再次验证;调整限位螺帽并固定,然后调整电气部分。

(3)对于双泵共用一套浮动杆机构的,应依次起动各舷主泵调试,使两泵的中位调到一致。

18. 舵机安全阀整定

装船后和必要时,对整定压力也要验证:

(1)起动一台油泵,移开控制机构的操舵角限制元件,用机旁操纵向某舷操舵,如主泵为变量油泵,当舵叶接近最大舵角时,应尽量使泵以小流量工作。

(2)将舵转至机械限位挡块限止的极限舵角位置,以使油泵的排压继续升高,接近规定的整定压力时,安全阀即应开启。此时应使主泵保持额定流量(如为变量泵,应使变量机构处在额定位置),然后观察压力表的读数。

(3)如果所得读数与规定的整定压力不符,则取下安全罩盖,松开锁紧螺帽,转动调节螺帽,校正安全阀整定压力,直至符合要求,再重新将锁紧螺帽锁紧。在安全阀的调试过程中,必须注意防止系统中的油压超过耐压试验的数值,安全阀每次开启的时间也不宜超过30 s。安全阀的调整工作应在船检部门和轮机长在场的情况下进行。

19. 系泊试验与航行试验中舵机试验的目的和内容

系泊试验的目的:检查舵机和控制系统的正确性;舵机的空载运行性能。

系泊试验舵机测试的内容:舵角指示器的正确性;供电系统的效能和互换性;手动、遥控的效能和互换性;电器设备工作性能、绝缘性;失电、过载、压力、温度、液位的报警及切换;不得有超载、超速、震动、液压冲击、噪声、泄漏、滞舵、冲舵、跑舵。

航行试验的目的:检查舵机在负载情况下的工作性能。

航行试验舵机测试的内容包括:主操舵装置操舵试验左满舵、右满舵、正舵,相互切换,停留10 s;副操舵装置试验,左右15°、正舵,相互切换,停留10 s;应急电源、自动舵、报警、切换。

实训任务14.2 液压系统加油，冷却器与过滤器的清洗

14.2.1 实训目的

(1)熟悉液压甲板机械加油操作；

(2)熟悉液压甲板机械冷却器和过滤器的拆装清洗操作。

14.2.2 实训内容

液压甲板机械加油操作及注意事项;冷却器清洗及密封垫圈检查;过滤器清洗方法。

14.2.3 实训要求

(1)按规范安全操作;液压甲板机械加油、冷却器与过滤器清洗前须确认各安全措施步骤到位,在征得指导教师的同意后方可操作。

(2)工作时集中注意力,完成各操作步骤,小组成员之间积极互动交流。

(3)做好工作场地的清洁与设备的保养工作。

14.2.4 实训指导

1. 操作要点

加油前确认油的牌号,加油过程中注意防止油污染,注意观察油柜的油位;清洗冷却器前切断水路和油路,检查冷却器密封垫圈,回装完毕后冷却器排气;过滤器清洗前关滤器前后截止阀,开放气阀,检查滤芯及密封床垫,回装完毕后滤器排气。

2. 操作步骤

(1)系统加油

①液压系统加油,要注意核对油的品牌。一般说明书中都有明确规定,管理中应严格遵照执行,决不能不同品牌油掺和使用。

②加油时要保持所充注的油液高度纯洁,充入系统的新油必须过滤,过滤精度不得低于系统过滤精度。油液的污染往往是液压系统运转时发生故障的原因。

③在具有手摇泵的液压系统中,可用手摇泵向系统中充油。如果没有手摇泵也可用主泵或辅泵充油,但应严格避免油泵干转。

④系统充油过程中应经常监视油箱油位,防止吸油管吸进空气。

⑤系统充油时,系统高处各放气旋塞、压力表接头等均应松开,直至流出整股油流时再关闭。

⑥当油液充满后,瞬时起动油泵(变量泵在小排量位置)即停,然后再在各处放气,尽可

能排除系统中残存的空气。

(2)冷凝器清洗

①清洗时将进出冷却器的油路、水路切断。

②松开连接冷却器的油路、水路管系接头。

③将冷却器从液压系统中拆卸,解体。

④认真清洗每一片波纹板的两侧,并认真检查。

⑤安装时应注意密封垫圈是否良好,甲型板与乙型板交替安放记号要对齐。垫圈表面要保持清洁和良好,固定螺栓上紧时要用力均匀。

⑥将清洗组装好的冷却器装入液压系统,并接好油路、水路管系接头。

⑦将冷却器油路中的空气放尽。

(3)过滤器清洗

①拆除滤器之前,首先确认要清洗的滤器。

②单联式过滤器,应将滤器前后的截止阀关闭;双联式过滤器,应转动旋塞将清洗的滤器停止工作。

③将要清洗滤器的放气旋塞稍微松下(或滤器盖),如果没有液体喷出,表示滤器转换或切断对了。

④拆下滤器盖,将滤芯抽出进行清洗、检查或更换。

⑤将滤器壳体的放油旋塞松下(一般在滤器底部),将壳体底部的污物放掉,清洁好壳体内部。

⑥将滤芯按要求正确放妥,并检查壳体盖的床垫是否完好。

⑦盖上滤器盖,拧紧滤器盖螺栓。

⑧装好后必须将滤器内的空气放掉。

⑨放气结束后擦净溢在外面的油,滤器清洗工作完成。

14.2.5 实训步骤

按照液压甲板机械加油操作、冷却器清洗和滤器清洗要求,对甲板机械液压系统加油、清洗冷却器和滤器,并将操作情况填入表 14-2-1 中。

表 14-2-1 液压甲板机械加油、冷却器清洗、滤器清洗记录表

操作者		加油日期	
加油牌号		加油量/L	
加油后系统运转检查		加油后系统排气	
冷却器清洗日期		冷却器清洗后运转检查	
冷却器清洗后系统排气		滤器清洗日期	
滤器清洗后运转检查		滤器清洗后系统排气	

14.2.6　思考题

1. 液压甲板机械加油有哪些注意事项？
2. 冷却器清洗和过滤器清洗前的安全措施有哪些？

14.2.7　相关知识点

1. 液压系统的冷却器维护方法

船用液压油冷却器一般采用强制风冷式为主，冷却器结构为翅片式。当油温高于一定值时，温度控制器自行起动风机进行冷却。在日常使用中，要保持风机的完好，风道的畅通，定期清除冷却器内外部的污物。对于水冷式冷却器除定期对水侧进行清洗之外，还要检查是否有泄漏，以防油液遭受水污染。水冷却器一般采用可靠性好的板式冷却器。

2. 防止油污染措施

液压系统的故障约有70%是由液压油污染引起的，因此控制油液污染对保证液压装置工作可靠性和延长使用寿命是十分重要的。控制油污染的日常工作应抓住以下主要环节：

(1)新装或大修后的液压系统要彻底清洗。

(2)液压系统加注液压油一定要经过过滤处理，加油过程和结束时应充分驱尽系统中的空气。

(3)按规定要求定期清洁检查过滤器。

(4)定期取样检查油品质量，发现油品受污染时要及时过滤或视情更换新油。

(5)经常检查系统和设备的密封情况，吸油管路、管接头、油泵轴封失效等都会使空气进入系统。

(6)平时要妥善保管，防止杂物和水混入。

(7)采用水冷却的液压系统，应经常检查冷却器的密封性，防止水漏入油中。

(8)经常注意保持油箱中的规定油位，防止空气吸入，并保持系统中的油液有足够的循环冷却条件。

(9)在系统不工作时，泵必须卸载。

(10)经常注意保持冷却器内水量充足，管路畅通，防止油温过高。

3. 液压甲板机械油路系统的清洗方法

舵机安装完毕正式充油前，必须对油箱和系统进行彻底的清洗。最好用专门的清洗油进行清洗，并将其加热到30～40 ℃。清洗油的黏度应足够低，以求对脏物有较强的溶解和冲洗能力。一般选用30～40 ℃时黏度为$(13\sim25)\times10^{-6}\,m^2/s$的环烷基油较为适宜。如清洗油不易从系统里放净，则需在其中添加防锈剂和抗氧化剂，并注意它与液压油的相容性。系统清洗时应使用临时油泵用热清洗油对系统循环冲洗，并使清洗液通过一专门滤器，直至滤器不再滤出污染物时为止。清洁油箱时不得使用容易残留纤维的织物和容易破碎的泡沫塑料来擦抹，油箱的内壁也不得涂覆可能脱落的油漆。

4. 液压系统加油步骤

加油时应根据不同舵机的具体情况，按说明书的要求来进行，一般步骤如下：

(1)开启系统中各放气阀(或松开压力表接头)、旁通阀及其他各截止阀。

(2)经滤器将工作油加入补油箱(闭式系统)或循环油箱(开式系统),使达最高油位。如油泵是初次使用,也必须向泵内灌注洁净的工作油。当系统设有手摇泵时,应用其向系统充油;也可同时拆开油缸顶部的适当接头,经滤器向系统灌油,以加快充油的速度;需要时也可起动主泵(如是变量泵应尽量采用小流量)进行充油,但应随时注意向油箱补油。

(3)关闭转舵油缸的旁通阀,在机旁操纵主泵,使油间断地轮流向左、右两侧转舵(变量泵应尽量采用小流量),并反复开启压力侧的放气阀,尽可能放尽系统中残留的空气,直至舵机转动平稳且不存在异常噪声为止。在系统空气排尽以前,不要让泵长时间地连续排油,以免将空气搅入油液,否则将很难再将空气放净。新装的舵机应在充油后以 1.25 倍的设计压力对转舵油缸和主油路系统进行液压密性试验。

项目十五

泵系的操作与管理

实训任务15.1 压载水系统的操作与管理

15.1.1 实训目的

(1)熟悉压载水系统起动操作；

(2)熟悉压载水系统运行中的管理；

(3)熟悉压载水系统停用操作。

15.1.2 实训内容

压载水系统起动前对泵浦工况、相关阀件等检查；起动压载泵；运行中各参数检查调整；压载泵停机及保养。

15.1.3 实训要求

(1)按规范安全操作；压载泵起动前须确认各步骤到位，在征得指导教师的同意后方可起动。

(2)工作时集中注意力，应与旋转件，如电机、皮带轮等保持一定距离；小组成员之间积极互动交流。

(3)做好工作场地的清洁与设备的保养工作。

15.1.4 实训指导

1. 操作要点

正确开关压载水系统有关阀件，检查并起动压载泵；压载水系统运转过程中检查系统、泵及阀件有无漏泄现象；压载水系统停用。

2. 操作步骤

(1)起动操作

①起动前检查

a. 检查有无妨碍泵运行的异物并进行清理,检修后或长期停用的泵起动前,应手动盘车数转,检查转子有无卡阻、轴线对中不良或其他不正常现象。

b. 检查填料箱的压盖压紧程度是否适中。有水封环的填料箱应开启水封管的截止阀。

c. 检查各轴承滑油量是否适当,油质是否良好:有油环的轴承,滑油应浸没 15 mm 左右;油脂润滑的轴承,油脂量应充满轴承室的 1/3 ~ 1/2 为好,过多过少都不好。

d. 检查水泵的地脚螺母和其他固定连接螺母是否松动。

e. 检查输入、输出压力表及接头有无损伤、泄漏。

②上述检查完成后,打开水泵的海水吸入阀(全开),关闭水泵的排出阀(采用封闭起动)。同时开启泵壳上的放气考克。

③按下起动按钮,细心观察电动机的负荷情况、泵的转速、转向和泵的吸排压力,注意转动声音。当吸排压力正常时,及时开启水泵的排出阀。

④压载水调驳:慢慢打开压载水泵、压载水舱抽出阀,同时慢慢关闭海水吸入阀切断引水。此时要注意压载水泵的真空表和输出表的读数,防止吸空。

(2)运行管理

①监听水泵机组运转是否平稳,有无异响。观察吸、排压力表和电流表指示是否正常。发现强烈振动和异常应立即停车检查。

②经常手摸检查轴承的温度,一般不要超过 70 ℃。油质不良应更新,油量不足及时补充,但加油过多也会使轴承发热。

③注意检查轴封的工作情况,填料箱盖不能过紧或压偏,以运行中能有水滴断续滴出为宜。

④如因故障必须停车检修,可起用备用泵或其他相应泵来替代。

⑤离心泵调节流量一般多用排出阀节流调节法,而避免用吸入阀节流调节,以防因节流使吸入压力降低甚至发生汽蚀,破坏吸入性能。

(3)停泵操作

①首先关闭泵的排出阀,以防止排出管路中高压液体冲回叶轮。

②按下停止钮,停止泵的运转。此时离心泵电动机是在轻载状态下停车。

③关闭压载泵的吸入阀,及其他管路上的有关各阀。

④如水泵停车后短期内不使用,则应定期进行盘车,并以起停的方法检查泵是否处于正常状态。如泵停车后将长期不使用,则应将泵壳内积水放空以防冻裂,并按技术条例对泵施以油封。

15.1.5 实训步骤

按照压载水系统操作管理要求,起动压载水泵,检查各运行参数,并将检查情况填入表 15 - 1 - 1 中。

表 15－1－1　压载水系统运行检查记录表

操作者		试验日期	
压载泵型号		压载泵排量/t	
压载泵起动前检查		系统阀门状态检查	
压载泵运转电流		压载泵轴封状况	
压载泵运转状况		压载泵停车保养	

15.1.6　思考题

1. 压载水系统主要由哪些部件组成?
2. 压载水系统转驳的注意事项有哪些?

15.1.7　相关知识点

实训任务 15.1 压载水系统

1. 压载水管系的功用

压载水管系是对压载水舱注入或排出水,以达到调整船舶的吃水和船体纵、横向的平稳及安全的稳心高度;减小船体变形,以免引起过大的弯曲力矩与剪切力,降低船体振动;改善空舱适航性。

2. 压载水系统的布置原则

压载水系统的管路布置有三种形式:支管式、总管式和管隧式。为满足压载水系统的工作特点和简化管路,多采用调驳阀箱来调驳各压载水舱的压载水;各压载水舱的压载吸入口应布置在有利于压载水排出的位置。

3. 压载水系统管理要点

压载水系统中的各种设备均由轮机部负责日常维护管理,其要点有:

(1)压载水泵通常是大排量低压头离心泵,起动前应注油、盘车,确认无卡阻后全开吸入阀、全关排出阀进行封闭起动,以防大起动电流冲击电网,随后逐渐开大排出阀;应避免长时间在封闭状态下运转(一般不宜超过 3 min,以免液体受叶轮搅动发热)。如果发现电动机负荷过大,压力表不起压,或运转声音异常等现象,应立即分析情况,进行适当处理,必要时停机检查。

(2)注意压载水泵轴封处的泄漏情况,轴承应定期加油。

(3)压载水泵出口压力一般为 0.15 ~ 0.25 MPa,可通过泵的进、出口间的旁通阀进行压力调节。

(4)熟悉设备位置,防止误操作。例如,船舶舱底水控制阀箱与压载水控制阀箱位置很近,为防止开错阀应涂以不同颜色以示区别。此外,压载水舱较多,应列出操作程序使操作规范化。

(5)对用燃油舱兼作压载水舱的船舶,压载管系应装设盲板或其他隔断装置,含油压载水的排放应符合有关防污法规的要求。

(6)由于船用离心泵的安装位置一般都在船舶水线以下,此时在重力的作用下海水会自行充入管和泵内;当放气考克喷出水流,无气泡时关闭考克。

4. 压载水系统主要的设备及相关要求

(1)压载水系统主要由压载水泵、压载水管路、压载舱及有关阀件组成。压载水泵一般采用离心泵和电动往复泵,使用较多的还是离心泵。

(2)对压载水系统的要求

压载水系统管路中的压载水应具有“可进可出”双向流动的工作特点。压载水系统在船上的布置随船型、装载货物等的不同而异。为了可靠地完成压载和卸载工作,压载水系统应满足以下要求:压载水系统的管路上不可设置任何形式的止回阀;压载水管路应设置在双层底舱中央的管隧内,不可穿过货舱,以防管道泄漏发生货损;也不得穿过饮水舱、炉水舱和滑油舱;艏尖舱压载水管在穿过船首防撞舱壁时,应在甲板上设置截止阀,以便发生船首海损时可立即在甲板上关闭该阀,防止海水进入压载水系统;为便于日常操作管理,各压载水舱的控制阀应相对集中。对于设有集中式遥控操作的压载水系统,其控制台应设在机舱以外,以便于甲板人员操作;干货舱或油舱(包括深舱)用作压载水舱时,压载水管系应装设盲板或隔离装置。同样,饮用淡水舱兼作压载水舱时亦应如此,以免两个系统相通;含油压载水的排放应符合有关防污规定;压载水系统应设置两台以上的压载水泵,其容量应以排出全部压载水所要求的时间而定。不同类型、大小的船舶全部排出压载水的时间不同。

海船压载水舱的容量很大,货船的压载水量一般占船舶载货量的50% ~70%;油船的货油舱可兼作压载水舱,有的还设专用压载舱。压载水量占货油量的40% ~60%。一般杂货船的压载水量可达船舶满载排水量的15%左右,其中艏、艉尖舱的压载水占总压载水量的12% ~17%,其余大多存于双层底舱中。通常,要求压载水系统在2 ~2.5 h内将最大的压载舱注满或排空,在6 ~8 h内将全船的压载水舱注满或排空。

5. 压载水调驳

在压载水调驳之前首先要熟悉压载水管系的布置特点。通常在每个货舱底部双层底都至少分隔成左右两个封闭舱作为压载水舱。每个压载水舱接一根压载水管以抽压该舱压载水。控制压载水进出的压载阀有手动控制的,也有液压控制的。手控的一般都采用双联阀箱控制。阀箱位于机舱中,从阀箱引出各条压载管经管隧到各压载舱,所以压载管的数目很多。而液控的,压载阀就安在管隧里各压载舱的旁边。这样只要两根总管——压水管和抽水管。每一个压载舱的接管上都有两个压载阀:一个压水阀和一个抽水阀,分别接到压水管和抽水管上,这些阀由液压油缸控制启闭,其液控手柄也有规律地排列在面板上。

各压载水舱的压入阀和抽出阀(即支阀)均可集中于压载水调驳阀箱中,以便于操作。压载水的调驳主要有注入、排出和调驳三种情况。

其他应急操作如下:

(1)当压载泵损坏,用消防泵或通用泵替代时;

(2)当消防泵损坏,用压载泵提供消防水时;

(3)机舱大量进水,用压载泵排水时。

6. 某实船的压载水系统图(图 15－1－1)

7. 作为值班轮机员,排放压载水时注意事项

(1)要按大副的要求排放。

(2)留意发电机的负荷,必要时增开一台发电机。

(3)先用大泵排,快完时转用喷射泵排,既保证速度又防止烧损泵浦。

(4)在没有喷射泵的船舶上排水,快排完时要注意适当引水。

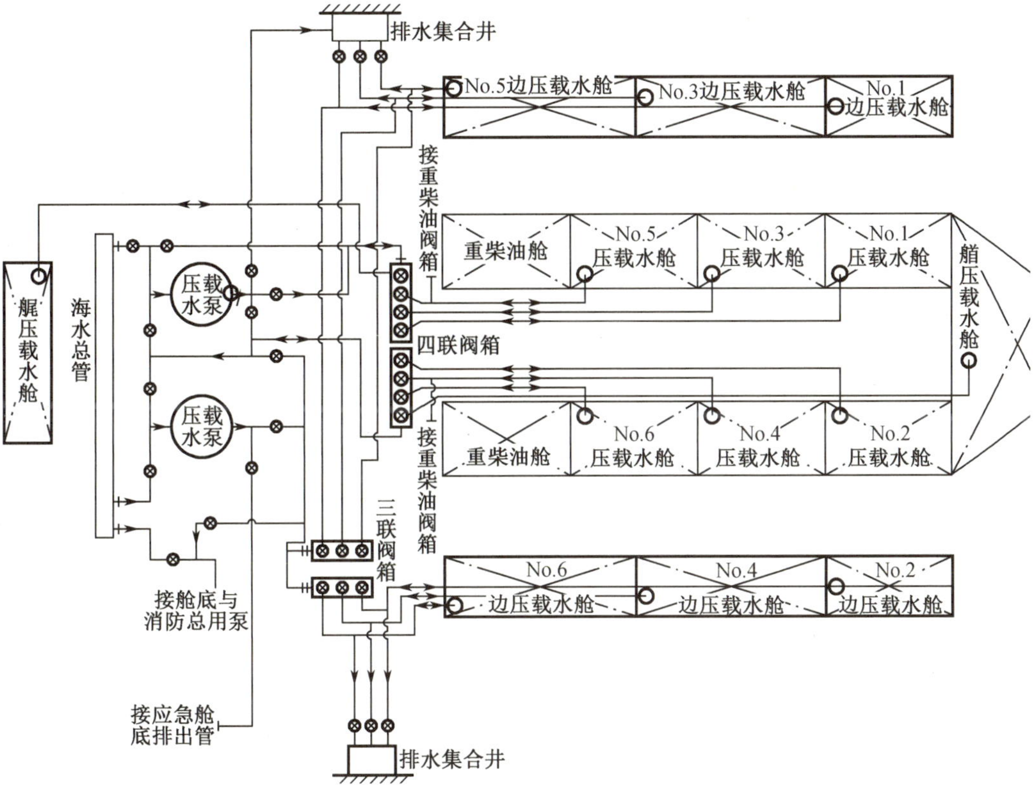

图 15－1－1　压载水系统布置示意图

实训任务15.2　舱底水系统的操作与管理

15.2.1　实训目的

(1)熟悉舱底水系统起动操作;

(2)熟悉舱底水系统运行中的管理;

(3)熟悉舱底水系统停用操作。

15.2.2　实训内容

舱底水系统起动前对泵浦工况、相关阀件等检查;起动舱底水泵;运行中各参数检查调整;舱底水泵停机及保养工作。

15.2.3　实训要求

(1)按规范安全操作;舱底水泵起动前须确认各步骤到位,在征得指导教师的同意后方可起动。

(2)工作时集中注意力,应与旋转件,如电机、皮带轮等保持一定距离;小组成员之间积极互动交流。

(3)做好工作场地的清洁与设备的保养工作。

15.2.4　实训指导

1.操作要点

正确开关舱底水系统有关阀件,检查并起动舱底水泵;舱底水系统运转过程中检查系统、泵及阀件有无漏泄现象;舱底水系统停用。

2.操作步骤

(1)机舱舱底水抽出操作步骤

机舱舱底水必须经过油水分离器净化后方能抽出。下面以抽打机舱前部左、右污水井为例阐述其操作步骤。

①打开舵底泵海水吸入阀,检查并关闭机舱舱底泵污水吸口总阀。

②打开舱底水至舷外(油水分离器后)出口阀。

③起动油水分离器和舱底泵。

④待油水分离器和舱底泵正常运行一段时间后,打开机舱左前污水井吸口阀。

⑤开启机舱舱底泵污水吸口总阀,同时慢慢关闭其海水吸入阀,注意观察舱底泵进出

口压力表。

⑥打开机舱右前污水井的污水吸口阀。

⑦慢慢关闭机舱左前污水井的污水吸口阀。当机舱污水全部抽完后,再继续进行下列步骤停机停泵。

⑧打开舱底泵海水吸入阀,关闭其污水吸口总阀。让海水冲洗管系 15 min 同时要记住关闭机舱左前、右前污水井吸口阀。

⑨按下停止钮,停止油水分离器和舱底泵的工作。

⑩关闭舱底泵的出口阀和海水吸入阀。

(2)货舱舱底水抽出操作步骤

不含油的货舱舱底水可直接排至舷外。

①打开舱底泵的海水吸入阀。

②打开舱底泵至舷外的出口截止阀。

③起动舱底泵。

④打开 2#货舱左污水井吸口阀。

⑤开启舱底泵的货舱污水吸口总阀,同时慢慢关闭舱底泵的海水吸入阀,切断引水,注意观察输入、输出压力;此时,即开始抽出 2#货舱左污水井的污水。当污水抽尽时,舱底泵会吸空,吸入真空表真空度消失,接着可按下述步骤改抽 2#货舱右污水井的污水。

⑥打开阀箱(右)中的 2#货舱右污水井吸口阀,同时关闭阀箱(左)中的 2#货舱左污水井吸口阀。

⑦如果真空度建立不起来,可开启海水吸入阀帮助引水,引水后再关阀。

⑧货舱污水抽尽后,按下舱底泵的停止按钮。关闭其相应的进出口阀及污水井吸口阀。

(3)含油货舱舱底水必须经油水分离器抽出

①打开油水分离器、机舱舱底泵的海水吸入阀。

②打开至舷外的排出阀。

③起动机舱舱底泵和油水分离器,先注满清水。

④打开货舱左污水井的吸口阀。

⑤打开货舱污水吸口总阀,慢慢关闭海水吸入阀。

此时,货舱污水便经过泥箱、机舱舱底泵和油水分离器排出舷外。污水抽完后,按下述步骤继续进行。

⑥打开海水吸入阀(一个),关闭货舱污水吸口总阀、货舱污水井吸口阀

⑦运行冲洗一段时间后,按下舱底泵停止键,关闭所有阀门。

15.2.5 实训步骤

按照舱底水系统操作管理要求,起动舱底水泵,检查各运行参数,并将检查情况填入 15 -2 -1 中。

表 15 -2 -1　舱底水系统运行检查记录表

操作者		试验日期	
舱底水泵型号		舱底水泵排量/t	
舱底泵起动前检查		系统阀门状态检查	
舱底泵运转电流/A		油水分离器运转情况	
舱底泵运转状况		舱底泵停车保养	

15.2.6　思考题

1. 舱底水系统主要由哪些部件组成?

2. 含油污水排出舷外有哪些注意事项?

15.2.7　相关知识点

1. 舱底水的来源

舱底水的来源有主机、辅机、设备及管路接头因密封不良渗透的油、水;艉管密封渗透的油、水;从舵机舱向机舱或轴隧泄放的舱底水;从空压机、空气瓶泄放的凝水,蒸汽分配阀箱和蒸汽管路的泄放水;空调管路、风管的凝水以及钢质舱壁及管壁的凝水;清洗滤器、设备零件等的冲洗水;在水线附近的舱室及甲板的疏排水;扑灭火灾时的消防水、甲板冲洗水;对有些特殊的舱室在紧急情况下的注入水等。

实训任务 15.2 舱底水系统

2. 舱底水系统的作用和组成

舱底水系统布置原理图如图 15 -2 -1 所示,布置实例如图 15 -2 -2 所示。

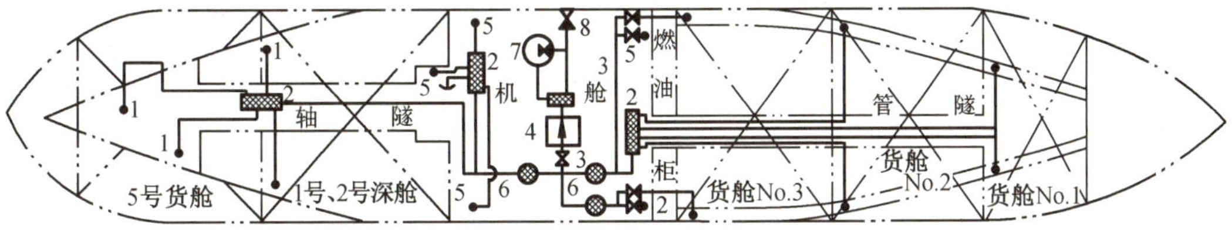

1—舱底水吸入口;2—舱底水集合阀箱;3—舱底水总管;4—舱底水泵;5—机舱舱底水吸入口;6—泥箱。

图 15 -2 -1　舱底水系统布置原理图

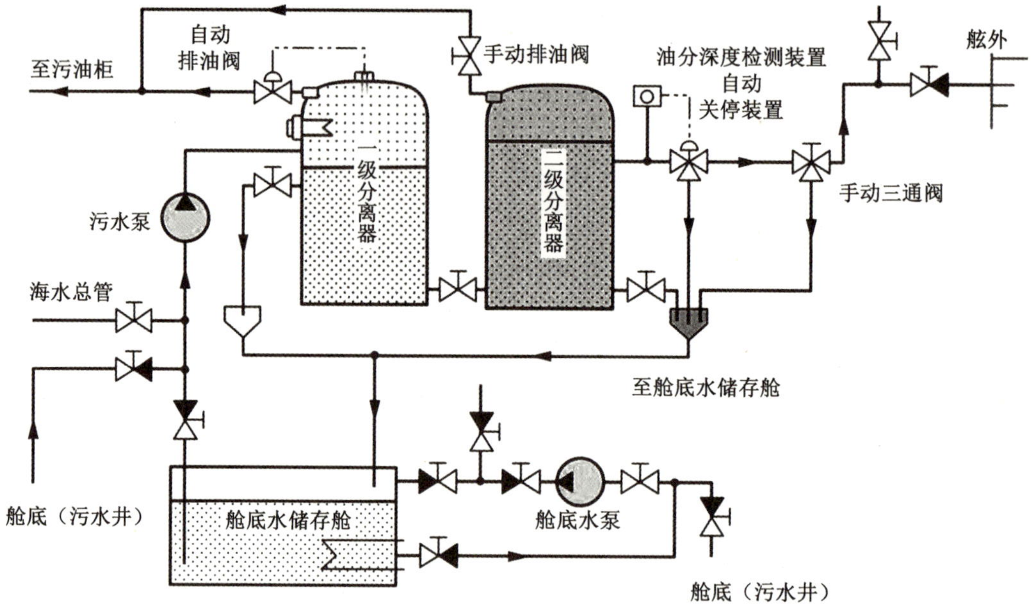

图 15－2－2　舱底水系统布置实例

舱底水系统的作用是及时将机炉舱和货舱的舱底积水排至舷外。一般规定，正常营运的船舶，机舱舱底积水量为 1 ~ 10 m^3/d，对于 20 ~ 30 万吨级的船舶，则一般为 20 m^3/d。当船舶破损时，舱底水系统还可用于排出进水。

舱底水系统主要由舱底水泵、舱底水管、舱底水吸口、阀件及有关附件组成。机舱舱底水系统的污水井、污水吸口阀包括：机舱左前污水井及吸口阀、机舱右前污水井及吸口阀、飞轮下污水井吸口阀、艉轴弄污水井及吸口阀。机舱舱底污水必须经过油水分离器处理达到防污公约排放标准方可排出舷外，也可将污水暂存于污水舱内，到港后用舱底水泵经甲板上标准排放间接排至岸上或回收船处理。

机舱应急吸口与压载泵、消防泵、总用泵等连通；货舱舱底水系统主要由舱底水系统、泥箱、阀箱、管隧、货舱污水井等组成。

3. 舱底水泵的选取

舱底水泵一般可选用往复泵、螺杆泵、离心泵或喷射泵等。离心泵操作可参照本章压载水泵系操作部分。

4. 往复泵操作，起动操作与管理要点

（1）操作要点

①首先检查往复泵各部件的技术状况是否良好，有无异物妨碍它的工作。对刚检修过的泵，应用人力转动 1 ~2 个行程，以查明有无妨碍运转的异物。

②检查润滑油量，并对摩擦部位加妥滑油。

③检查填料箱情况，填料箱压盖不应歪斜且压紧力要适中。

④打开泵的吸、排阀。

⑤接通电源，起动泵。

(2)运行中管理

①检查吸、排压力表指示压力值是否正常。当排压超过额定值时,应立即停车查明原因,以免损坏电机和泵。

②检查滑油油位、油温和油压是否正常。若油压建立不起来,应立即停车检查,排除故障后才可再起动。

③用手摸填料箱、牙箱、导筒及各轴承是否发热,发热温度不得超过 70 ℃。

④仔细倾听泵的各运动件及泵内部有无异常声响,若缸内有严重的敲击声应立即停车检查。

⑤检查填料箱是否漏水,严重漏泄时可适当上紧压盖或更换填料。

⑥对装有排出空气室的泵,当发现排压波动较大时,应向排出空气室补气。

(3)停车操作

①舱底泵停用前应用海水冲洗数分钟。

②切断电源,停泵。

③关闭泵的吸、排阀。

④长期停用时,应把各放泄阀打开放尽残水。

⑤清洗舱底水滤器。

5. 螺杆泵操作,起动操作与管理要点

(1)起动要点

①螺杆泵虽然具有干吸能力,但应防止干转,以免泵缸发热烧坏。为此,新泵或检修后投入使用的泵,在起动前必须向泵灌注工作液体。

②开足泵的进、出口阀,手动盘车,检查有无卡阻现象。

③起动时必须在吸、排阀全开的状态下进行,以防电机过载或泵吸空。当泵在油温低、黏度大的情况下起动时,应将安全旁通阀开启,以减小泵的起动负荷直到原动机达到额定转速后再逐渐关小安全旁通阀,调至所需要的工作压力。但应注意,安全旁通阀开启的时间不宜过长,否则油液长时间循环将引起发热,使油泵因高温变形而损坏。

④螺杆泵必须按标定的方向回转。否则吸、排方向改变,将使轴向力无法平衡而引起损坏。因此,如果是检修后第一次起动,应检查泵的转向是否正确。

⑤泵起动后,若有异响,应立即停车检查,排除故障后再行起动。

(2)运行中管理

①注意检查吸、排压力是否正常,必要时调整并保持在规定范围内。

②注意调整温度,保持正常值,以防过热而使螺杆因热膨胀而顶弯,或因吸入温度低导致黏度太高,使吸入真空过大发生气穴现象和噪声。

③螺杆泵的吸入管路都装有滤器,应及时清洗,保持工作液体的洁净,以免泵运转时卡阻或擦伤。

④经常检查轴承的运转声音是否正常,发现异常应立即停车,必要时更新轴承。

⑤当螺杆泵使用软填料密封时,对压盖尤应注意不要压得太紧。应允许有微量的液体漏泄,若滴漏量不超每秒 2 滴,则应认为正常。压盖更不能压得偏斜,以免造成螺杆偏磨和

失中。

(3)停泵操作

①舱底泵停用前,应用海水冲洗数分钟。

②按下停车按钮,停泵。

③先关闭泵的排出截止阀,后关闭吸入截止阀,以防造成干转,并防止吸入管中的液体从底阀处漏掉,造成下次起动困难。

④清洗舱底水滤器。

6. 舱底水系统其他应急操作要点

机舱舱底泵损坏或机舱进水时可用货舱舱底泵替代,但应注意此法会引起污染,非紧急情况不可采用。操作步骤如下:

(1)打开机舱污水井的吸口阀,机舱大量进水时也可将各污水井吸口阀同时开启。

(2)打开机舱污水至货舱舱底水泵的吸口总阀(两泵之间)。

(3)打开至舷外水排出阀。

(4)起动货舱舱底泵。

(5)停泵时,各阀要关闭。

货舱舱底泵损坏时,可用机舱舱底泵替代,操作步骤相同。

机舱大量进水时,可用压载泵、总用泵,或消防泵等抽出机舱舱底水。

7. 舱底水系统防止油污染操作注意事项

(1)必须严格遵守国际、国内有关的防污染公约。船舶排放含油舱底水时,应在航行途中离岸 12 n mile 以上进行,且含油浓度应小于 15ppm。

(2)对于来自机舱、隔离空舱、轴隧等处的含油舱底水,应经过油水分离器净化后方可排出。当货舱舱底水含油时也必须经过机舱油水分离器净化后排放。

(3)机舱污油、油渣(如从分油机分离出来的或更换下的废弃滑油)不得排放入海,即使经过油水分离器处理也不可以。

(4)排放机舱舱底水或货舱含油舱底水须征得值班驾驶员的同意;学生操作练习时,应在实习指导教师的指导下进行,并做好记录。

(5)舱底水系统操作时,起动前和起动后均应认真检查管系操作是否正常,是否开错阀门,有无遗漏事项。

(6)舱底水系统工作时,若发现故障或不正常时应立即停泵检查。

(7)舱底水系统运行时,操作人员不得离开现场,应注意运行中的检查。

(8)排污操作时,应注意舷外出口水面是否有油花。若发现水面油迹,应立即停泵关阀,许多船舶在甲板两舷处通常都设有舱底泵控制器。

(9)舱底水系统操作完毕时应仔细、全面地检查管系阀门开关是否正确。尤其是出海阀和引海阀应当正确关阀。

(10)船舶发生油污染事故时,应立即采取措施控制和消除污染,并尽快向就近的港务监督部门报告。

8. 通常船上有哪几台泵可用于排舱底水

通常船上可用于排放舱底水的泵为污水泵，在应急情况下可用消防通用泵、主机海水泵、压载泵及货舱污水喷射泵。

9. 污水泵打不出水的原因

(1)同时开两个以上污水井吸入阀时，某一个吸空造成真空度建立不起来；

(2)某个吸入阀密封不好漏入空气；

(3)管路接头处漏气或管子破损；

(4)吸入阀或腰节阀填料漏气；

(5)泵内部吸排阀、活塞环、气缸套问题、填料漏气、安全阀漏等；

(6)若能建立真空却没有排压，则多数是滤网堵塞或阀门开错所致。

项目十六

空调系统的相关操作

实训任务16.1　空调制冷压缩机补充冷剂的操作

16.1.1　实训目的

(1)了解空调系统制冷剂状况的判断及加入制冷剂量的估算方法；

(2)熟悉补加制冷剂接管的连接方法；

(3)熟悉充冷剂过程中防止空气进入的方法及回收接管中冷剂的方法。

16.1.2　实训内容

对空调系统冷剂量的判断；连接补加冷剂管路；按照估算量补加冷剂后恢复系统运行。

16.1.3　实训要求

(1)按规范安全操作；空调压缩机补加冷剂前需确认各步骤到位，在征得指导教师的同意后方可起动。

(2)工作时集中注意力，应与旋转件，如电机、皮带轮等保持一定距离；小组成员之间积极互动交流。

(3)做好工作场地的清洁与设备的保养工作。

16.1.4　实训指导

1. 操作要点

正确连接空调系统补加冷剂的外部管路，正确开关相关阀门，起动空调压缩机，加冷剂过程中检查吸入压力，冷剂补充充足后关闭相关阀门，恢复压缩机正常运行。

2. 操作步骤

(1)充剂阀充剂——位于液管上的干燥剂前

①储剂的钢瓶头朝下倾斜放在磅秤上，钢瓶出口装一只压力表，打开截止阀，据压力表读数和环境温度判断冷剂类型。

②充液管的一端接系统的充液阀，一端接储剂的钢瓶头。充液阀这端的接头螺母可暂不扳紧。微开钢瓶头上截止阀，用冷剂驱赶充液管内空气，然后扳紧接头螺母，并用肥皂液查漏。

③关闭储液器的出液阀，开启干燥器前后的截止阀和关闭旁通阀。

④逐渐开启储液器和钢瓶头上的截止阀，在压差作用下冷剂自动充入系统。

⑤当冷剂停止充入时，可起动压缩机抽吸，直到磅秤指示充入的冷剂量已足够。

⑥开启储液器的出液阀，让装置运行一段时间，观察高低压力和装置的运行是否正常。确定充入的冷剂量已足够时，关闭钢瓶头上截止阀，开启充液阀，用开水或点燃的棉纱加热充液管，以便把其内残留的冷剂尽量驱入系统，然后关闭充液阀。

⑦重新接好低压继电器。

⑧充剂后 8 ~ 12 h 内，使制冷剂经干燥剂循环，然后旁通干燥剂，恢复压缩机的正常运行。

(2)压缩机的吸入多用孔道充剂

①钢瓶直立放置。

②充剂中随时调整钢瓶阀，控制吸入压力。

③如需加速充剂，可用温水淋浇或浸泡。

16.1.5 实训步骤

按照空调压缩机补充冷剂的操作要求，检查和补充制冷系统冷剂量，并将冷剂补充情况填入表 16 -1 -1 中。

表 16 -1 -1 空调系统冷剂补充情况记录表

操作者		操作日期	
空调压缩机型号		制冷剂牌号	
冷剂补加前钢瓶质量		冷剂补加后钢瓶质量	
压缩机吸入压力		压缩机排出压力	
压缩机滑油压力		冷剂补加后冷凝器液位	

16.1.6 思考题

1. 简述制冷系统的查漏方法。
2. 制冷剂不足时系统的表现形式有哪些？

16.1.7 相关知识点

1. 新修或大修后的制冷装置，应在气密试验和抽空检验合格后进行冷剂补充。

2. 冷剂可从专用的充液阀或压缩机的吸入多用孔道充入。前者属高压侧充注，后者属低压侧充注。

3. 充冷剂注意事项

(1)冷剂介质要先识别;

(2)避免空气进入;

(3)防止冷剂溅入眼睛;

(4)充剂时要将干燥剂接入系统。

4. 充剂速度与热负荷、冷剂瓶瓶口向上或下、投入蒸发器的数量有关,与瓶内的压力高低无关;冷剂充足后,液位应为储液器液位表的 1/3 ~ 1/2 高度。

5. 系统混入不凝结气体(判断方法:冷凝器中的冷剂充分冷却后,冷剂蒸发压力对应的饱和温度高于实际冷却水温 3 ℃以上)。不凝结气体主要聚集在排气管至冷凝器之间,当冷凝器高于压缩机时,排气在冷凝器的放空阀排气;当冷凝器低于压缩机时,松开压缩机排出压力表接头或排出多用通道来排气。排放不凝结气体方法如下:

(1)关出液阀。

(2)起动压缩机,将冷剂及不凝结气体压入冷凝器中后停机。

(3)供给冷凝器冷却水,使冷剂凝结,不凝结气体聚集在上部。

(4)开冷凝器顶部放空气阀,几秒后关,重复,当压力表值接近水温所对应的制冷剂饱和压力时,结束操作(压缩机运行中不可排放空气)。

排空气注意事项:停机状态;冷凝器的冷凝水充分循环;在高压部分高位放气。

6. 系统中制冷剂不足的表现

(1)蒸发温度低于 0 ℃的蒸发器后部结霜融化。

(2)吸气过热度增加,压缩机排温升高,起停频繁。

(3)吸入压力、排气压力均下降。

(前 3 条可能的原因是:膨胀阀开度不足;堵塞;冷凝压力过低)

(4)储液器中液位低于 1/3 以下,液管上的液体指示镜看到液流中夹大量气泡。

(5)膨胀阀因制冷剂中夹有过多气体而发出较明显的“呲呲”声。

(6)开启膨胀阀的旁通阀吸气压力无明显的回升。

实训任务16.2　空调制冷装置加滑油的操作

16.2.1　实训目的

(1)了解空调系统滑油油种的判断方法；

(2)熟悉空调系统补加滑油的方法。

16.2.2　实训内容

对空调系统滑油油种判断，连接补加滑油管路，补加滑油后恢复系统运行。

16.2.3　实训要求

(1)按规范安全操作；空调系统补加滑油前需确认各步骤到位，在征得指导教师的同意后方可起动。

(2)工作时集中注意力，应与旋转件，如电机、皮带轮等保持一定距离；小组成员之间积极互动交流。

(3)做好工作场地的清洁与设备的保养工作。

16.2.4　实训指导

1. 操作要点

正确连接空调系统补加滑油的外部管路，正确开关相关阀门，起动空调压缩机，补加润滑油，润滑油补充充足后关闭相关阀门，恢复压缩机正常运行。

2. 操作步骤

(1)压缩机吸入多用通道加油

①关闭压缩机的吸入多用孔道，接“T”形接头，把低压表和接管的一端装于接头上。

②接管的另一端浸入油盆或油桶内，稍开多用孔道用冷剂驱赶接管内空气，然后立即用手指按住油内的管口。

③关闭压缩机的吸入截止阀，隔断与回气管的通路。

④把转换开关扳至“手动”位置或短接低压断电器。起动压缩机瞬时即停，重复2～3次，“弃油”(曲轴箱内的油被吸入气缸)。然后运转几分钟，直至达到稳定的真空后停车。

⑤放开按住管口的手指，油就经多用孔道和回油孔吸入曲轴箱。

⑥关闭吸入用孔道，拆下“T”形接头，使低压继电器复原。

(2)加油旋塞加滑油，加滑油前称滑油质量

①关闭压缩机的吸入多用孔道，起动压缩机，待曲柄箱内压力降至略低于大气压，停机关排出阀。

②拆下加油旋塞，用手堵住充满油的漏斗出口，然后拧入加油旋塞中，慢开加油阀并不断向漏斗加油。

③当滑油加入量满足要求时，关闭加油阀，取下漏斗拧上旋塞，加油完毕。

④打开压缩机吸、排阀，使压缩机正常工作。

⑤称剩余的油量，算出加油量，并做好记录。

(3)装放油阀

①加油管一端接装放油阀外接管，一端插入油桶油面下。

②将油阀先转至“放油”位置，驱赶管内空气，再将阀转至“装油”位置，泵开始吸油。

③当曲轴箱油位上升至刻线时，立即将加油阀转至“运转”位置。

16.2.5 实训步骤

按照空调系统补充滑油的操作要求，检查和补充空调压缩机滑油，并将滑油补充情况填入表16-2-1中。

表16-2-1 空调压缩机滑油补充情况记录表

操作者		操作日期	
空调压缩机型号		滑油牌号	
滑油补充前称重		滑油补充后称重	
压缩机吸入压力		压缩机排出压力	
压缩机滑油压力		压缩机滑油油位	

16.2.6 思考题

1. 简述空调压缩机补充滑油的集中方法。
2. 简述压缩机滑油油质的检查方法。

16.2.7 相关知识点

1. 当冷冻机黏度下降15%或发现因污浊、颜色变深，应换新油。新组装和解体大修后压缩机运转3~4天，也应更换滑油。

2. 压缩机运行中添加滑油方法：压缩机装有补油罐；曲柄箱有带阀的加油接头；压缩机滑油泵吸入三通阀、放油阀。

3. 停压缩机的加注冷冻机油方法：加油旋塞；压缩机吸入多用通道。

4. 检查冷冻机油的规格、型号和质量，应符合使用要求。

实训任务16.3　空调制冷系统更换干燥剂的操作

16.3.1　实训目的

(1)熟悉干燥剂失效的判断方法;
(2)熟悉干燥剂拆装方法;
(3)熟悉干燥剂清洗方法;
(4)熟悉干燥剂加装方法。

16.3.2　实训内容

对空调干燥剂失效判断;空调系统冷剂回收到储液瓶;拆除干燥剂、清洗和加装;回装干燥剂后恢复系统运行。

16.3.3　实训要求

(1)按规范安全操作;空调系统回收冷剂前、干燥剂拆除前需确认各步骤到位,在征得指导教师的同意后方可操作。

(2)工作时集中注意力,应与旋转件,如电机、皮带轮等保持一定距离;小组成员之间积极互动交流。

(3)完成工作场地的清洁与设备的保养工作。

16.3.4　实训指导

1. 操作要点

正确判断空调系统干燥剂的状况;正确回收冷剂;拆除干燥剂,清洁并加装;装干燥剂后起动空调压缩机;恢复空调系统的正常运行。

2. 操作步骤

(1)将储液器出口的出液阀关上。

(2)起动压缩机,将冷剂排入储液器,直至低压压力稍高于大气压,停止压缩机工作。

(3)关闭干燥器后两端截止阀。

(4)拆除干燥器后,用挥发性好的洗涤剂清洗,再用压缩空气吹干。

(5)填充新的干燥剂,加装时必须充满压实。

(6)把干燥器装回系统,进液接管锁紧,出液接管稍松,稍开进液截止阀,驱除干燥器内的空气,再锁紧出液接管,全开进、出截止阀,使系统恢复工作。

16.3.5 实训步骤

按照空调系统干燥剂更换的操作要求，检查和补充空调干燥剂，并将操作情况填入表16－3－1中。

表16－3－1 空调干燥剂更换情况记录表

操作者		操作日期	
空调压缩机型号		干燥剂型号	
压缩机吸入压力		压缩机排出压力	
压缩机滑油压力		压缩机滑油油位	

16.3.6 思考题

1. 简述空调系统干燥剂的作用。
2. 简述空调系统干燥剂失效的判断方法。

16.3.7 相关知识点

（1）工作中，若干燥器前后温差大、压差大，甚至发生冰塞而结霜，说明干燥剂已潮解而造成堵塞，此时应更换干燥剂。

（2）拆干燥器时特别注意不能只用单把扳手拆卸，否则管路易被扭断。

（3）由干燥剂颜色判断是否失效：根据所加染色剂不同，变色硅胶吸水前后颜色也不同，例如由蓝色变成红色，棕色变成蓝色，红色变成浅粉色。

（4）填充干燥剂时必须严实，两端的脱脂棉不能塞得过紧，以免增加流动阻力，装上压盖。

（5）吸入多用通道作用：气密试验、加滑油、加冷剂。

（6）排出阀多用通道作用：放空气、抽空、取冷剂。

（7）充剂阀作用：取冷剂、气密试验、抽空、充冷剂。

（8）制冷系统的四大部件：压缩机、膨胀阀（新膨胀阀粗查时，吹气不通说明温包充剂漏泄或膜片破裂）、蒸发器、冷凝器（壳管式冷凝器上有：冷剂腔放空阀、水腔放气阀、水腔放水阀、冷剂腔安全阀或易熔塞）。

（9）冷剂压力由高到低的顺序：滑油分离器 > 冷凝器 > 储液器 > 干燥剂 > 回热器 > 电磁阀 > 膨胀阀 > 蒸发器 > 蒸汽压力调节阀。

（10）压力继电器整定压力 < 压缩机安全阀整定压力 < 冷凝器安全阀整定压力。

（11）干燥剂分为吸附性和吸收性两种。硅胶（主要成分为 SiO_2）为吸附性，长时间使用后不易再生；吸收性干燥剂对装置有腐蚀性。

实训任务16.4　空调装置降温工况的起动、停车的操作

16.4.1　实训目的

(1)熟悉空调装置降温工况起动的检查准备工作;
(2)熟悉空调装置降温工况的起动操作;
(3)熟悉空调装置降温工况的停机操作。

16.4.2　实训内容

空调装置降温工况起动前的检查准备,降温工况起动操作及停机操作。

16.4.3　实训要求

(1)按规范安全操作;空调起动前需确认各步骤到位,在征得指导教师的同意后方可起动。

(2)工作时集中注意力,应与旋转件,如电机、皮带轮等保持一定距离;小组成员之间积极互动交流。

(3)做好工作场地的清洁与设备的保养工作。

16.4.4　实训指导

1.操作要点

检查空调系统的紧固密封情况,检查空调压缩机滑油油位,起动空调风机,起动压缩机并检查压缩机、风机、泵等相关设备的运转情况,回收冷剂停空调压缩机后停空调风机。

2.操作步骤

当外界温度高于25 ℃时,应按降温除湿工况运行

(1)起动前的准备:检查空调系统的电源、水源,打开冷凝器进出水阀;检查风机、水泵以及各种空气处理设备;检查各管系连接处的紧固、密封情况;调整好湿度与温度的给定与幅差值;压缩机润滑油油位应在液位镜的2/3左右;压缩机的相关阀门应处于开启位置,若有多用检测通道,则应回转1～2周;检查确认供液及回汽系统各阀的启闭状态是否正常。

(2)先开风机,再起动空调压缩机。

(3)装置运行时,空调舱室通外界的门、窗以及走廊通机舱和厨房的门均应保持关闭。

(4)起动后应定期巡视检查电机、压缩机、风机、水泵的运转,观察供电系统的电压、电流指示。认真查看系统各温度、压力等控制仪表的指示、读数及控制状况。

(5)调整集中式空调出口分配室的供风温度应维持在11～15 ℃,回风比一般为30%左右。

(6)在停车操作时,应先停止制冷装置运转,然后停止通风机运行,当空调装置长期停

用时，应把制冷剂全部收入储液器中，并关闭储液器的进、出口阀，以防冷剂漏失。

16.4.5 实训步骤

按照空调系统降温工况起动的操作要求，空调起动前检查，起动空调风机及压缩机，检查空调系统的运行情况，将冷剂回收到储液器中后停止空调压缩机及空调风机。将检查和操作情况填入表16－4－1中。

表16－4－1 空调系统降温工况起动运转情况记录表

操作者		操作日期	
空调压缩机型号		环境温度	
压缩机滑油油位		制冷剂液位	
压缩机吸入压力		压缩机排出压力	
压缩机滑油压力		空调出口供风温度	

16.4.6 思考题

1. 简述空调系统降温工况起动前的检查项目。
2. 简述空调系统降温工况运行时的检查项目。

16.4.7 相关知识点

1. 当外界温度低于15 ℃，应按取暖加湿工况运行

(1)做好装置运行前的检查工作(可参照降温工况的操作管理)。

(2)先使加热器投入工作，然后开风机，同时应慢慢开启加热器的送汽阀(使暖管有一个泄水过程；突然开大易引起水击)，最后开启加湿器以及泄、凝水各阀。

(3)整个空调装置起动后，应经常巡视检查风机、加热器等的工作情况，做好参数调整。空调器出口分配室的供风温度应维持在30～40 ℃之间；对有末端加热器的空调系统则应维持在20～30 ℃；取暖时，一般在外界温度低于0 ℃时才需向空气中加湿，舱室的相对湿度保持在30%即可。

(4)停用空调器时，应在停止风机以前半分钟左右就停止加湿。

2. 高速空调系统，风速在20～30 m/s，用前弯式离心风机，放在空调器进口，称压出式；低速系统，风速在10～12 m/s之间，用后弯式离心风机，风机放在空调器出口，称吸入式。压出式对供风的降温有利，吸入式能使空气均匀流过换热器。

3. 空气滤器阻力为20～100 Pa，当升到250 kPa时清洗。

4. 空调除湿由空冷器(主要冷却与除湿)和挡水板(冬季不起作用)完成。

5. 起动风机前，最好先关闭风管阀门，待风机起动运转后才逐步开启；先开风机后开压缩机，以免进入空冷器的制冷剂因热负荷太小而不能迅速蒸发，造成压缩机因吸气压力过低而自动停机。压缩机刚起动时，吸入截止阀宜逐渐开大，否则会导致压缩机产生液击。一旦听到有液击声，应立即关闭吸入截止阀。

参 考 文 献

[1] 张心宇. 船舶辅机[M]. 哈尔滨:哈尔滨工程大学出版社,2020.

[2] 王滢. 船舶动力装置[M]. 哈尔滨:哈尔滨工程大学出版社,2020.

[3] 韩雪峰,彭中波,张波. 主推进动力装置[M]. 大连:大连海事大学出版社,2010.

[4] 杜荣铭. 船舶柴油机[M]. 大连:大连海运学院出版社,1992.